能源仿生学

徐 泉 李叶青 周 洋 主编

中国石化出版社

内 容 提 要

仿生学是一门既古老又年轻的学科。通过研究生物体的结构与功能原理,并根据这些原理发明出新的材料、设备和工艺,创造出适用于科技与社会发展的先进技术。本书共分十章,论述了生物选择进化理论,自然界荷叶猪笼草超疏水现象,鱿鱼喙梯度结构设计,壁虎的可控黏附表面,厌氧生物菌,贻贝水下原位强韧黏附、生物液体门调控与人机互融领域的发展脉络,并重点介绍了这些结构与功能原理在能量回收、燃料电池、电动轮胎、钻井液、生物能源、热电转化与机器人领域的应用,并提供了相应的应用案例。

本书论述严谨,数据翔实,具有科学性与技术性,可供能源仿生领域大中专院校相关专业学生作为教材使用,也可供能源领域科研人员和管理人员参考阅读。

图书在版编目(CIP)数据

能源仿生学 / 徐泉,李叶青,周洋主编.—北京:
中国石化出版社,2021.2
ISBN 978-7-5114-6097-4

Ⅰ.①能… Ⅱ.①徐… ②李… ③周… Ⅲ.①仿生-
应用-能源工业 Ⅳ.①TK01

中国版本图书馆 CIP 数据核字(2021)第 028891 号

中国石化出版社出版发行
地址:北京市东城区安定门外大街58号
邮编:100011 电话:(010)57512500
发行部电话:(010)57512575
http://www.sinopec-press.com
E-mail:press@sinopec.com
北京科信印刷有限公司印刷
全国各地新华书店经销
*
710×1000 毫米 16 开本 18.75 印张 360 千字
2021 年 2 月第 1 版 2021 年 2 月第 1 次印刷
定价:88.00 元

各行各业的有序、高效、快速发展都依赖于能源的支撑，我国是资源大国，但是人口众多，因此人均资源稀缺，这将有可能成为制约我国经济发展的关键因素。传统能源主要包括煤、石油、天然气等，我国人均煤炭占有量仅为世界平均水平的50%，而人均石油和天然气资源占有量约为世界平均水平的1/15。因此，在维持传统油气能源"压舱石"的基础上，提高采收率，稳步推进新能源发展，将有望从根本上改善能源结构，为我国经济稳定快速发展奠定基础。

现阶段而言，碳中和与碳减排目标是未来能源发展与变革的大趋势。因此，提高传统油气采收率，实现降本增效，稳步推进新能源(包括太阳能光伏、氢能、地热、天然气水合物等)可持续发展是我国能源转型的主流趋势。与此同时，调整能源结构，增加能源使用率，推进实施节能措施，增加清洁能源的使用，丰富清洁能源的来源，可有效满足我国能源不断增长的需求，并通过提高利用率提高能源的经济性，降低工业成本，促进我国经济持续稳定快速发展。

在清洁能源方向已有许多科研人员做过研究，本书的作者长期从事能源方向的工作，现在开创性地将仿生学与能源发展相结合，从自然界汲取灵感，通过研究生物的功能结构与组成，理解生物的低耗能、高能量利用模式，寻找理论与技术上突破，并用于非常规开采提高采收率、节能降耗与新能源技术开发等领域。随着对仿生学研究和认识的深入，作者深入分析了近年来仿生学领域从零到一、从点到面的蓬勃发展，给出了一些在能源领域中的前瞻技术与仿生应用，可抛砖引玉，带动更多的学生与青年工作者从事到能源仿生学的相关研究中来。

国内在仿生学领域，已经在生物农业机械、航空航天等领域取得了长足的发展并取得了可喜的成绩，然而在能源仿生方面，尤其是仿生学应用在油气、新能源开发、智能制造、计算机与人工智能等方面，国内针对性的研究仍然较少，本书的出版在一定程度上起到了填补空白的作用，书中的许多建议也是首次提出。本书的特点突出，具备较强的时代导向，参考文献丰富，适合于能源仿生领域的本科生阅读，也是一本较好的适合石油与化工行业、新能源与材料行业、仿生科学与工程、机械与智能制造领域的研究生、科研工作者、工程管理人员的参考用书。本书的探索，对能源仿生学的发展具有一定的先导推动作用，有利于培养更多具有交叉学科思维的复合型人才。

周红军

前言
PREFACE

    中国自古以来就有模仿自然的意识，古人模仿鱼的形态制成独木舟，鲁班仿制草锯齿边缘制成锯加快了木材的砍伐速度。仿生学是20世纪末开始的一门新兴学科，它是通过研究生物获得的启发研制出新的工艺的技术。仿生学同时也是一门交叉性很强的学科，它交融了生物学、物理学、化学、机械工程、材料学、石油工程等学科，研究在自然界中发现的各种物体的生物功能、结构和原理，探讨生物所需特征的机理，从而为工程技术提供新的设计思路。仿生学虽然出现的历史不长，但近年来随着纳米科技的进步得到了蓬勃的发展，例如，模仿壁虎脚掌刚毛的爬墙机器人与爬墙手套，模仿鸟飞行的航空机器装备，等等。

    仿生学属于新兴交叉学科，不同的人研究仿生学的侧重点会有所不同，所以仿生学可以涉及很多领域。本书编者创造性地将仿生学原理应用于能源领域的研究，提出了能源仿生学的理念。编者已经研究能源和仿生学多年，在石油钻井的仿生可控黏附支撑剂与荧光缓释示踪剂与减阻二氧化碳输运等方面取得了一系列成绩。编者基于仿生和能源领域做了许多有益的尝试，阅读了大量的文献并根据自己的研究详细地讲述了仿生学原理指导能源发展的例子。如壁虎的自清洁机理可以用于制作自清洁表面，有效减少清洗所需的能源；蜘蛛丝的集水能力可用于水资源的收集工作；竹子的硬质结构可应用于管道运输；鱿鱼喙的梯度结构可应用于燃烧电池；贻贝的黏附机理可应用于钻井液；仿生机器人可与人工智能结合，等等。本书在编写方向上力求详尽覆盖多种常见的仿生类型，并融入了传统能源与新能源方向的新进展、新技术、新理论，并对能源仿生发展的方向提出了一些见解。

    本书从自然界生物的各式结构、能量的利用效率等入手，根据研究内容进行了分析，并探讨了其在能源领域中的应用可行性。本书的第一章首先介绍了生物进化的历史，自然进化论学说的发展以及仿生学交叉学科的发展情况，讨论了能源仿生学作为仿生学大体系中的重要组成部分，可有效地将仿生学知识运用到能源领域当中发挥重要作用，并且随着人工智能的发展，仿生学将越来越数字化与智能化，从而对推动能源行业领域的发展发挥重要作用。从第二章开始，分章节阐述了一些前沿仿生科学，技术与孕育而生的仿生材料在其中发挥了重要作用，其中第二章介绍了仿生疏水植物包括荷叶、猪笼草及模仿荷叶与猪笼草的多级结构构建的微纳表面与阵列运用于能量的收集与回收领域。第三章讨论了鱿鱼喙的梯度仿生结构，鱿鱼喙作为一种已知自然界最硬的高分子结构，通过内部的结构与网状结合，能够有效地抵挡外界的冲击，因此其结构的设计在未来氢能燃料电池等领域能够发挥重要作用。第四章介绍了自然界壁虎刚毛的强黏附、易脱附与自清洁现象，及基于壁虎脚掌刚毛的能量利用结构与基于速度的脱附形式，构建仿生机械夹持器、仿生电动车轮胎等的研究进展。第五章从生物菌与仿生酶出发，深入讨论了生物菌在能量利用与电子传递中的行为作用，并探讨了其在仿生膜反应器与微生物燃料电池领域的应用前景。第六章介绍了竹子的多孔梯度结构与其强韧抗压性能，并介绍了其在未来氢气储存与长距离管道输运的应用。第七章从自然界的贻贝出发，深入分析了仿生钻井液的研究发展。第八章介绍了仿生纳米离子通道，以及最新的门技术在热电转化领域中的应用。第九章介绍了最新的软体机器人，及其在机械能量回收中的应用，第十章对仿生学未来的发展进行了初步的展望。每一章都从最新的科学研究入手，深入浅出地讲解了最新学术进展，通用的科学与测试技能、研究手段及材料与结构设计及其背后的科学原理，适合首次接触仿生学的本科生作为教材使用，也适合有志于能源仿生学研究方向的新能源、材料、化工、机械与石油工程领域的研究生阅读，还可作为科技创新人员和研究人员的拓展参考书籍。

本书第五章由李叶青老师编写，其余各章由笔者编写，周洋老师参与整理。本书的编写完成，要特别感谢李根生、徐春明院士，周红军、蒋官澄、杨清海、江皓、邱萍、安永生等各位老师提出的宝贵意见。感谢研究生张蕊、马骏飞、牛迎春、欧阳祥诚、李守真、陈馨仪、刘银萍、赵思思、兰秀平、罗小杭、倪慧勤、唐瑶瑶、马成杰、杨婧、刘胤均、丁川、孙子滟等参与书籍资料的收集与整理工作。本书的出版还得到了中国石油大学(北京)本科教学改革项目、中国石油和石化工程教材出版基金的资助，在此特别表示感谢。

最后，还要衷心感谢本书所引用的参考文献的所有作者，特别感谢中国石化出版社李芳芳编辑在本书出版过程中所付出的辛勤劳动。

受编者水平和能力所限，书中难免有疏漏和不妥之处，恳请读者批评指正。

徐 泉

目录
CONTENTS

绪 论

第一节 仿生学概述

一、仿生学概念

地球上的生物经过数十亿年的繁殖和进化，从单细胞生物到复杂生物，在无数代的遗传演变、优胜劣汰中适应环境繁衍生息。生物在长时间的进化史中，大小形态、外观颜色、体内器官和生活习惯不断适应着环境的变化，从而拥有出色的特性，如自我清洁、自修复、高黏附力等。自古以来人类就懂得通过观察模仿自然界的生物来达到自己的目的，古代人在生活中模仿动物制造工具，从而在自然中有更大的适应能力。中国自古就有模仿自然的意识，汉字是从象形文字演化而来的，早期中国人观察周围的环境画成图画，最终形成如今的汉字。相传鲁班曾经受到草锯齿边缘的启发从而发明了锯，加快了木材的砍伐速度，中国的武术也包含了对很多种动物植物的模仿，将其神韵融入各种招式之中，如螳螂拳。

古人观察鱼类在水中的行进制造小型船只，仿照鱼的流线型身体制造船体，根据鱼鳍的形状做成船桨。到了近代社会，由于船只缺乏隐蔽性，潜水艇开始出现。达·芬奇曾经提出过潜水艇的构想，到 16 世纪真正意义上的潜水艇才出现。潜水艇的问世灵感来源于鱼鳔，鱼鳔是鱼腹中的一个器官，鱼可以通过收缩和膨胀鱼鳔调节在水中的浮沉。

在潜艇上都设有压载水舱，只要往空的压载水舱里注水，潜艇就变重了，这时潜艇的质量就会大于它排开水的质量(即大于浮力)，潜艇就逐渐下潜。当潜艇正常上浮时，用高压空气分步骤把压载水舱里的水挤出去，使之充满空气，潜艇在水下的质量减轻，当潜艇的质量小于它同体积的水的质量时(即小于浮力时)，潜艇就会上浮，直至浮出水面。

1960 年美国人斯蒂尔根据拉丁文构造"Bionics"一词，同年召开了全美第一届仿生学讨论会，这标志着现代仿生学的开始[1]。Janine Benyus 在 1997 年提出的"仿生"一词是指自然界的模仿，是指"从生物学的复制，改编或衍生"[2]。

仿生学是一门交叉性很强的学科。它交融了生物学、物理学、化学和材料学等学科，研究在自然界中发现的各种物体的生物功能、结构和原理，以及工程师、材料科学家、化学家和其他人设计和制造具有商业利益的各种材料和装置。"仿生学"一词最早出现在韦伯斯特1974年的字典中，被定义为"对形成的研究，生物产生的物质和材料(如酶或丝)的结构或功能以及生物机制和过程(如蛋白质合成或光合作用)，特别是通过模仿天然产品的人工机制合成相似产品的目的。"

仿生学是一门技术科学，旨在研究生物系统的结构、特征、原理、行为和相互作用，从而为工程技术提供新的设计思路、工作原理。不同的人研究仿生学的侧重点都会有所不同，实际上仿生学至今没有严格统一的清晰的定义。广义的解释是，仿生学研究生物系统的各种特征(包括物质、能量、信息等)，并通过模拟对象逐渐改善现代技术设备并创造了新的工艺技术。狭义的解释是：仿生学是研究生物接收、传输和处理信息的方法和机制。作为研究对象，设计各种控制机器的科学。仿生学虽然出现的时间短，但也有了一些出色的成果，例如，模仿壁虎脚毛的人造干胶可以产生很强的黏合力，比壁虎可以达到的黏合力高10倍[3]，六角形蜂窝的仿制品因其强度和刚度被用于飞机和其他轻型结构中[4]。

仿生学研究首要的也是必需的因素是生物，这是仿生的模板；用各种测试、分析手段研究生物的组成成分、形态结构、运动机理等，是仿生学的重要过程；依照理论结果选择材料和制成方法等制成仿生制品是仿生学的目的。研究仿生学需要了解生物的生活环境，奉行实践出真知，重视实验结果。还应尊重不同研究背景对仿生学的认识，从不同专业不同角度更加立体地看待仿生学。

二、仿生学研究内容

仿生学主要研究生物和研究生物现象，生物研究依托于生物专业，研究生物系统在不同层面的功能、结构、行为、进化以及生物与周围环境之间的关系，是仿生学的研究基础。贻贝可以在海水中黏附在岩石上，它的黏附是依靠足丝完成的。足丝分泌的多巴可以使贻贝牢牢依附在岩石上，根据这种原理可以制成贻贝胶水，拥有良好的湿黏附，可用于医学上的多种治疗。贻贝足丝上还有多种蛋白，不仅可以提供黏附，还有良好的力学性能，仅用几根纤细的足丝就可以在海水中拽住贻贝的身体。足丝的表皮有不少颗粒状角质层，多巴-铁配合物交联度高于基质，这种方式会增加足丝的抗拉伸能力，减少丝在受到拉扯过程中表皮的破坏[5]。可根据此机理制作拥有良好力学性能的复合材料，应用于多个领域的生产生活中。

这种纯生物研究属于生物学科，但是从仿生学角度看，很多生物领域的研究都与仿生学有关系，这不只是生物的专业性研究，也为仿生学的发展提供了理论基础和知识储备，理解生物的机理是仿生学的重要基础。

自然界中各种各样的生物都有自己的运作模式，它们的生物现象相互交错互相影响，构成了我们熟知的自然。自然有其独特的精妙之处，生物现象往往蕴含着深奥的机理，生物的伪装、捕食、迁徙、繁衍等都自有规律，等着我们去探索。

世界上有很多国家和地区都严重缺水，随着人口增长和植被破坏，水资源问题也愈发严峻。净化水和收集水对解决此问题有重要意义。蜘蛛独特的结网能力为人们所熟知，它的网除了用于捕捉猎物外还有集水能力，清晨可以看到蛛网上结满了露珠。研究发现，蛛网在干燥环境下，由亲水的蓬松胀泡组成，并呈周期性排列在两根主纤维上。当干燥的蜘蛛丝被放置在薄雾中时，它的结构会因为润湿发生变化，蓬松部分收缩成不透明的隆起物并形成纺锤节。这些结构特征导致纺锤结和关节之间存在表面能量梯度和拉普拉斯压力差，在这两个因素的共同作用下，可以使得水滴在纤维上连续冷凝和定向迁移。人们把这一过程称为蜘蛛丝的"湿后重构"，经过此过程后，纤维就有了定向集水的功能。

生物现象伴随着生命的全过程，虽然奇异特殊但是机理隐蔽，吸引人们的好奇心，驱使人们去探索真相。探索生物现象产生的研究成果有不可估量的影响，许多生物现象都可能给人们带来解决问题的灵感，产生对人类社会有巨大价值的发明创造。

第二节　能源仿生学的意义

能源也称为能量资源或能源资源。它是指可以产生各种能量(例如热、电能、光能和机械能)或可以做工的材料的总称，是可以直接获得或通过处理和转换获得的各种资源。它是国民经济的重要物质基础，国家的未来取决于对能源的控制。能源的有效利用和人均消费的发展程度是生产技术和生活水平的重要指标。

能源可分为三类：①来自太阳的能量。包括直接来自太阳的能量(例如太阳热辐射能)和间接来自太阳的能量(例如风能、煤、石油、天然气、油页岩等以及其他生物质能，水力发电等)。人类所需能量的绝大部分都直接或间接地来自太阳。②地球本身固有的能量。一种是地球内部所包含的地热能，例如地下热水、地下蒸汽和干热岩体。地球上的地热资源贮量也很大，火山喷发和温泉都是地热能的表现。另一种是地壳中铀和钍等核燃料中所含的核能。③地球上月亮和太阳的引力产生的能量，例如潮汐能。

能源可分为一次能源(也称为自然能源)和二次能源。前者是指自然界中存在的能源，例如煤炭、石油、天然气和风能水能。后者是指从一次能源加工过程中转化而来的能源产品，例如电力、蒸汽、煤气和各种石油产品。一次能源分为可再生能源如风能、水能和生物质能和不可再生能源如煤炭、石油、天然气、核能等。其中，煤炭、石油和天然气是使用的主要能源，全球能源的基础。此外，一次能源也包括太阳能、风能、地热能、海洋能和生物质能等可再生能源。二次能源是指一次能源直接或间接转换为其他能源的类型和形式的能源，例如电力、天然气、汽油、柴油、清洁煤、激光和沼气，它们都是二次能源。

能源是发展的基础。中华人民共和国成立以来，对能源资源的开发不断增加，并组织了许多资源评估活动。中国的能源资源总量相对丰富，化石能源资源相对较多，其中，煤炭占主导地位。石油和天然气资源的探明储量相对不足，油页岩和煤层气等非常规化石能源的储量潜力很大。但是，中国人口众多，人均能源资源在世界范围内处于较低水平。人均拥有的煤炭和水资源量相当于世界平均水平的50%，而人均石油和天然气资源仅约为世界平均水平的1/15。耕地资源不到世界人均水平的30%，这限制了生物质能源的发展。

中国的能源分布广泛，但分布不均。煤炭资源主要分布在华北和西北地区，水资源主要分布在西南地区，石油和天然气资源主要分布在东部、中部和西部地区以及我国相关海域中。中国的主要能源消耗区域集中在东南沿海的经济发达地区，资源和能源消耗区域之间存在明显差异。

随着城市化进程不断推进，能源需求持续增长，能源供需矛盾也越来越突出，迫在眉睫的问题是，中国究竟该寻求一条怎样的能源可持续发展之路？实现能源的可持续发展，中国必须实现"开源"，即开发核电、风电等新能源和可再生能源，同时还要"节流"，即调整能源结构，大力实施节能措施。

新能源和可再生能源的发展对可持续能源发展具有重要意义。在我国的能源供应结构中，煤炭、石油和天然气等不可再生能源占绝大多数。新能源和可再生能源开发不足，不仅造成环境污染等一系列问题，而且严重制约了能源的发展。所以必须加快发展新能源和可再生能源，优化能源结构，增强能源供应能力，以缓解压力。

能源仿生学基于仿生学原理，探讨能源的多种可能性，在促进可再生能源、增强能源利用率、减少能源消耗方面都有很大的作用。

参 考 文 献

[1] Bar-Cohen Y. Biomimetics-using nature to inspire human innovation[J]. Bioinspir. Biomim, 2006, 1(1): 1-12.

[2] Bhushan B. Biomimetics: lessons from nature-anoverview[J]. Philos. Trans. R. Soc. A-Math. Phys. Eng. Sci, 2009, 367(1893): 1445-1486.

［3］ Qu L，Dai L，Stone M，et al. Carbon nanotube arrays with strong shear binding-on and easy normal lifting-off ［J］. Science，2008，322(5899)：238-242.

［4］ Eadie L，Ghosh T K，et al. Biomimicry in textiles：past，present and potential. An overview［J］. Journal of the Royal Society Interface，2011，8(59)：761-775.

［5］ Harrington M. J，Masic A，Holten-Andersen N，et al. Iron-Clad Fibers：A Metal-Based Biological Strategy for Hard Flexible Coatings［J］. Science，2010，328(5975)：216-220.

看配套视频，划课件重点
掌握能源仿生学知识

微信扫一扫，学习没烦恼

第一章　生物进化历史

第一节　生物进化论

一、进化论学说的萌芽

（1）早期理论

古希腊阿那克西曼德（约公元前 6 世纪）认为生命最初由海中软泥产生。原始的水生生物经过蜕变（类似昆虫幼虫的蜕皮）而变为陆地生物。他认为人就是从鱼产生的，这可能是古人从观察人的胚胎和幼鱼有某种相似而得出的结论[1]。

（2）宗教学神创论

中世纪的西方，基督教圣经把世界万物描写成上帝的特殊创造物。这就是神创论（创造论）。神创论表示整个自然界被创造出来是为了彰显造物主的荣耀。

（3）不变论

从 15 世纪后半叶的文艺复兴到 18 世纪，是近代自然科学形成和发展的时期。这个时期在科学界占统治地位的观点是不变论。当时这种观点被牛顿和林奈表达为科学的规律：地球由于所谓第一推动力而运转起来，以后就永远不变地运动下去，生物物种本来是这样，以后也是这样，其也被否认了。

（4）拉马克主义

拉马克主义，又称用进废退论，在活力论的影响下，最有名的活力论者就是法国生物学家拉马克。19 世纪前期出现的终极目的论或直生论，认为生物进化有一个既定的路线和方向而不论外界环境如何变化。后人把拉马克对生物进化的看法称为拉马克学说或拉马克主义，其主要观点是：

① 物种是可变的，物种是由变异的个体组成的群体。

② 在自然界的生物中存在着由简单到复杂的一系列等级（阶梯），生物本身存在着一种内在的"意志力量"驱动着生物由低的等级向较高的等级发展变化。

③ 生物对环境有巨大的适应能力；环境的变化会引起生物的变化，生物会由此改进其适应；环境的多样化是生物多样化的根本原因。

④ 环境的改变会引起动物习性的改变，习性的改变会使某些器官经常使用而得到发展，另一些器官不使用而退化；在环境影响下所发生的定向变异，即后天获得的性状，能够遗传。如果环境朝一定的方向改变，由于器官的用进废退和获得性遗传，微小的变异逐渐积累，终于使生物发生了进化。

拉马克学说中的内在意志带有唯心论色彩；后天获得性则多属于表型变异，现代遗传学已证明它是不能遗传的——拉马克"用进废退进化论"取材于现实观察，推论于进化遗传，它是"劳动创造人本身"的先声。现代遗传学所取材的观察实验既没有确定宏观进化的发生也不能确定后天获得性状不能遗传。进化论和遗传论两者的核心差异是：进化论认为，对生命来说，客观的环境外因和主观的生命内因的选择是互相影响的；遗传论则否定生命存在内因选择，是为避开进化论洪流而构建的另一种命由天定论（见图1-1）。

图 1-1 用进废退示意图

二、进化论学说的创立

1858 年 7 月 1 日达尔文与华莱士在伦敦林奈学会上宣读了关于进化论的论文。后人称他们的自然选择学说为达尔文·华莱士学说。

达尔文在 1859 年出版的《物种起源》一书中系统地阐述了他的进化学说。达尔文自己把《物种起源》称为"一部长篇争辩"，它论证了两个问题：

第一，物种是可变的，生物是进化的。当时绝大部分读了《物种起源》的生物学家都很快地接受了这个事实，进化论从此取代神创论，成为生物学研究的基石。即使是在当时，有关生物是否进化的辩论，也主要是在生物学家和基督教传道士之间，而不是在生物学界内部进行的。

第二，自然选择是生物进化的动力。生物都有繁殖过盛的倾向，而生存空间和食物是有限的，生物必须"为生存而斗争"。在同一种群中的个体存在着变异，那些具有能适应环境的有利变异的个体将存活下来，并繁殖后代，不具有有利变异的个体就被淘汰[2]。

达尔文过分强调了生物进化的渐变性；他深信"自然界无跳跃"，用"中间类型绝灭"和"化石记录不全"来解释古生物资料所显示的跳跃性进化。传统进化论的这种观点正越来越受到间断平衡论者和新灾变论者的猛烈批评。当时的生物学家对接受这一点犹豫不决，因为自然选择学说在发表时存在着三大困难：

第一，缺少过渡型化石。按照自然选择学说，生物进化是一个在环境的选择下，逐渐地发生改变的过程，因此在旧物种和新物种之间，在旧类和新类之间，应该存在过渡形态，而这只能在化石中寻找。在当时已发现的化石标本中，找不到一具可视为过渡型的。达尔文认为这是由于化石记录不完全，并相信进一步的寻找将会发现一些过渡型化石。确实，在《物种起源》发表两年后，从爬行类到鸟类的过渡型始祖鸟出土了，以后各种各样的过渡型化石纷纷被发现，最著名的莫过于从猿到人的猿人化石。如今被称为过渡型的化石已有上千种，与已知的几百万种化石相比，仍然显得非常稀少。这有两方面的原因，一方面，生物化石都是偶然形成的，因此化石记录必然非常不完全；另一方面，按照现代进化论体系所提出的"间断平衡"理论，生物在进化时，往往是在很长时间的稳定之后，在短时间内完成向新种的进化，因此过渡形态更加难以形成化石。

第二，地球的年龄问题。既然自然选择学说认为生物进化是一个逐渐改变的过程，它就需要无比漫长的时间。达尔文认为这个过程至少需要十几亿年。但是当时物理学界的泰斗威廉·汤姆逊（即开尔文勋爵，一个神创论者）用热力学的方法证明地球只有一亿年的历史，而只有最近的最多两千万年地球才冷却到能够让生命生存。对于物理学家的挑战，达尔文无法反击，只能说"我确信有一天世界将被发现比汤姆逊所计算而得的还要古老"。在现代物理学支持下，如今的地质学界铀铅测年法计算出地球有四十几亿年的历史，而至少在三十亿年前生命就已诞生。在当时，在地球的年龄问题上，人们显然更倾向于相信物理学权威。

第三，无法解释自然选择。达尔文找不到一个合理的遗传机理来解释自然选择。当时的生物学界普遍相信所谓"融合遗传"：父方和母方的性状融合在一起遗传给子代。这似乎是很显然的，白人和黑人结婚生的子女的肤色总是介于黑白之间。汤姆逊的学生、苏格兰工程师简金据此指出：一个优良的变异会很快地被众多劣等的变异融合、稀释掉，而无法像自然选择学说所说的那样在后代保存、扩散开来，就像一个白人到一个非洲黑人部落结婚生子，几代以后他的后代就会完全变成黑人。达尔文虽然从动植物培养中知道一个优良的性状是可以被保留下来的，但是他没有一套合理的遗传理论来反驳简金。达尔文被迫作出让步，承认用进废退的拉马克主义也是成立的，可以用来补充自然选择学说。

三、进化论学说的完善和发展

（一）新拉马克主义

新拉马克主义最早出现在法国，以后遍及全世界。其早期学者有帕卡德、科普、勒唐得克、西奥多拉、埃默尔、奥斯本等。20世纪比较突出的有居诺、汪德比尔特等。

新拉马克主义学派对生物进化的原因、对获得性状遗传机制等重大问题做了种种研究和论述，这是达尔文主义所未能涉及的方面。该学派的研究有的相当深入，并从理论上做了某些有价值的说明。其中有些论点尽可能地运用物理、化学的原理揭示了先辈科学家的预言，有相当的说服力，对生物进化论的发展产生过积极的影响。

新拉马克主义的主要缺陷在于对变异缺少分析，不能区分基因型和表现型，以为表现型的变化就可以遗传下去（即获得性状遗传）[3]。

（二）新达尔文主义

达尔文学说形成于生物科学尚处于较低水平的19世纪中叶，因而，伴随着生物科学的发展必然会暴露出其不足，理论本身就不断被修正和改造。达尔文学说经历了两次大修正，第一次修正是对达尔文学说的一次"过滤"，消除了达尔文进化论中除了"自然选择"以外的庞杂内容，如拉马克的"获得性状遗传说"，布丰的"环境直接作用说"，等等，而把"自然选择"强调为进化的主要因素，把"自然选择"原理强调为达尔文学说的核心。这次修正的结果是形成了新达尔文主义。而作为新达尔文主义在20世纪成就的集中反映，约翰森的"纯系说"和摩尔根的"基因论"通过对基因的研究，揭示了遗传变异的机制，克服了达尔文学说的主要缺陷；同时，又通过遗传学的手段从事进化论的研究，为进化论进入现代科学行列奠定了基础[4]。

（三）现代达尔文主义

达尔文学说第二次大修的结果是现代达尔文主义。现代达尔文主义亦称综合进化论（包括后来的新综合理论），是达尔文主义选择论和新达尔文主义基因论综合和提高的产物。

现代达尔文主义重申了达尔文自然选择学说在生物进化中的主导地位，并用选择的新概念（"选择模式"）解释达尔文进化论中的许多难点，否定了"获得性状遗传是进化普遍法则"等流行很久的假说，使生物进化论进入现代科学行列。但是，这一学说的实验性工作基本上限于小进化（种内进化）领域，对于大进化（种间进化）基本上未超出类推的范围。同时对一些比较复杂的进化问题（如新结构、新器官的形成；生物适应性的起源；变异产生的原因问题；分子水平上的恒速进化现象；生物进化中出现的大爆炸、大绝灭等）还不能做出有说服力的解释。

第二节　生物进化历史

一、生物进化的方法

生物界各个物种和类群的进化，是通过不同方式进行的。物种形成（小进化）主要有两种方式：一种是渐进式形成，即由一个种逐渐演变为另一个或多个新种；另一种是爆发式形成，如多倍化种形成，这种方式在有性生殖的动物中很少发生，但在植物的进化中却相当普遍。世界上约有一半左右的植物种是通过染色体数目的突然改变而产生的多倍体。物类形成（大进化）常常表现为爆发式的进化过程（如寒武纪大爆发），从而使旧的类型和类群被迅速发展起来的新生的类型和类群所替代（见图1-2）。

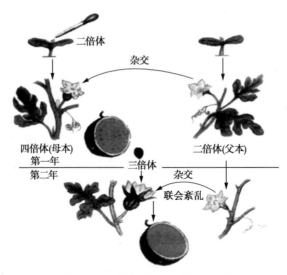

图1-2　三倍体无籽西瓜培育过程

（1）自然选择

自然界的生物，通过激烈的生存斗争，适应者生存下来，不适应者被淘汰掉，这就是自然选择。

（2）渐进式

渐进进化是达尔文进化论的一个基本概念，达尔文认为，在生存斗争中，由适应的变异逐渐积累就会发展为显著的变异而导致新种的形成。因为"自然选择只能通过累积轻微的、连续的、有益的变异而发生作用，所以不能产生巨大的或突然的变化，它只能通过短且慢的步骤发生作用"。现代进化论坚持达尔文的渐变论思想和自然选择的创造性作用，强调进化是群体在长时期的遗传上的变化，认为通过突变（基因突变和染色体畸变）或遗传重组、选择、漂变、迁移和隔离等因素的作用，整个群体的基因组成就会发生变化，造成生殖隔离，演变为不同物种。20 世纪 70 年代以来，一些古生物学者根据化石记录中显示出的进化间隙，提出间断平衡学说，代替传统的渐进观点。他们认为物种长期处于变化很小的静态平衡状态，由于某种原因，这种平衡会突然被打断，在较短时间内迅速形成新种。

（3）爆发式

对化石的研究发现，在进化史上，相当长的时间内处于进化较为沉寂的时期，新种的化石很少；有时大量的物种化石集中出现在较短的地质年代，如寒武纪大爆发。

寒武纪是古生代的第一个纪。研究证据表明，寒武纪大约是从距今 5.44 亿年前至距今 5.05 亿年前。地球上最早的生命大约是在距今 38 亿年前出现的。在从 38 亿年前到 6 亿年前这长达 32 亿年的时间里，生物进化的速率是十分缓慢的。最早的原核生物可能出现在 35 亿年前。最早的真核生物可能出现在 20 亿年前，从那时直至距今 6 亿年前，地球上的生物几乎都是单细胞生物。从寒武纪开始，地球上突然出现种类繁多的多细胞动物，人们称这种现象为"寒武纪大爆发（Cambrian explosion）"，也叫"寒武纪大爆炸"。

（4）断续平衡论

也称为间断平衡说。该学说认为化石的不连续性是历史的真实反映，这正说明生物的进化是不连续的，新物种是短时间内迅速出现的，然后是长时间的进化停滞，直到另一次快速的物种形成出现。

生物的进化既包含有缓慢的渐进，也包含有急剧的跃进；既是连续的，又是间断的。整个进化过程表现为渐进与跃进、连续与间断的辩证统一[5]。

二、生物进化的证据

现在的科学家们不仅接受了生物进化的理论，而且找到了大量的证据来证实它。最直接和最可靠的证据是古生物学研究中挖掘出来的大量化石。化石是保存在地层中古代生物的遗体、遗骸和生物活动的遗迹、遗物的总称。在不同的地质年代所发现的不同化石，就是在地球演变的不同时期各类生物发生和发展的真实记录。因此化石是能够证明生物进化的最有说服力的历史证据之一（见图 1-3）。

图 1-3　已经挖掘出的化石

一些过渡类型的生物化石更能说明问题，比如始祖鸟化石，兼有鸟类和爬行类两类动物的特征，表明鸟类是从古代爬行类动物演化来的。各种各样马的化石多达数百种，按地质年代顺序排起来，就可以清楚地看到从始祖马、渐新马、中新马、上新马直到现代马的整个变化过程(见图 1-4)。

图 1-4　马的进化过程

胚胎学的证据更加有趣。一切高等动物、植物的胚胎发育都是从一个受精卵开始的，这似乎可以说明高等生物起源于低等的单细胞生物。鱼类、两栖类、爬行类、鸟类、哺乳类和人，在成熟的生物个体形态上，差别非常大。但是观察它们的早期胚胎，却相似到难以辨认的程度。胚胎早期，各种高等生物都有鳃裂和尾巴，头大，身体弯曲，发育到一定程度后才显现出不同的形态。这说明脊椎动物都有共同的祖先，人类是从有尾巴的动物进化来的。这个现象正是德国的赫胥黎、海克尔在 1866 年提出的"生物发生律"，也叫"重演律"的佐证。这是由于生物在个体发育中迅速地重现了祖先的主要演化阶段，这种重演现象在生物界普遍存在，是生物进化有力而又有趣的证据[6](见图 1-5)。

此外细胞学、生物化学和分子生物学也都能为进化论提供证据。例如可以从生物染色体的数目和形态上研究物种间的亲缘关系。染色体数目相同，形态相近，说明它们在物种上有非常近的亲缘关系。如果用血清比较法进行鉴别，会发现狗和狼的亲缘关系比较近，而与狐狸和牛的亲缘关系就比较远。先进的科学技术所提供的各种精细的测试手段为研究物种关系和生物进化打开了方便之门[7](见图 1-6、图 1-7)。

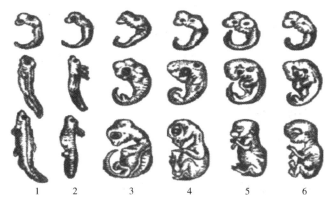

图 1-5　几种脊椎动物和人的胚胎发育比较

1—鱼；2—蝾螈；3—龟；4—鸡；5—猪；6—人

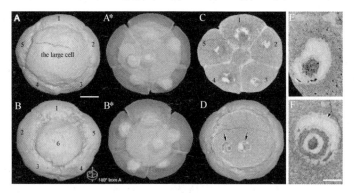

图 1-6　不同细胞的化石

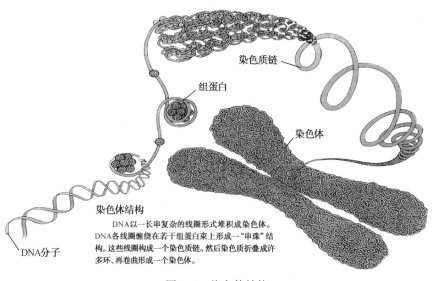

染色体结构

　　DNA以一长串复杂的线圈形式堆积成染色体。DNA各线圈缠绕在若干组蛋白束上形成一"串珠"结构。这些线圈构成一个染色质链。然后染色质折叠成许多环、再卷曲形成一个染色体。

图 1-7　染色体结构

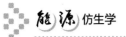

总之，各种各样无以数计的证据都为生物进化这一科学理论作了很好的说明。在令人信服的科学理论和有力证据的支持下，生物进化论和细胞学说一起成为近代生物科学的基础理论并带动和引导生物学的各个分支学科蓬蓬勃勃地发展起来。

三、生物进化的历程

（一）动物进化历程

从动物进化的历程来看，最早登陆的脊椎动物是两栖动物。

脊椎动物的进化历程：原始鱼类→原始两栖类→原始爬行类→原始鸟类/原始哺乳类。鱼类终生生活在水中[8]。

两栖动物幼体生活在水中，用鳃呼吸，成体有时生活在陆地上，有时生活在水中，用肺呼吸，皮肤辅助；爬行动物、鸟类、哺乳动物，大多生活在地上，动物进化历程中，最早登陆的脊椎动物是两栖动物。

脊椎动物一般体形左右对称，全身分为头、躯干、尾三个部分，有比较完善的感觉器官、运动器官和高度分化的神经系统，包括圆口类、鱼类、两栖动物、爬行动物、鸟类和哺乳动物等六大类。

（二）植物进化历程

（1）菌藻植物时代

从35亿年前开始到4亿年前(志留纪晚期)近30亿年的时间，地球上的植物仅为原始的低等的菌类和藻类。其中从35亿年前到15亿年前之间为细菌和蓝藻独霸的时期，常将这一时期称为细菌-蓝藻时代。从15亿年前开始才出现了红藻、绿藻等真核藻类。

（2）蕨类植物时代

从4亿年前开始由一些绿藻演化出原始陆生维管植物，即裸蕨。它们虽无真根，也无叶子，但体内已具维管组织，可以生活在陆地上[9]。

（3）裸子植物时代

从二叠纪至白垩纪早期，历时约1.4亿年。许多蕨类植物由于不适应当时环境的变化，大都相继绝灭，陆生植被则被裸子植物所取代。最原始的裸子植物(原裸子植物)也是由裸蕨类演化而来的。中生代为裸子植物最繁盛的时期，故称中生代为裸子植物时代。

（4）被子植物时代

它们是从白垩纪迅速发展起来的植物类群，并取代了裸子植物的优势地位[10]。被子植物仍然是地球上种类最多、分布最广泛、适应性最强的优势类群。纵观植物界的发生发展历程，可以看出整个植物界是通过遗传变异、自然选择

（人类出现后还有人工选择）而不断地发生和发展的，并沿着从低级到高级、从简单到复杂、从无分化到有分化、从水生到陆生的规律演化。新的种类在不断产生，不适应环境条件变化的种类不断死亡和绝灭，这条植物演化的长河将永不间断，永远不会终结（见图1-8）。

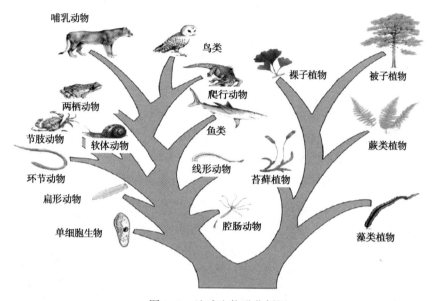

图1-8　地球生物进化树图

（三）微生物的进化

微生物是指一切肉眼看不到或看不清楚，因而需要借助显微镜观察的微小生物。微生物包括原核微生物，如细菌、真核微生物，如真菌、藻类和原虫，和无细胞生物如病毒此三类[11]。

生命自从在约32亿年前从原始海洋中出现以来，就以从简单到复杂、从低级到高级、从少数物种到多数物种的进化途径发展着。而在生命出现的瞬间，就是从高层次生物产生低层次生物的发展途径产生新的生命[8]。

人们过去一直认为生物不能在温度高、压力大、氧气和养分缺乏的地下深处生活。20世纪80年代在微生物学领域发生了一件大事：发现了既不属于原核的真细菌，也不属于包括动植物在内的真核生物的、被称之为第三型生命的古细菌。这类微生物可在极端环境下生存，生存在地下深处的微生物是探索生命之谜的重要资源，由于它们生存的地下环境类似于生命诞生之初的地球环境，这对研究原始生命起源和进化很有帮助。科学家在玄武石中发现大量微生物大吃一惊[12]。而美国勘探研究人员也在圣安德烈斯断层的20000m深的花岗岩中发现了微生物。在缺氧和饥饿的地下环境，氧化分解缓慢，代谢损失少，微生物的代谢就变得非常缓慢，因此其寿命很长。基于这些理由，人们可以大胆地设想，生活在无分子氧以及饥饿地下环境的微生物，有可能不是从外界传播而来的，可能是从无到有诞生在那里，于是生命从无到有的诞生也是有可能的，只是需要特殊的环境和非常长的时间。

首先据最新数据表明，地球上的物种大约估计有 150 万种，其中微生物超过10 万种，而且其数目还在不断增加。在达尔文的《物种起源》中，微生物是被忽视的群体，在物种进化的过程中，人们普遍认为微生物是不参与其中的。以色列一位微生物学家发现在地中海东岸的珊瑚曾感染希利氏弧菌，并触发发生了白化，但经过一段时间之后，珊瑚恢复原样，没有大面积白化。他由此意识到：如果微生物的变化能够让珊瑚抵御感染，并且有遗传功能，那么在基因未发生改变的前提下，它们进化出了抵御白化的能力。我认为，也许一种生物能否存活，或者说能否适应变化，起决定性作用的是它的基因，还有能够遗传的那些微生物群落。

但时至今日，人们依旧没有探究完微生物的起源与进化(见图 1-9)。

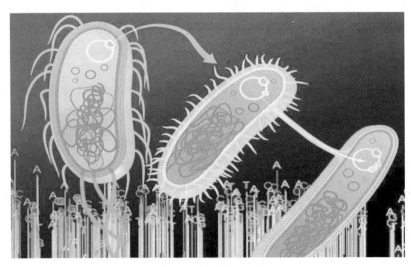

图 1-9　微生物交流示意图

四、生物进化分类

（一）物种多样性分类

在生态学中，物种多样性是以一个群落中物种的数目及它们的相对丰度为衡量指标的，既包括群落中现存物种的数目，也包括物种的相对丰度。

物种多样性包括两个方面：一方面是指一定区域内物种的丰富程度，可称为区域物种多样性；另一方面是指生态学方面的物种分布的均匀程度，可称为生态多样性或群落多样性。物种多样性是衡量一定地区生物资源丰富程度的一个客观指标。它是根据一定空间范围物种的遗传多样性可以表现在多个层次上数量和分布特征来衡量的。一般来说，一个种的种群越大，它的遗传多样性就越大[13]。但是，一些种的种群增加可能导致其他一些种的减少，从而导致一定区域内物种多样性减少。

（二）物种界限的划分

物种是一群可以交配并繁衍后代的个体，但与其他生物却不能交配，或交配后产生的杂种不能再繁衍。Mayr1982年对物种进行了重新定义，他认为物种是由居群组成的生殖单元，和其他单元在生殖上是隔离的，在自然界占据一定的生态位[14]。

研究生物分类方法和原理的生物学分支。分类就是遵循分类学原理和方法，对生物的各种类群进行命名和等级划分。分类学曾被称为系统分类学，但它与系统学很易混淆，系统学是研究生物的分异度（多样性）以及它们中间的任何一个类群和其他所有类群的各种关系的科学，曾称为分类系统学。三者的共同目的是从理论上和实践上，阐明种类之间的关系（或亲缘关系），建立自然系统，确定各类群的命名和排序，总结其进化历史。

地球上现在生存的物种数以百万计，千变万化，各不相同，如果不予分类，不立系统，便无从认识，难以利用。分类系统是生物种类的查找系统，可借以认识和查取有关资料。分类的对象是形形色色的种类，都是进化的产物；分类学在于阐明种类之间的历史渊源，使建立的分类系统反映进化历史。因而从理论意义上说，分类学是生物进化的历史总结。

分类学是综合性学科。生物学的各个分支，从古老的形态学到现代分子生物学的新成就，都可吸取为分类依据。分类学亦有其自己的分支学科，如以染色体为依据的细胞分类学（或染色体分类学），以血清反应为依据的血清分类学，以化学成分为依据的化学分类学，等等。

第三节　计算机协助理解生物进化

一、生物的计算机模拟和数学模型

（一）计算机协助理解地球演变过程

（1）地球早期的演化

地球在刚形成时，温度比较低，并无分层结构，后来由于陨石等物质的轰击、放射性衰变致热和原始地球的重力收缩，才使地球的温度逐渐升高，最后成为黏稠的熔融状态。在炽热的火球旋转和重力作用下，地球内部的物质开始分化变异。较重的物质渐渐地聚集到地球的中心部位，形成地核；较轻的物质则悬浮于地球的表层，形成地壳；介于两者之间的物质则构成了地幔。这样就具备了所谓的层圈结构。

在地球演化早期，原始大气都逃逸了。但随着物质的重新组合和分化，原先在地球内部的各种气体上升到地表成为新的大气层。由于地球内部温度的升高，使内部结晶水汽化。后来随着地表温度的逐渐下降，气态水经过凝结，积聚到一定程度后，又通过降雨重新落到地面，这种情况持续了很长一段时间，于是在地面上形成水圈。

最近 2 亿年以来的大陆漂移和板块运动，已得到了确切证明和广泛的承认。然而有人推测，板块运动很可能早在 30 亿年前就已经开始了，而且不同地质时期的板块运动速度是不同的，大陆之间曾屡次碰撞和拼合，以及反复破裂和分离。大陆岩块的多次碰撞形成了褶皱山脉，并连接在一起形成新的大陆，而由大洋底扩张形成新的大洋盆地。因此，要准确复原出大陆在 2 亿多年前所谓的"漂移前的漂移"是十分困难的。地球的年龄已有 46 亿年，目前已经知道地球上最古老的岩石年龄为 43.74 亿年，并且分布的面积相当小。这样，从 46 亿年到 37 亿年间，约有 9 亿年的间隔完全缺失地质资料。此外，地球上 25 亿年前的地质记录也非常有限，这对研究地球早期的历史状况带来不少困难。

（2）大洋的起源与演化

有关大洋的起源和演化研究从 20 世纪初才开始，在此之前一般认为大洋盆地是地球表面上永存的形态，也即大洋盆地自从贮水形成以来，其位置和分布格局是固定的。随着地球科学的发展，特别是 20 世纪初以魏格纳为首的大陆漂移这一革命性的学说的提出，对 2 亿多年以来大洋的起源和演化有了突破性的认识。

对于大陆漂移学说，并非是一开始就得到许多人支持的，因为当时对引起大陆漂移的机制，即力源问题并没有很好解决。1931 年，霍姆斯等提出了地幔对流学说，用于解释大陆漂移的力源，然而这个观点在当时很少受到人们的注意[15]。

现代研究证实，大洋最初是在大陆内部孕育的，并开始于大陆岩石圈中的裂谷。大陆在裂谷处破裂并相互分离，从而开始产生新的大洋盆地。魏格纳曾把南大西洋两边对岸的吻合作为阐述大陆漂移说的出发点。事实上，把南美洲与非洲两大陆拼合到一起，不仅大陆边沿地形轮廓非常吻合，而且岩石类型和地质构造也可以对接起来。综上所述，现今的那些广阔的大洋盆地并不是从来如此的，而是长期的地球运动和演化的结果。大洋由狭窄海湾到宽阔盆地的发展，是通过持续发生的大规模海底扩张过程实现的。海底扩张和板块运动的动力都是地幔对流。

　　由于地球原始地壳自从形成以来，从来没有停止过大规模的地质构造形态的运动。因此，可以肯定地说，现在地球上大洋和陆地的形态就是过去数十亿年来大规模地壳运动的结果[16]。

　　现代可以利用地球系统数值模拟大科学装置对地球的各种演变进行模拟。已经上线运行的地球系统模式1.0版本包含有完整的气候系统和生态环境系统分量模块，集成了大气、海洋、海冰、陆面水文、大气化学和气溶胶、动力学植被、海洋生物地球化学等子系统模式或分量模块，并通过一个通量耦合器实现各模块之间的完整耦合，可以更加逼真地实现对大气、洋流、陆面过程、生态等的仿真研究。"它使得地球系统科学的研究也可以像物理和化学那样，在实验室中设计和进行各类可控的科学实验，这为新发现和新突破提供了前所未有的机遇，为解决我们目前面临的各种生态环境问题提供了科技支撑。"（见图1-10）

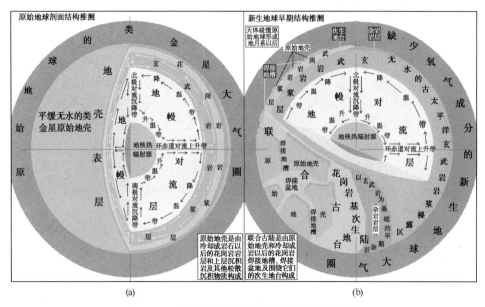

图1-10　地球早期和现在结构计算机模型对比

（二）计算机技术协助理解环境及生物的演变

（1）初始阶段

　　最初的地球经历着原子演化过程。地壳内部大量放射性元素进行裂变和衰变。这个过程所释放能量的积聚和迸发，陨星对地表的频繁撞击，以及可能由于月球被地球捕获时而引起的潮汐摩擦力等，都会导致地壳火山的强烈活动，使得被禁锢在地壳内部的挥发性物质不断喷发出来，形成一个主要成分有水、一氧化碳（CO）、二氧化碳（CO_2）和氮等组成的还原大气圈。水汽冷凝后在低处汇聚成为海洋[8]。

早期的地表环境没有氧气，更没有臭氧层，这就使得高能紫外线能够无阻碍地直射地面。20 世纪 50 年代以来的一系列人工模拟实验，证实在高能紫外线辐射下还原大气圈的气体成分可以合成为简单的有机化合物，成为生命发生的最基本材料。这些非生物合成的有机小分子在原始海洋汇聚起来，经历了漫长的过程，逐渐形成生命前体，最后演化为原始生命[17]。

已发现的最古老的生物化石是原始菌藻类，其年代约为 34 亿年前。最早的生命是异养的，又是厌氧的。它们以原始海洋中有机分子为养料，依靠无氧的发酵方式获得能量。原始海洋供应的养料有限，因而一些能合成无机养分为有机质的自养生物，例如能在光合作用下把水和二氧化碳合成有机质的蓝绿藻出现了（距今约 27 亿年）。绿色植物在光合作用中释放出游离氧，逐渐改变了大气的成分。大气氧的形成是地球环境演化史上一次最重大的变化。

（2）游离氧的出现

游离氧的出现，促进了生命的进化，这就是真核细胞的出现（距今 10 亿~15 亿年），即在生物进化史上出现了有性繁殖和多细胞的生物，生物更为多样化。

大气氧的出现，改变了地球化学过程和岩石圈的成分。在放氧的光合作用未发生前，地球表面是缺氧环境，化学元素以还原状态存在。随着游离氧的释放，这些元素从还原态转变为氧化态。例如原来在地表水和海水中大量存在的还原态铁（低价铁），被氧化为氧化态的高价铁；硫化物被氧化为硫酸盐。这些氧化物的出现反映在前寒武纪的古老岩石上。最古老沉积岩中的带状铁质夹层（距今 18 亿~22 亿年），稍晚的陆相红层以及前寒武纪晚期出现的巨厚硫酸钙沉积，都证明大气氧浓度的不断提高。

铁、硫被氧化的同时，大量还原性碳转化为 CO_2，增加了海水中碳酸氢根离子和碳酸根离子的浓度，产生碳酸盐沉积，形成前寒武纪晚期的石灰岩和白云岩。到了寒武纪，含钙外壳的后生动物在海水中大量出现，生物开始直接参与地质大循环。此后，海洋中的碳酸钙沉积，几乎都是含钙有机体的产物[18]。

随着大气氧浓度的增加，在大气层中形成臭氧层。臭氧层的形成对生命的保护有极重大的意义，因为它能遮断危害生命的高能紫外辐射。最初生命只能在紫外线照射不到的水下 5~10m 深处发育，随着臭氧层的保护能力的不断提高，生命发展到水体表层，进而由水面发展到陆地（志留纪晚期，距今约 4.2 亿年）。

（3）生命在陆上出现

生命在陆上出现，进化极为迅速。这是因为陆地具有更多样的生态环境，促使生物的分化和变异。生物之间的相互依存、相互制约和相互竞争的关系，也推动了生物的进化，生态系统结构也就愈来愈复杂[19]。

石炭纪是地球上植物空前繁茂的时代。大量植物残体在沼泽环境转化为煤层，免于氧化，致使大气中二氧化碳平衡失调，削弱了温室效应，引起全球性气温降低。古生代晚期出现的大冰期可能与此有关。

（4）陆上植物的出现

陆上植物的出现，产生了土壤层。土壤是植物与岩石相互作用的产物，土壤的形成使易于淋失的养分在地表上富集起来，从而保证了生物圈的发展和繁荣。土壤和植物是一个反馈系统。随着植物的进化，土壤肥力相应提高，土壤肥力的提高反过来又促进植物的进化。在针叶林下发育的土壤是肥力较低的灰化土，在草本植物下则是肥力很高的黑土。动物界的进化又同植物界进化密切关联。例如随着有花植物的出现，产生授粉昆虫(白垩纪)。随着草本植物的出现，产生有蹄动物(第三纪)。可以设想，如果没有营养丰富的少数几种禾本科、豆科植物，人类的进化也是不可能的。

地球环境在地球历史上经历了许多次巨大的变动。例如因太阳辐射变动引起气候变化，因地壳运动产生火山喷发、造山和造陆运动，以及大陆漂移。这些变化产生的影响是全球性的。特别是大陆漂移，从根本上改变了全球环境格局，使海陆分布、大洋盆地、风系和洋流都发生根本性的改变。生物屏障的建立(大陆分离)或打破(大陆连结)，对生物的地理分布和进化都产生深远影响。环境的剧烈变化，使许多生物死亡和灭绝(例如中生代的大型爬行动物)，幸存的在新环境下突变为新种。

（5）现代全球环境的形成

现代全球环境的形成大概是从新生代开始的。在中生代中期和晚期，世界大部分地区都属于热带和亚热带气候，季节性变化小。到了新生代，随着现代山系如阿尔卑斯山和喜马拉雅山的隆起，发生世界性的气候变化。气候带形成了，季节交替显著了。地球环境向着更多样化方向发展。现代的全球生态系统，包括木本和草本的被子植物、哺乳类、鸟类以及种类繁多的昆虫大约是在第三纪形成的。这个生态系统经过第四纪的严酷考验基本上稳定下来了[20]。

（6）意义

早期通过计算机搭建模型模拟环境的演变过程以及它对生物进化所造成的影响，帮助我们理解了生物进化与环境演变是同时进行的，缺一不可，同时也完善了现代进化论中关于环境演变的理论内容。随着科学技术不断发展，人类活动对环境演化的影响愈来愈大。我们提前通过计算建立数学模型对这种影响进行评估以防止造成不可挽回的损失。人类为了获得发展和不断提高生活水平，今后仍将不断改造自然，改变环境，但人类必须注意与环境保持协调，在破坏旧平衡的同时，建立新的平衡，创造一个新的更为美好的环境。这就是当前环境科学研究的核心内容，也是今后计算机在环境演变方面应用的主要研究内容。

二、计算机技术发展促进了生物技术的发展

（一）OUV 技术表征

识别物种多样性 OUV 表征指标，对于世界物种多样性类别自然遗产价值的认知、评估与监测具有重要意义[21]。在对国内外物种多样性评价体系中具有普适性价值指标的初步筛选与分类的基础上，以 206 项自然遗产与 35 项混合遗产为研究对象，通过分析表征指标的频次、相关性、回归贡献值与多维聚类度，构建了以稀有性、多样性、代表性和重要性为主的四大类含 13 项特征的世界自然遗产物种多样性 OUV 表征指标体系[22]（见图 1-11、图 1-12）。其中，重点指标

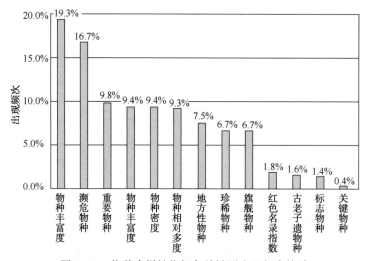

图 1-11　物种多样性指标各关键词出现频次统计

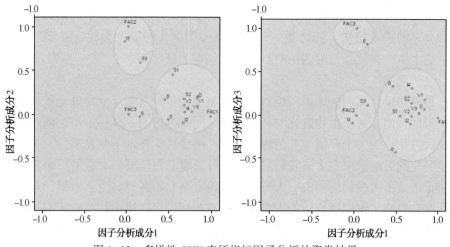

图 1-12　多样性 OUV 表征指标因子分析的聚类结果

4 项即濒危物种、物种丰富度、物种特有度和重要物种，一般指标 7 项即物种相对多度、物种密度、旗舰物种、地方性物种、珍稀物种、红色名录指数和标志物种，该表征指标体系的构建对于自然遗产价值的认知与保护，特别是物种多样性类别遗产的研究、申报、规划与管理具有现实意义[23]。

其中，X_i 各项因子 X_1 为物种丰富度，X_2 为物种密度，X_3 为物种相对多度，X_4 为濒危物种，X_5 为珍稀物种，X_6 为古老子遗物种，X_7 为红色名录指数，X_8 为地方性物种，X_9 为物种特有度，X_{10} 为标志物种，X_{11} 为旗舰物种，X_{12} 为关键物种，X_{13} 为重要物种[24]。

（二）DNA 条形码

DNA 条形码是指生物体内能够代表该物种的、标准的、有足够变异的、易扩增且相对较短的 DNA 片段。DNA 条形码已经成为生态学研究的重要工具，不仅用于物种鉴定，同时也帮助生物学家进一步了解生态系统内发生的相互作用。在发现一种未知物种或者物种的一部分时，研究人员便描绘其组织的 DNA 条形码，而后与国际数据库内的其他条形码进行比对。如果与其中一个相匹配，研究人员便可确认这种物种的身份。DNA 条形码技术是利用生物体 DNA 中一段保守片段对物种进行快速准确鉴定的新兴技术[25]（见图 1-13）。

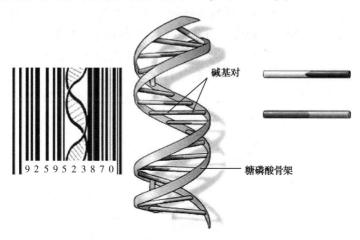

图 1-13 某类样品 DNA 条形码序列

（三）PCR 技术

PCR 技术是模拟体内 DNA 的天然复制过程，在体外扩增 DNA 分子的一种分子生物学技术，主要用于扩增位于两段已知序列之间的 DNA 区段[26]。在待扩增的 DNA 片段两侧和与其两侧互补的两个寡核苷酸引物，经变性、退火和延伸若干个循环后，DNA 扩增 2^n 倍。PCR 的每个循环过程包括高温变性、低温退火、中温延伸三个不同的事件：①变性：加热使模板 DNA 在高温下(94℃左右)双链

23

间的氢键断裂而形成两条单链；②退火；使溶液温度降至 50~60℃，模板 DNA 与引物按碱基配对原则互补结合；③延伸：溶液反应温度升至 72℃，耐热 DNA 聚合酶以单链 DNA 为模板，在引物的引导下，利用反应混合物中的 4 种脱氧核苷三磷酸(dNTP)，按 5′—3′方向复制出互补 DNA。

(四) DNA 芯片技术

DNA 芯片又叫作基因芯片(genechip)或基因微阵列(microarray)，核酸芯片，或 DNA 微阵列，它是通过微阵列技术将高密度 DNA 片段阵列以一定的排列方式使其附着在玻璃、尼龙等材料上面。由于常用计算机硅芯片作为固相支持物，所以称为 DNA 芯片[27]。

DNA 芯片技术就是指在固相支持物上原位合成寡核苷酸或者直接将大量的 DNA 探针以显微打印的方式有序地固化于支持物表面，然后与标记的样品杂交，通过对杂交信号的检测分析，即可获得样品的遗传信息，是伴随"人类基因组计划"的研究进展而快速发展起来的一门高新技术[28]。

作为新一代基因诊断技术，DNA 芯片的突出特点在于快速、高效、敏感、经济、平行化、自动化等，与传统基因诊断技术相比，DNA 芯片技术具有明显的优势：①基因诊断的速度显著加快，一般可于 30min 内完成。若采用控制电场的方式，杂交时间可缩至 1min 甚至数秒钟。②检测效率高，每次可同时检测成百上千个基因序列，使检测过程平行化。③基因诊断的成本降低。④芯片的自动化程度显著提高，通过显微加工技术，将核酸样品的分离、扩增、标记及杂交检测等过程显微安排在同一块芯片内部，构建成缩微芯片实验室。⑤因为是全封闭，避免了交叉感染；且通过控制分子杂交的严谨度，使基因诊断的假阳性率、假阴性率显著降低(见图 1-14)。

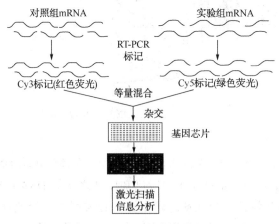

图 1-14　DNA 芯片检测过程

三、计算机技术改变生物的进化

（一）基因编辑

又称基因组编辑或基因组工程，是一种新兴的比较精确的能对生物体基因组特定目标基因进行修饰的一种基因工程技术或过程。

早期的基因工程技术只能将外源或内源遗传物质随机插入宿主基因组，基因编辑则能定点编辑想要编辑的基因。

基因编辑依赖于经过基因工程改造的核酸酶，也称"分子剪刀"，在基因组中特定位置产生位点特异性双链断裂（DSB），诱导生物体通过非同源末端连接（NEHJ）或同源重组（HDR）来修复 DSB，因为这个修复过程容易出错，从而导致靶向突变。这种靶向突变就是基因编辑[29]。

基因编辑以其能够高效率地进行定点基因组编辑，在基因研究、基因治疗和遗传改良等方面展示出了巨大的潜力（见图 1-15）。

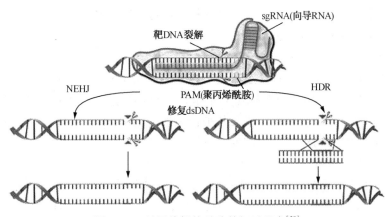

图 1-15　基因编辑核酸酶剪切过程中[30]

（二）技术方法

（1）同源重组

同源重组（homologous recombination）是最早用来编辑基因或使细胞基因重组的技术方法。同源重组是在 DNA 的两条相似（同源）链之间遗传信息的交换（重组）。通过生产和分离带有与待编辑基因组部分相似的基因组序列的 DNA 片段，将这些片段注射到单核细胞中，或者用特殊化学物质使细胞吸收，这些片段一旦进入细胞，便可与细胞的 DNA 重组，以取代基因组的目标部分。这种方法的缺点是效率极低，且出错率高。

（2）核酸酶

基因编辑的关键是在基因组内特定位点创建 DSB。常用的限制酶在切割 DNA

方面是有效的，但它们通常在多个位点进行识别和切割，特异性较差。为了克服这一问题并创建特定位点的 DSB，人们对四种不同类型的核酸酶(nucleases)进行了生物工程改造。它们分别是巨型核酸酶、锌指核酸酶(ZFN)，转录激活样效应因子核酸酶(TALEN)和成簇规律间隔短回文重复(CRISPR/Cas9)系统。ZFN、TALEN 和巨型核酸酶被 Nature Methods 选为 2011 年度方法。

（3）巨型核酸酶

巨型核酸酶是一种脱氧核糖核酸内切酶，其特征在于它的识别位点较大(12至 40 个碱基对的双链 DNA 序列)。因此，该位点通常在任何给定的基因组中仅发生一次。因此，巨型核酸酶被认为是特异的天然存在的核酸酶。

（4）锌指核酸酶

锌指核酸酶是一个经过人工修饰的核酸酶，它通过将一个锌指 DNA 结合结构域与核酸酶的一个 DNA 切割结构域融合而产生。通过设计锌指结构域就可以实现对目的基因的特定 DNA 序列的靶向切割，这也使得锌指核酸酶能够定位于复杂基因组内的独特的靶向序列。通过利用内源 DNA 修复机制，锌指核酸酶可用于精确修饰高等生物的基因组。

（5）转录激活样效应因子核酸酶

TALEN 是经过基因工程改造后的可以切割特定 DNA 序列的限制酶。TALEN是通过将一个 TAL 效应子 DNA 结合结构域与核酸酶的一个 DNA 切割结构域融合而获得的。TALEN 可以被设计成与几乎任何所需的 DNA 序列结合，因此当与核酸酶结合时，DNA 可以在特定位置进行切割。

（6）成簇规律间隔短回文重复

CRISPR-Cas 是原核生物免疫系统，赋予原核生物对如存在于质粒和噬菌体中的外来遗传物质的抗性，是一种获得性免疫系统。携带间隔序列的 RNA 有助于 Cas(CRISPR 相关)蛋白识别并切割外源致病 DNA。其他 RNA 指导的 Cas 蛋白切割外源 RNA。

CRISPR-Cas 系统是应用最广泛的基因编辑工具。

（三）技术应用

基因编辑已经开始应用于基础理论研究和生产应用中，这些研究和应用，有助于生命科学的许多领域，从研究植物和动物的基因功能到人类的基因治疗，下面主要介绍基因编辑在动植物上的应用。

（1）动物基因的靶向修饰

基因编辑和牛体外胚胎培养等繁殖技术结合，允许使用合成的高度特异性的内切核酸酶直接在受精卵母细胞中进行基因组编辑。CRISPR-Cas9 进一步增加了基因编辑在动物基因靶向修饰的应用范围。CRISPR-Cas9 允许通过细胞质直接注射（CDI）从而实现对哺乳动物受精卵多个靶标的一次性同时敲除（KO）。

单细胞基因表达分析已经解决了人类发育的转录路线图，从中发现了关键候选基因用于功能研究。使用全基因组转录组学数据指导实验，基于 CRISPR 的基因组编辑工具使得干扰或删除关键基因以阐明其功能成为可能。

（2）植物基因的靶向修饰

植物基因的靶向修饰是基因编辑应用最广泛的领域。首先可以通过修饰内源基因来帮助设计所需的植物性状。例如，可以通过基因编辑将重要的性状基因添加到主要农作物的特定位点，通过物理连接确保它们在育种过程中的共分离，这又称为"性状堆积"。其次，可以产生耐除草剂作物。比如，使用 ZFN 辅助的基因打靶，将两种除草剂抗性基因（烟草乙酰乳酸合成酶 SuRA 和 SuRB）引入作物。再次，可以用来防治各种病害如香蕉的条纹病毒[31]。

此外，基因编辑技术还被应用于改良农产品质量，比如改良豆油品质和增加马铃薯的储存潜力。

（四）CRISPR-Cas9 介导的基因组编辑技术

（1）基本设计原理

CRISPR-Cas9 的基因组编辑技术的基本原理为将 tracrRNA：crRNA 设计为引导 RNA，引导 RNA 包含位于 5′端的靶 DNA 的互补序列以及位于 3′-端的 tracrRNA：crRNA 的类似序列，利用靶 DNA 的互补序列来定位需编辑的位点，利用 tracrRNA：crRNA 的类似序列与 Cas9 结合，如图 1-16 所示。该技术仅设计引导 RNA 就可实现对含有 PAM 序列的任一靶 DNA 序列进行敲除、插入与定点突变等修饰。由于设计操作简单、编辑效率高与通用性好等优势，CRISPR-Cas9 的基因组编辑技术成为 ZFN 与 TALEN 之后的新一代基因组编辑技术。

CRISPR-Cas9 系统还可实现同时对多个不同靶 DNA 序列的编辑。利用 CRISPR 位点本身的特点，设计对应不同靶 DNA 序列的间隔序列插入到重复序列之间，经过转录加工后形成多个可定位于不同靶 DNA 序列的双引导 RNA（tracrRNA：crRNA），或者串联不同的 sgRNA 均可对哺乳动物细胞基因组多个不同基因同时进行编辑。在大多数真核生物中，Cas9 所产生的 DNA 双链断裂被非同源末端接合或同源重组等 DNA 修复系统修复。但在原核生物中，如对肺炎链球菌 S. pneumoniae 的早期研究中，发现 Cas9 对基因组的切割是致死的。虽然具体机制尚不清楚，但是这一特点可用于进行细菌基因组编辑后的反筛选。这一策略已在肺炎链球菌 S. pneumoniae 与 E. coil 中实现无筛选标记的基因组编辑。将 Cas9、sg RNA 以及一条含有突变位点的靶 DNA 的同源重组修复模板共同转化到目的菌株中。若在 Cas9 对基因组靶 DNA 序列产生 DNA 双链断裂后，可利用导入的同源重组修复模板进行 DNA 修复，由于修复模板在识别互补区或 PAM 位点

中存在突变位点而不能被 Cas9 再次切割，因而可存活；而未能进行同源重组修复的基因组则由于 Cas9 的切割降解，无法存活。利用该方法可明显提高基因组编辑后的筛选效率，且在基因组中不残留筛选标记(见图 1-16)。

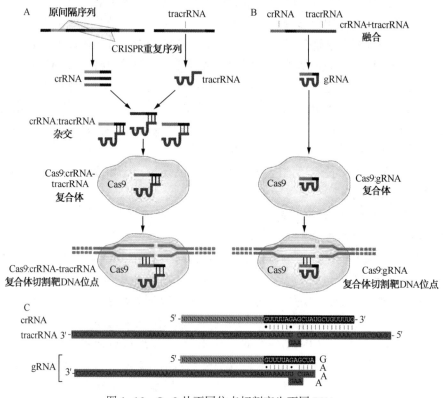

图 1-16　Cas9 从不同位点切割产生不同 DNA

（2）CRISPR-Cas9 基因组编辑技术的应用

CRISPR-Cas9 系统介导的基因组编辑技术在生物工程与生物医学方面有广泛的应用，例如，可快速建立基因突变的动物或细胞模型，从而揭示遗传变异或表观遗传变异与生物功能或疾病之间的关系；可作为新的作物育种技术，实现抗极端环境、病虫害以及无外源 DNA 残留的重要农作物的快速获得；还可在藻类或玉米中直接导入有效的乙醇合成代谢途径，获得可持续生产的低成本生物燃料；还可利用基因组编辑改造细菌细胞工厂，生产大宗化学品与精细化学品如药品前体等。

CRISPR-Cas9 系统除可用于简便有效的基因组定向编辑外，还具有非常广阔的应用，如基因组规模的功能筛选、内源基因的转录调控与表观遗传调控以及特定染色体位点的标记等。无核酸酶活性的 Cas9（"dead"Cas9，dCas9）为 Cas9 的

D10A 与 H840A 双突变体,使 HNH 与 RuvC 核酸酶结构域均失活,虽无核酸酶活性,但可作 RNA 靶向的 DNA 结合域,在 RNA 的指导下与特定 DNA 序列结合。在 E. coli 与人类细胞中,将 dCas9 直接定位结合于启动子区可有效抑制下游基因的转录。

dCas9 可作为一个 DNA 结合域招募不同的效应蛋白至特定的基因组位点。例如,dCas9 与不同的效应蛋白如转录激活结构域或转录抑制结构域融合后可在人类细胞与小鼠细胞中调控特定靶基因的转录。与基于 TALEN 设计的转录因子相比,dCas9 融合蛋白所引起的转录变化要小一些,但是通过利用 2-10 个 sgRNA 来靶向同一个启动子,使 dCas9 融合的转录激活结构域可协同作用,从而获得较为显著的转录激活反应。dCas9 与表观遗传效应蛋白融合后,可人为设计对特定基因位点添加或删除如组蛋白修饰与 DNA 甲基化等特定的表观遗传标记,以研究表观遗传修饰的生物学功能及其在基因组调控网络中的作用。在后续工作中,除考虑潜在的脱靶效应外,还需考虑内源表观遗传蛋白对融合蛋白中效应结构域的干扰。

为研究染色体结构组织在基因功能调控中的作用,可利用 dCas9 与增强型绿色荧光蛋白(EGFP)融合形成 EGFP-dCas9 蛋白,在活细胞内对特定基因位点进行成像,以揭示基组结构的动态变化。利用来源不同的 Cas9 与多个 gRNA 可同时对多个不同基因组位点进行不同颜色的标记,以揭示复杂染色体的结构与组装。

参 考 文 献

[1] 查尔斯·达尔文, 苗德岁. 物种起源(插图版)[J]. 当代外国文学, 2018, 39(1): 149.
[2] 进化生物学基础 [M]. 4 版. 北京: 高等教育出版社, 2018.
[3] Klug W S, Cummings M R. Concepts of genetics [M]. Prentice-Hall, 1994.
[4] 康育义. 生命起源与进化. [M] 南京: 南京大学出版社, 1997.
[5] 张德顺, 胡立辉. 生物多样性视角下的世界自然遗产分类体系构建研究[C]. 中国风景园林学会, 2017.
[6] Agency E E. Progress towards halting the loss of biodiversity by 2010 [R]. European Environment Agency, 2006.
[7] Gill M, Zöckler C. A Strategy for Developing Indices and Indicators to Track Status and Trends in Arctic Biodiversity[R]. CAFF CBMP Report, 2008.
[8] 傅伯杰, 于丹丹, 吕楠. 中国生物多样性与生态系统服务评估指标体系[J]. 生态学报, 2017, 37(2): 341-348.
[9] XiaoXia H, YanLi X, Ying X, ea tl. Adulteration identification of salmon and institutional preventive measures and suggestions[J]. Journal of Food Safety & Quality, 2019.
[10] Hebert P. D. N, Cywinska A, Ball S. L, et al. Biological identifications through DNA barcodes[J]. Proceedings of The Royal Society B: Biological Sciences, 2003, 270(1512): 313-321.
[11] 任芳, 董雅凤, 等. 实时荧光定量 RT-PCR 检测技术的建立及应用[J]. 园艺学报, 2018, 45(11): 176-186.
[12] 张腾, 赵威军, 等. 高粱基因组 DCL 家族的系统进化与表达分析[J]. 山西农业科学, 2019, 47

　　（006）：950-956.

[13] Darwin C. On the origin of species by means of natural selection, or, The preservation of favored races in the struggle for life[J]. American Anthropologist, 2016, 61(1)：176-177.

[14] Doolittle WF. Phylogenetic classification and the universal tree[J]. Science , 1999, 5423(284)：2124-2129.

[15] 马立平. 层次分析法[J]. 数据, 2000, 7：38-39.

[16] 沈吉. 湖泊沉积研究的历史进展与展望[J]. 湖泊科学, 2009, 21(3)：307-313.

[17] 羊向东, 等. 云南鹤庆古湖晚更新世的孢粉记录及其古气候学意义[J]. 第四纪研究, 1998, 18(4)：335-343.

[18] 成艾颖, 等. XRF 岩芯扫描分析方法及其在湖泊沉积研究中的应用[J]. 盐湖研究, 2010, 18(2)：7-13.

[19] 蒋志文, Whit T. 云南湖泊的水质及沉积物地球化学[J]. 云南地质, 1997, 16(2)：115-128.

[20] 汪勇, 沈吉, 等. 青海湖全新世硬水效应随时间变化性及其对沉积物 14C 年龄的校正[J]. 湖泊科学, 2010, 022(003)：458-464.

[21] Lockhart D. J, Brown E L, Wong G, et al. Expression monitoring by hybridization to high-density oligonucleotide arrays[J]. Nature Biotechnology, 1996, 14：1675-1680.

[22] Sydor J, Nock S. Protein expression profiling arrays：tools for the multiplexed high-throughput analysis of proteins[J]. Proteome Science , 2003, 1(1)：3.

[23] Su Y. Use of a cDNA microarray to analyse gene expression patterns in human cancer[J]. Nature Genetics 1996, 14(4)：457-460.

[24] Drobyshev A, Mologina N, Shik V, et al. Sequence analysis by hybridization with oligonucleotide microchip：identification of β-thalassemia mutations[J]. 1997, 188(1)：0-52.

[25] Heller R A, Schena M, Chai A, et al. Discovery and analysis of inflammatory disease-related genes using cDNA microarrays[J]. Proc Natl Acad Sci U S A, 1997, 94(6)：2150-2155.

[26] Lander E S. The New Genomics：Global Views of Biology[J]. Science, 1996, 274(5287)：536-539.

[27] Warner J R, Reeder P. J, Karimpour-Fard A, et al. Rapid profiling of a microbial genome using mixtures of barcoded oligonucleotides[J]. Nature Biotechnology , 2010, 28(8)：856-862.

[28] Ishino Y. Nucleotide sequence of the iap gene, responsible for alkaline phosphatase isozyme conversion in Escherichia coli, and identification of the gene product[J]. Journal of bacteriology, 1987, 12(169)：5429-5433.

[29] Jansen R, Van Embden J D A, Gaastra W, et al. Identification of genes that are associated with DNA repeats in prokaryotes[J]. Molecular Microbiology, 2002, 43(6)：1565-1575.

[30] Pradeu T, Moreau J F. CRISPR-Cas immunity：beyond nonself and defence [J]. Biology & Philosophy, 2019, 34(1)：6.

[31] Sakuma T, Nishikawa A, Kume S, et al. Multiplex genome engineering in human cells using all-in-one CRISPR/Cas9 vector system[J]. Scientific Reports, 2015, 4(1)：5400.

第二章　仿生疏水材料与能量收集

第一节　荷叶自清洁机理

一、概述

随着大自然数百万年的演变，生物物种已经进化出了近乎完美的结构和功能。越来越多的科学家从大自然中发现了生物的特点并得到启发，从而创造出能改善物品性质的结构。比如王晓俊等[1]通过对蝉翼、水黾腿和蛾翅膀表面进行研究，模仿其微纳米尺度阶层结构，通过控制合适的表面形态，成功制得滚动各向异性表面和低黏附性超疏水表面等具有特殊表面性质的材料。"出淤泥而不染"的荷叶也是一个非常好的仿生研究对象。

二、荷叶特征

（一）表观特征

如图 2-1 所示，荷叶外形呈一个向下凹的盾形，经过千百年来的观察，人们发现与普通接触面的水不同，在荷叶表面水总是呈球状，并且受外力会自动滑落。利用这一特点，中国古人就曾用过荷叶作遮雨的工具，同时，荷叶也是具有良好集水功能的工具。

图 2-1　荷叶光学照片

能源仿生学

（二）微观特征

在扫描电子显微镜下，荷叶的结构如图2-2所示。

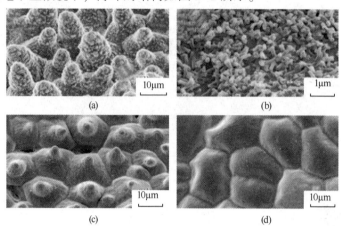

图2-2　荷叶扫描电镜照片

经观察发现，荷叶的上表皮均匀分布着尺寸为4~10μm凸起状乳突，乳突和底部都由70~100nm的纳米棒晶体组成。资料表明这种高密度的纳米棒晶体就是蜡质小管，经化学分析和X射线衍射晶体结构分析（X射线衍射仪是利用衍射原理，精确测定物质的晶体结构、结构及应力的仪器），荷叶具有的高含量的二十九烷二醇会促成高熔点和具有强烈紊乱功能的晶体结构，从而能够生成具有蜡质质感的小管。微米级的乳突和纳米级的蜡质小管共同组成了荷叶上表皮，并且乳突和包裹在乳突表面的稠密蜡质小管簇构成了一种独特的分级表面结构，这种微-纳米结构就导致了荷叶独特的疏水性。经过临界点干燥后，荷叶上下表皮的蜡质小管簇会溶解，分别如图2-2（e）、（d）所示，可较清楚地观察到荷叶下表皮为凸面细胞，上表皮分布有大量气孔和更加明显的乳突结构，乳突的直径小于表皮细胞的直径且呈尖拱形。同时Neinhuis等[2]还报道了乳突对蜡质小管簇还具有一定程度的机械保护作用。

三、表面超疏水基础理论

（一）接触角

当一滴液体滴在固体表面上时，有可能会出现如下情况：

① 液体完全铺展在固体表面，形成一层水膜，在这种情况下，液体完全润湿固体，如图2-3（a）所示。

② 液体有可能呈水滴状。在这种情况下，由固体表面和液体边缘切线形成一个夹角θ，称为接触角。

当 $0° < \theta < 90°$ 时，如图 2-3(b)所示，这属于液体部分湿润固体；

当 $90° < \theta < 180°$ 时，如图 2-3(c)所示，这属于液体不润湿固体。并且 θ 越大，拒水自洁的能力就越强。

在自然界中，接触角等于 0° 和 180° 的极端情况都是不存在的。

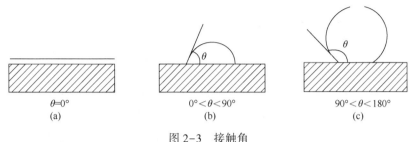

$\theta = 0°$　　　　　$0° < \theta < 90°$　　　　　$90° < \theta < 180°$

(a)　　　　　　　　(b)　　　　　　　　(c)

图 2-3　接触角

（二）粗糙度对润湿的影响

完全光滑的物质是很少的。Wenzel 提出，如果将粗糙度 γ 定义为固体与液体接触面之间的真实面积与几何面积的比，那么：

$$\gamma = \cos\theta_\gamma / \cos\theta \quad (\gamma \geq 1, \ \theta \neq 90°) \tag{2-1}$$

式中，γ 代表粗糙度；θ_γ 代表液体在粗糙表面上的表观接触角；θ 代表液体在理想光滑平面上的真实接触角。

由式（2-1）得：当 $\theta > \dfrac{\pi}{2}$ 时，因为 $\gamma \geq 1$，所以 $\theta_\gamma > \theta$；当 $\theta < \dfrac{\pi}{2}$ 时，因为 $\gamma \geq 1$，所以 $\theta_\gamma < \theta$。这说明，当 $\theta > 90°$ 时，粗糙度可使接触角 θ_γ 增大，也就是粗糙度可提高其拒水拒油的能力。当 $\theta < 90°$ 时，粗糙度可使接触角 θ_γ 变小，使拒水拒油的能力强的更强，弱的更弱。

当然粗糙是有要求的。Tamai 提出，粗糙必须是随机的，且波幅小于 $1\mu m$。以上结论说明，只有具备拒水和粗糙这两个条件，才能使接触角增大。

荷叶表面的蜡质晶体是拒水的，表面的双微观结构是粗糙的。虽然表面乳瘤达到了微米结构，但拒水能水并不强。在乳瘤的表面有一层毛茸纳米结构，毛茸可以达到纳米水平，所以荷叶拒水的能力显著增强。

四、异质表面对润湿的影响

如果固体表面有两种元素 s_1 和 s_2，而且两种元素均匀分布，在这种情况下，Cassie 和 Baxter 提出，一种液体在这种表面上的表观接触角 θ 为：

$$\cos\theta = x_1\cos\theta_1 + x_2\cos\theta_2$$
$$x_1 + x_2 = 1 \tag{2-2}$$

式中，x_1，x_2 代表 s_1，s_2 两种成分所占面积的分数；

θ_1，θ_2分别代表固液和气液的接触角。

由于气液接触角为180°，所以公式变为：$\cos\theta = x_1\cos\theta_1 - x_2$。

在Cassie状态下，滚动角越小，意味着固体表面的接触角滞后现象越弱。液体在固体表面能够轻易滚走，甚至可以带走固体表面的污染物（即自清洁现象）。

五、荷叶的疏水自净机理

(一) 超疏水

经研究发现荷叶拥有超疏水性有两方面原因：①荷叶表面有序分布着大量乳突结构。②荷叶表面覆盖有大量低表面能蜡质小管簇。荷叶上表面的表皮细胞会形成高度不同且呈尖拱形的乳突，乳突整个表面因覆盖有低表面能的短小蜡质小管簇而具有超疏水性。荷叶乳突密度较高且乳突直径较小，呈尖拱形的乳突和大量蜡质小管簇均有利于减少荷叶表面与水滴的接触面积。乳突表面结构与荷叶超疏水的关系在于当水滴落在荷叶表面时，尖拱形乳突与水滴接触，一方面，尖拱形乳突与水滴接触面积较小，不利于水滴对荷叶表面的润湿；另一方面，乳突表面的低表面能蜡质小管与高表面张力的水滴接触会导致水滴具有收缩体积趋势。在以上因素共同作用下，水滴可长时间在荷叶表面形成接触角大于150°的球形水珠，达到超疏水效果。荷叶表面乳突高度的变化对进一步降低水滴与荷叶表面之间的黏附也具有重要意义，图2-4为水滴脱离荷叶表面的过程。

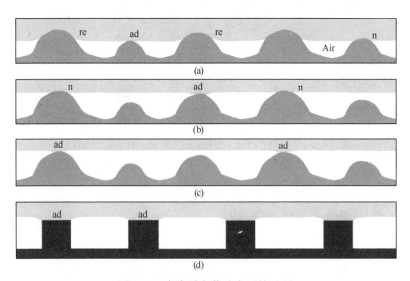

图2-4　水滴脱离荷叶表面的过程

如图2-4(a)所示，水滴和较高的超疏水乳突在水滴自身重力所产生的压力下接触而形成"弯月面"变形，这种非润湿液滴表面的变形会导致排斥力"re"的产生。如图 2-4(b)所示，水滴在叶片表面滑落时与各个乳突依次失去接触点，弯月面转换为平面处的力为中性"n"。如图 2-4(c)所示，乳突顶端区域与水滴即将失去接触点时处于黏合状态，其产生的黏合力为"ad"，"ad"在蜡质晶体完整时较小，被损坏或侵蚀时较大。超疏水结构若出现如图 2-4(d)所示的类乳突体高度相同的情况，则在水滴滑落过程中的黏附力会同时发生在所有接触点处，严重降低材料的超疏水性，不利于水滴在物体表面的滚落。这提示人们在超疏水材料制备过程中应避免类乳突体高度一致情况发生。

（二）自洁净

荷叶粗糙的表面上，水珠只是与荷叶表面乳瘤的部分蜡质晶体毛茸相接触，明显地减小了水珠与固体表面的接触面积，扩大了水珠与空气的界面，水通过扩大其表面积获得了一定的能量。在这种情况下，液滴不会自动扩展，而保持其球体状。在植物表皮上存在的微尘废屑，其尺寸一般比表皮的蜡晶体微结构大，所以只落在表面乳瘤的顶部，接触面积很小。由于大多数微尘废屑比表皮蜡晶体更易湿润，当水滴在其表面滚动时，它们就粘在了水珠的表面。微尘废屑和水珠的黏合力比它们与荷叶表面的黏合力大，所以它们可以被水珠卷走。对于非常光滑的表面，液滴的接触角比较小，液滴滚动比较难，而且微尘废屑与表面的接触面积大，黏合牢固，水滴经过后，只是从水滴的前端移动到了水滴的后部，但仍然粘在固体的表面上，疏水颗粒更易粘在这样的表面上。

六、荷叶的仿生学研究

一、根据"荷叶效应"制备超疏水材料

受荷叶的启发，目前科学家们已经研制出了滴水不沾的超疏水界面。大量的实验表明，制备超疏水界面，必须满足两个条件：

① 表面材料必须拒水，即水在其表面的接触角必须大于 90°。

② 表面必须是粗糙的，而且粗糙度必须是纳米水平或接近纳米水平。

（一）制备超疏水材料的方法

（1）模板法

模板法是以具有一定空穴结构的基材为模板，将铸膜液通过倾倒、浇铸、旋涂等方式覆盖在模板上，在一定条件下制备成膜的方法(见图 2-5)。该方法具有简洁、有效、可大面积复制等优点，在实际中有很好的应用前景。孙巍等利用水滴模板法成功制备出孔径可控的具有结构规则的聚合物多孔膜，并以所制备多孔膜为模板利用反向复刻法复制孔洞阵列结构，得到具有微米级突起阵列结构的聚二甲基硅氧烷(PDMS)膜片，然后将事先排布好的二氧化硅微球阵列通过热压印法转移到具有微米级突起结构的 PDMS 膜片上，成功制备出来具有超疏水性能的膜片。

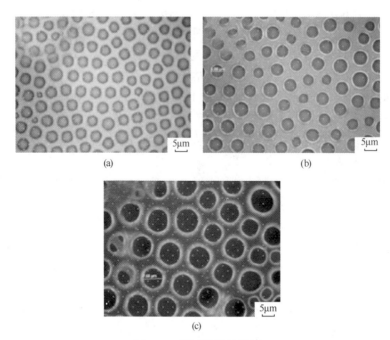

(a)   (b)

(c)

图 2-5　不同孔径的模板

（2）刻蚀法

刻蚀技术是指通过物理或化学的方法将目标物表面刻蚀成微粗糙形貌的过程，激光刻蚀、等离子刻蚀、化学刻蚀、光刻蚀是较为常用的几种微刻蚀方法。刻蚀法可以对表面结构进行较为精确的操作和设计，从而调控表面的疏水性，但是成本较高且不宜大面积制备。

（3）相分离法

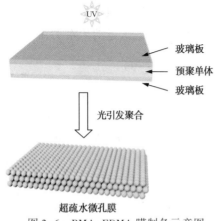

图 2-6　BMA-EDMA 膜制备示意图

相分离法是在成膜过程中，通过控制条件，使体系产生两相或多相，形成均一或非均一膜的成膜方式。这种方法实验条件易调控，操作简单，可制备均匀、大面积的超疏水薄膜，在实用方面有较大价值。董哲勤等[3]利用反应致相分离法，以丁基甲基丙烯酸酯（BMA）和乙二醇二甲基丙烯酸酯（EDMA）为反应单体，制备得到了水接触角为 154°、滚动角为 4°的超疏水 BMA-EDMA 聚合物微孔膜（见图 2-6）。

（4）化学沉积法

化学沉积法由于可以直接、有效地构建合适的表面粗糙度，因此，被广泛应用于制备超疏水表面。用化学沉积法制备超疏水表面时，通常伴随有化学反应，制备过程中，产物通过自聚集沉积在基底上。根据沉积方法的不同，化学沉积法又可以分为：电化学沉积法、化学气相沉积法和化学浴沉积法。

（5）静电纺丝法

静电纺丝是近年来发展起来的一种制备微/纳米级纤维的新工艺，它是将聚合物溶液或熔体置于高压静电场中，在电场库仑力的作用下将其拉伸形成喷射细流，细流落在基板上形成微/纳米纤维膜（见图 2-7）。李芳等[4]以三元体系 PVDF（聚偏氟乙烯）/DMF（二甲基甲酰胺）/H_2O 作为前驱体溶液，采用静电纺丝技术制备了具有空心微球结构的PVDF 纳米纤维。

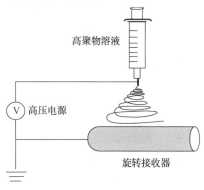

图 2-7　传统静电纺丝装置

（6）层层组装法

层层组装技术是指在静电作用、氢键结合和配位键结合等的作用下通过层层沉积构造膜层的技术。Shang 等[5]以聚二烯丙基二甲基氯化铵（PDDA）和聚 4-苯乙烯磺酸钠（PSS）为聚电解质，采用层层自组装法将玻璃依次浸渍在上述聚电解质溶液中，再浸渍在聚苯乙烯改性 SiO_2 粒子悬浮液中，最后用化学气相沉积法在玻璃上沉积一层全氟辛烷制得高透明度超疏水多孔 SiO_2 玻璃涂层，测得水接触角大于 150°，滚动角小于 10°。

（7）溶胶-凝胶法

溶胶-凝胶法是将化学活性高的化合物水解后得到的溶胶进行缩合反应，并将生成的凝胶干燥以形成微/纳米孔状结构，从而使其具有超疏水性的一种制备方法，但是存在制备工艺路线比较长、得到的表面结构可控性差和有溶剂污染等缺点。

（8）溶液沉浸法

Li 等[6]先将铝合金板浸渍在硝酸镧水溶液中进行热处理，在表面形成类似于银杏叶状的纳米结构，然后用十二氟庚丙基三甲氧基硅烷对超亲水的铝合金表面改性，水接触角达到160°，且该超疏水表面具有较强的热稳定性、抗腐蚀性、耐磨损等优点。

（9）表面接枝法

表面接枝法是先在材料表面生成自由基，然后与改性单体或功能基团发生反应，改变材料表面性质。常用的表面接枝改性方法可分为：引发剂接枝聚合、等

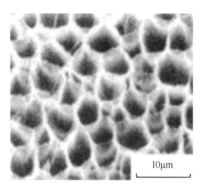

图 2-8 蜂窝状碳纳米管

离子体接枝、臭氧引发接枝聚合、高能辐射接枝、紫外光照射引发接枝聚合。

（10）碳纳米管法

碳纳米管具有微米级、纳米级的特征。Lis 采用高温裂解方法，制备了具有蜂巢状的碳纳米管（见图 2-8），具有很好的超疏水性。

（二）超疏水材料的应用

（1）织物及过滤材料方面

采用静电纺丝法或对材料表面进行处理后可制得具有超疏水性的各种微纳米结构纤维，从而获得抗污染的超疏水织物。这类材料可用于制造防水薄膜、疏水滤膜等，或者使织物因疏水性能而具有防水、防污染、防灰尘等新功能。Xue 等[7]用氢氧化钠刻蚀聚对苯二甲酸乙二醇酯（PET）纤维织物制得耐洗、耐摩擦的超疏水纤维织物涂层（见图 2-9）。

图 2-9 目前已经制备的超疏水织物

（2）建筑涂料方面

超疏水材料因其独特的疏水性，在防水、防雪和耐沾污等方面均有广泛的应用前景。目前，超疏水表面材料在建筑防污染方面的产品主要是涂层及防护液等，如吉海燕、陈刚等采用蚀刻法处理玻璃也制备了超疏水玻璃表面（见图 2-10）。Yang 等[8]采用很简单的研磨方法制备十二硫醇改性 ZnO/PDMS 复合物，制得了水接触角为 159.5°、滚动角为 8.3°的复合涂层，并在 $-10℃$ 和 $-5℃$ 下表现出非常好的抗冰性，在工程材料的抗冰方面显示出巨大的应用潜力，如航空飞机、电线等。

（3）防雾、自清洁方面

空气中水蒸气液化形成水雾覆盖在玻璃等透明材料表面后会导致这些材料的能见度降低。一些仿生超疏水表面等可有效减少水汽的凝结，从而达到一定的防雾、自清洁效果。Shang 等采用覆盆子状的聚苯乙烯和 SiO_2 微粒在载玻片上进行交替沉积自组装后，通过高温煅烧处理获得高度透明的多孔 SiO_2 涂层，最后，通过化学气相沉积获得了超疏水透明涂层，其水接触角达到（159±2）°。该涂层可提高水雾的蒸发速率，具有优异的防雾性能。

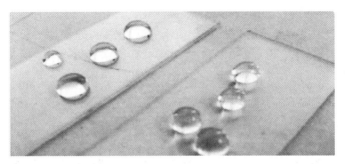

图 2-10　超疏水自净玻璃

（4）防腐方面

超疏水材料具有耐腐蚀的性质，因为固体与液体之间会产生一层空气膜，使得具有腐蚀性的离子很难接触到材料的表面。许多人在这方面做了研究，如郭海峰等[9]用有机硅氧烷等混合液在天然气管道内表面喷涂，以制备超疏水膜进一步达到提高管道的耐腐蚀性能。美国实验团队研发出超疏水金属结构（见图 2-11），在水中被重物压沉后，去除重物，金属可以自由上浮。

图 2-11　美国研发的超疏水金属结构

Mobina 等用甲醇和纳米 SiO_2 共同改性三单体共聚物，所得复合超疏水涂层的水接触角大于 150°。将铝合金、硅板、聚丙烯等基板在盐酸多巴胺-盐酸的缓冲液中沉浸一段时间后，转移到不同浓度的银氨溶液中，再逐滴加入甲醛溶液，最后将基板浸入到乙醇和十二烷基硫醇的混合液中改性，制得超疏水银基板，其水接触角高达 170°。

七、水的反重力流动

在最新的有关超疏水的研究中，电子科技大学科研团队成功实现了水往高处流。水在超疏水表面会因为重力作用而向下流动，比如荷叶上的水滴，会随着外力或重力的作用而发生无规则或者向下的运动。电子科技大学研究团队引入了电荷梯度的概念，通过控制撞击高度的连续变化，打印出具有表面电荷密度梯度的特定路径，进而引导水滴的自推进，成功实现了液滴的快速、长程、无损失传输，并成功抵抗重力（见图2-12）。这项技术有望用于集水器，有助于解决干旱地区人们生活所需的用水问题，也可以运用手机、电脑等芯片散热。

放慢10倍速度　　　　液滴直径=2mm

图2-12　水的反重力流动

八、展望

超疏水材料的应用范围相当广泛，在各个方面已有一定的发展，其应用前景非常广阔。然而由于受目前技术及开发成本等限制，实际产业化及商品化的还不多。首先，从理论角度考虑，超疏水表面结构用到的低表面能物质都比较昂贵，多为含氟化合物或含硅烷化合物。最后，在技术方面，主要是表面涂层的耐用性及耐老化问题，许多超疏水结构因不牢固，较易被破坏而丧失超疏水性。因此，在材料的选择、制备工艺及后处理上，还需进一步深入研究解决。如何使性能降低或被破坏后的超疏水表面自动恢复或重新生成超疏水表面，提高超疏水性表面的耐久性、机械性能和自修复能力，生产环保、多功能的超疏水表面等都将是此领域的重要研究方向。

第二节　蜘蛛丝的方向性集水现象

一、引言

从宇宙来看，地球是一个蔚蓝色的星球，储水量很丰富，共有 $14.5 \times 10^8 km^3$ 之多，其72%的面积覆盖着水。但实际上，地球上97.5%的水是咸水（其中96.53%是海洋水，0.94%是湖泊咸水和地下咸水），不能饮用，不能灌溉，也很难在工业中应用，仅有2.5%的淡水能直接被人们生产和生活利用。而在淡水中，将近70%冻结在南极和格陵兰的冰盖中，其余的大部分是土壤中的水分或是深层地下水，难以供人类开采使用。江河、湖泊、水库及浅层地下水等来源的水较易于开采供人类直接使用，但其数量不足世界淡水的1%。全球每年水资源降落在大陆上的降水量约为 $110×10^{12}\,m^3$，扣除大气蒸发和被植物吸收的水量，世界上江河径流量约为 $42.7×10^{12}\,m^3$，按世界人均计算，每人每年可获得的平均水量为 $7300\,m^3$。由于世界人口不断增加，这一平均数比较 1970 年下降了 37%。80 年代后期全球淡水实际利用的数量大约每年 $3000.0×10^8\,m^3$，占可利用总量的 1%~3%，然而随着人口的增长及人均收入的增加，人们对水资源的消耗量也以几何级数增长。20 世纪以来，人们采用海水淡化等一些方式来获取淡水资源，但这些方式带来的问题是能源耗费量比较大；同时，地球上也有很大一部分的水在太阳的照射下飘散到空气中，这其中也包括海水，这些飘散到空气中的水分是可以被人类引用的淡水，因此如何将空气中存在的水资源有效利用是近些年来研究比较多的一个问题。

二、方向性集水现象介绍

人们在对大自然的研究过程中，发现许多生物表面在微米尺度和纳米尺度上具有不同寻常的结构特征，这些特性控制着它们与水之间的相互作用。例如，沙漠甲虫就是一个有趣的定向集水的例子，它们的背面布满了交替的微米级大小的疏水和亲水区域，这些交替区域可以帮助它们从潮湿的空气中捕获水分。在日常生活中，我们也会时常遇到挂满露珠的蜘蛛网，这种现象也说明一些蜘蛛丝能够有效地从空气中收集水分。目前已有不少人对蜘蛛丝的集水能力进行了研究，发现蜘蛛丝在润湿后形成的纤维具有独特的结构（称之为纤维的"湿后重构"），特征在于其拥有周期性的纺锤形结，并且这些结由纳米纤维制成的关节分开。这些结构特征导致纺锤结和关节之间存在表面能量梯度和拉普拉斯压力差，在这两个因素的共同作用下，可以使得水滴在纤维上连续冷凝和定向迁移。

通过研究发现，一些蜘蛛可以采用一种类似梳子的器官，把从它们体内提取的丝纤维分离成许多非常细的纤维[图 2-13 为环境扫描电子显微镜（SEM）下蜘蛛丝的微观结构]。图 2-13 中由纳米原纤维组成的蓬松凸起沿两条主轴线周期性排列，相邻两个之间间隔为 $(85.6±5.1)\,\mu m$[见图 2-13（a）]。凸起部分的直径为 $(130.8±11.1)\,\mu m$，这些凸起由直径为 $(41.6±8.3)\,\mu m$ 的细纤维连接。图 2-13（b）中是混乱排布的纳米原纤维放大图像（直径 20~30nm）。这些高度亲水的纳米原纤维增加了蜘蛛丝的可润湿性，为水滴的冷凝提供了有利条件。

当干燥的蜘蛛丝被放置在薄雾中时，它的结构会随着水滴的凝结而发生变化，变化后的结构促使水滴沿纤维运动。在初始阶段，微小的水滴[图 2-14（a）中箭头所指的黑色点]在半透明的凸起上凝结。随着水继续凝结，蓬松部分收缩成不透明的隆起物[见图 2-14（b）、（c）]，并最终形成周期性的纺锤形结[见图 2-14（d）]。人们把这一过程称为蜘蛛丝的"湿后重构"，经过此过程后，纤维就有了定向集水的功能。

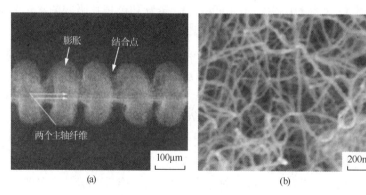

图 2-13　环境扫描电子显微镜下蜘蛛丝的微观结构

(a)低倍环境 SEM 图像下围绕主轴纤维周期性排列的蓬松凸起和关节；

(b)无数纳米原纤维混乱排布的放大图像

为了分析这一过程，我们将"湿后重构"的蜘蛛丝的放大图像划分为四个区域，每个区域包含一个连接单元[即图 2-14(d)~(f)中的区域Ⅰ、Ⅱ、Ⅲ和Ⅳ]。当放置于薄雾中时，小水滴[由图 2-14(e)中的数字 1~10 标识]随机在关节处（水滴 1，3，4，5，8 和 10）和纺锤结（水滴 2，6，7 和 9）上凝结。随着水凝结的进行，液滴尺寸逐渐增大，关节上的液滴慢慢移动到最近的纺锤结上[图 2-14(e)中的白色箭头代表移动方向]，在那里它们聚结形成较大的水滴[见图 2-14(f)]。在区域Ⅰ和Ⅱ中，液滴 1~5 最终合并成较大的液滴 L 并覆盖在两个纺锤形结上，区域Ⅲ中的水滴 6 和 7，以及区域Ⅳ中水滴 8~10 分别都聚结成中等大小的液滴 M 和 N，每一个都覆盖于一个主轴结上。总的来说，这意味着在"湿后重构"的蜘蛛丝中发现的周期性排列的纺锤结和关节在定向集水中起着相当大的作用。

现在，通过具体的一个纺锤结来进一步研究水的收集过程[见图 2-14(g)~(i)]。在初始阶段小水滴 1′，2′，3′和 4′无规则地凝结在纺锤结和周围相邻的关节上[见图 2-14(g)]。水滴 3′不断生长，然后慢慢移动到纺锤结上[图 2-14(g)中的白色箭头代表移动方向]，在那里遇到水滴 4′并与之聚结形成大水滴 H[图 2-14(h)]。同时，位于关节上不断生长的水滴 1′和 2′也继续朝向纺锤形结（图 2-14 中的白色箭头代表移动方向）移动，并与之前形成的大液滴 H 合并形成更大的水滴 H′[图 2-14(i)]。小水滴通过不断地汇集，最终在纺锤节上形成了一个大水滴。

在这个过程中，纺锤体结在最初阶段作为冷凝位点，然后作为小液滴聚结的结合位点。相反，关节主要提供冷凝位点[图 2-14(g)~(i)中的黑箭头所指示位置]，在这里水雾凝结成小液滴，然后被输送到纺锤结。重要的是，在一个水滴

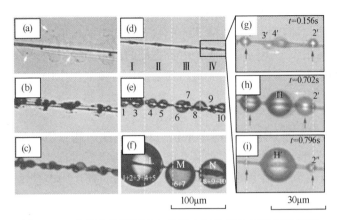

图 2-14　水雾中蜘蛛丝定向收集水时的原位光学显微镜图

(a)含有四个半透明的蓬松凸起的干态蜘蛛丝,在图中有很少一部分水滴凝结在上面(白色箭头代表凝结位点);(b)~(d)随着水滴的冷凝,蓬松凸起收缩成不透明的纺锤结,并形成周期性排列结构;(d)~(f)"湿后重构"的蜘蛛丝方向性集水过程,图中分为四个区域(Ⅰ、Ⅱ、Ⅲ和Ⅳ四个区域)。Ⅰ和Ⅱ区域中水滴1~5不断生长聚结成一个较大的水滴L,覆盖在两个纺锤结上,同时水滴6、7和水滴8~10分别聚结成两个中等大小的水滴M(Ⅲ区域)和N(Ⅳ区域),分别覆盖于一个纺锤结上。(e)较小的水滴凝结在蜘蛛丝上(表示为水滴1~10),随着体积的增加,水滴从关节定向移动到纺锤结上(箭头表示移动方向)。(g)~(i)集水过程中单个纺锤结上水滴的详细运动图示。

离开关节向纺锤结运动时,一个全新的水滴冷凝-移动过程又可以在关节上开始。图 2-14(i)中显示了这一过程,其中水滴1和2是在水滴1和2离开之后凝聚在关节上并移动到纺锤结上的。综上所述,这些图像说明了作为水滴冷凝点的关节部位和作为收集点的纺锤结之间是如何合作来实现不间断的定向水收集的过程。目前我们观察到的这种定向水收集现象,只有润湿后的蜘蛛丝具有。相比之下,蚕丝和尼龙纤维具有均匀的结构而没有表现出方向性的水收集特性。

三、数学模型

通过以上阐述,我们对蜘蛛丝方向性集水有了初步的了解,现在我们对其背后的物理学机制以及数学模型进行进一步解释。简单来说,水滴在纤维上的运动受三种形式的力的作用,其中两种是驱动力,另一种是阻力。驱动力主要是拉普拉斯压力和表面自由能梯度,阻力是接触角滞后引起的迟滞阻力。后面几部分我们将围绕着水滴在纤维上的悬挂机制进行描述,进一步对临界悬滴的重量进行表征。

(一)拉普拉斯压差

在液滴的定向移动方面,水滴可以被形状、化学和热量梯度来驱动。具体来说,在天然水收集过程中,水滴凝结在蜘蛛丝上,并从连接处输送到纺锤节处,

如图 2-17(a)所示。在这一过程中，当水滴附着在纤维上时，水的表面张力将在界面处产生拉普拉斯压力。如果液滴的形状不是均匀的球形，则表面各部分的拉普拉斯压力将有很大的不同。因此，由于它们的曲率半径不同，使得拉普拉斯对轴结和关节的压力存在差异。在水滴的各个部位，拉普拉斯压力可以描述为：

$$P_s = \frac{2\gamma}{R}$$

式中，γ 为水的表面张力；R 为曲率半径。在液滴的两侧，由于关节一侧的曲率半径较小，纺锤节结一侧表面的曲率半径较大，两边不对称。液滴在关节上的拉普拉斯压力大于在纺锤结上的拉普拉斯压力，拉普拉斯压力差使液滴向较低的拉普拉斯压力一侧运动。因此，由锥形形状产生的压差导致水移动到纺锤结上。拉普拉斯压力的差异描述如下：

$$\Delta P = -\int_{r_1}^{r_2} \frac{2\gamma}{(r+R_0)^2} \sin\alpha \mathrm{d}z$$

式中，r 为液滴所处位置结的半径，r_1 和 r_2 为水滴两端的结的半径，R_0 为水滴半径，α 为纺锤结的半圆角，$\mathrm{d}z$ 为纺锤结半径的积分变量。因此，压差所施加的驱动力对实现定向水滴输送起着有利的作用。

（二）表面自由能梯度

拉普拉斯压力的差异取决于曲率梯度，而表面自由能梯度取决于成分组成或粗糙度梯度。表面能的梯度是诱导液滴向较易湿润区域移动的另一个动力。化学成分和表面粗糙度通常关系到该材料的可润湿性。疏水化学成分对应于具有低表面能的疏水表面。相反，亲水性化学成分对应于具有高表面能的亲水表面。对于具有润湿性梯度的亲水纤维，表面粗糙度高的部分比表面粗糙度低的部分更具亲水性。

因此，表面粗糙度的增加将产生表面能量梯度。表面润湿性能可以用 Wenzel 方程描述为：

$$\cos\theta_w = r\cos\theta$$

式中，θ_w 和 θ 分别为表观接触角和本征接触角，r 为粗糙度因子（$r>1$），定义为粗糙表面上实际面积与投影面积的比值。粗糙度使亲水表面更易润湿，疏水表面润湿相对困难。对于亲水性蜘蛛丝，连接纺锤结部分（关节）粗糙度较小，亲水性较低，而纺锤结较粗糙，亲水性较强。换句话说，纺锤结比关节处具有更高的表面自由能，沿关节到纺锤节的表面自由能梯度会产生驱动力，其描述如下：

$$F = \int_{L_j}^{L_k} \gamma(\cos\theta_A - \cos\theta_R) \mathrm{d}l$$

式中，γ 为水的表面张力，θ_A 以及 θ_R 分别为纺锤结上水滴的前进和后退接触角，如图 2-17(a)所示。$\mathrm{d}l$ 是沿接头长度的积分变量，从 L_j 积到 L_k 对于天然蜘蛛丝，表面自由能梯度是由表面粗糙度梯度产生的，在人造丝方面，通过改变组分来控制表面的粗糙度梯度，从而制造出表面自由能差异。总而言之，粗糙度梯度是液滴向纺锤结移动的又一动力。

（三）迟滞阻力

虽然拉普拉斯压力和表面自由能梯度的差异在水滴运动中起着驱动作用，但运动过程中总是存在迟滞阻力并阻碍液滴的运动，尤其是在微米尺度下的小水滴中，这种作用更加明显。当微小的水滴相互结合，直到其直径超过临界值时，表面张力占据主导，大滴才开始移动。在被水润湿后的区域中，迟滞阻力非常明显，因此倾向于使液滴远离纺锤结，而较大的迟滞阻力会使液滴难以在纺锤结上移动。此外，迟滞阻力会使液滴固定在表面上，当多个水滴聚结时才会向主轴结移动。

（四）定向运输

对于小于表面张力占主导时的尺寸的水滴，重力几乎可以忽略不计，从而定向运输可归因于三个主要力的合力：

（1）由曲率梯度引起的拉普拉斯力

$$F_L \approx \gamma_{water}\left(\frac{1}{R'_J}-\frac{1}{R'_K}\right)\frac{\sin\alpha}{R_K-R_J}\frac{4}{3}\pi\left(\frac{R_0}{2}\right)^3$$

$$=\frac{\pi}{6}\gamma_{water}\left(\frac{1}{R'_J}-\frac{1}{R'_K}\right)\frac{\sin\alpha}{R_K-R_J}R_0^3$$

式中，γ 为水的表面张力，R_J 和 R_K 分别为液滴两侧纺锤形结此时的半径，R'_J 和 R'_K 为对应于接触线的曲率半径，α 为锥形的半圆角，R_0 为聚结形成的大液滴的半径。

（2）由表面自由能梯度引起的润湿力

$$F_W \approx \pi R_0 \gamma_{water}(\cos\theta_K-\cos\theta_J)$$

式中，θ_K 以及 θ_J 分别为纺锤结和关节处的静态接触角。

（3）接触角滞后引起的迟滞阻力

$$F_H \approx \pi R_0 \gamma_{water}\left[(\cos\theta_{rK}-\cos\theta_{aK})-(\cos\theta_{rJ}-\cos\theta_{aJ})\right]$$

式中，θ_{rK}，θ_{aK}，θ_{rJ} 以及 θ_{aJ} 分别为主轴结和关节处的后退和前进接触角。对于一个亲水性的纺锤结，水滴的合力可以表示为：

$$F_{total}=F_L+F_W-F_H$$

当 $F_{total}>0$ 时，液滴被驱动向纺锤结，当 $F_{total}<0$ 液滴保持静态。

如果纺锤结比关节处亲水性小，则水的总力可以表示为：

$$F_{total}=F_L-F_W-F_H$$

在这种情况下，如果 $F_{total}>0$ 时，液滴被驱向结，但如果 $F_{total}<0$，液滴被驱离结。因此，对于天然蜘蛛丝和人工丝绸，当拉普拉斯压差和表面自由能梯度引起的驱动力大于最大迟滞阻力时，液滴可以自发移动。

（五）悬挂机制

纺锤形结对大水滴的悬挂性能也有很大影响，相比之下，有纺锤节的会更加稳定。这是由于纺锤形结的几何特征所致。在水收集过程中，水滴往往会悬挂在两节之间，并生长到一个临界尺寸。如图2-15（b）所示，三相接触线（TCL，即这条线与气、液固相都接触）收缩不明显，接触区的总轴向长度几乎保持不变。通过考虑两种不同的效应，即"斜率"效应和"曲率"效应，可以揭示结的这一能力。如图2-15（c）所示，如果接触线试图沿表面从"A"位置收缩到"B"位置，则后退接触角 θ_r 会从 θ_{r0} 下降到 $\theta_{r0}+\alpha$，θ_{r0} 是真正意义上的后退角，α 是结的半平角。对于临界悬滴，去湿化过程会使液滴表面发生很大的改变。因此，"斜率"效应提供了很高的阻力来抑制TCL的后退。如果接触线试图从位置"B"移动到位置"C"，则液滴在固液界面处的曲率半径将从 $H/2$ 下降到 $D/2$。在此过程中，由于液体的表面张力，拉普拉斯压力会增加，于是会产生能量阈值，从而阻碍接触线的后退。因此"斜率"效应和"曲率"效应可以保证三相接触线的相对稳定性，并提供足够的表面张力来悬挂大水滴（见图2-15）。

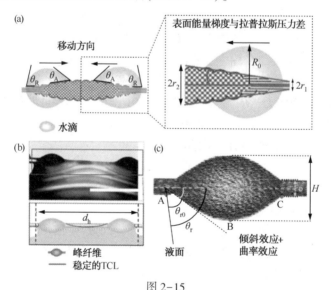

图 2-15

（a）"湿后重构"蜘蛛丝定向采水机制；（b）高倍显微镜下，仿蜘蛛丝纤维纺锤形结上悬垂液滴生长过程中形成的稳定的TCL（三相接触线），还显示了纤维侧面纺锤形结构上润湿区域的轮廓，标尺，200μm；（c）显示了纺锤形结的"斜率"效应和"曲率"效应

（六）三相接触线的长度

为了评价仿生纤维的悬垂能力，我们采用三相接触线研究了悬垂水滴的形成过程和临界体积。当微小水滴由于受到毛细力而向纺锤形结移动时，它们之间相互结合，形成一个较大尺寸的液滴，逐渐再转化为纤维上的悬滴。在连续的雾流

下，悬滴仍会不断生长。因此，水滴需要足够的表面张力来平衡重力。在液滴和纺锤结接触的区域顶部，如图 2-16(a) 所示，随着 TCL 长度的增加，液体膜开始破裂。最终，液滴的体积变得足够大，达到临界状态时，TCL 的长度不能再增加，此时液滴将趋向于离开纺锤结。这个时候，通过讨论 TCL 的长度来评估临界状态下的液滴体积。悬挂在纤维上的水滴通常有两种形式，分别由单主轴-结收集和双主轴-结收集所形成，如图 2-16(a)、(b) 所示，这两种形式在评估悬垂液滴的临界体积方面具有重要意义，因为不同的纺锤形结纤维具有不同形状的TCL。当水滴倾向于离开一个单一的结时，TCL 由一个半椭圆和两条线组成，如图 2-16(a) 所示。可将 TCL 的长度表示为：

$$L \approx \{1/2[2\pi b + 4(a-b) + 2b] + 2(m-a) = 2m + \pi b$$

其中，图 2-16(a) 和图 2-16(b) 分别表示纺锤结的长度和高度，m 是纤维与液滴之间的接触长度。

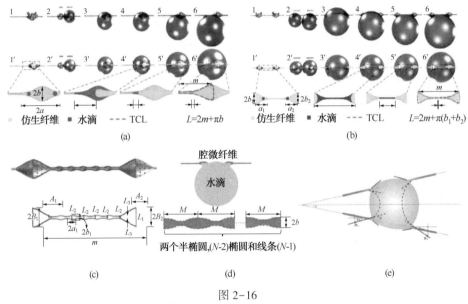

图 2-16

(a)仿生纤维在一个纺锤结上收集水滴示意图；(b)仿生纤维在两个纺锤节上收集水的示意图；(c)水滴从两个大纺锤结表面脱离时的固液接触线；(d)水滴从空腔-微纤维的 N 个轴节分离时的 TCL 示意图；(e)对相邻两根交叉纤维上水滴的受力分析

当水滴倾向于在两个纺锤节之间脱离时，TCL 由两个半椭圆和两条线组成，如图 2-16(b) 所示。则 TCL 的长度可估计为：

$$L \approx \{1/2[2\pi b_1 + 4(a_1 - b_1)] + 2b_1\} + \{1/2[2\pi b_2 + 4(a_2 - b_2)] + 2b_2\} + 2(m - a_1 - a_2)$$
$$= 2m + \pi(b_1 + b_2)$$

式中，$2a_1$ 和 $2a_2$，$2b_1$ 和 $2b_2$ 分别表示两个纺锤结各自的长度和高度。

在有多个纺锤结的情况下，TCL 的长度明显增加，如图 2-16(c) 所示。同样，TCL 的长度可以表示为：

$$L \approx 2m + \pi(b_1 + b_2) + 2(\pi - 2)(b_3 + b_4 + b_5 + b_6 + b_7)$$

式中，$2b_3$、$2b_4$、$2b_5$、$2b_6$ 和 $2b_7$ 分别为小纺锤结的高度。

理想情况下，如果水滴被收集在两个或多个相同的相邻纺锤结上，如图 2-16(d) 所示，长度可以表示为：

$$L = 2(n-1)m + 2b(n\pi - \pi - 2n + 4)$$

式中，n 为多个相同的纺锤结的数目（$n \geq 2$）。

（七）悬滴临界体积

当液滴增加到临界体积时，其悬挂能力可以解释为表面张力与液滴重力之间的平衡。通过研究表面张力和重力的相互作用，推导出了测量悬滴临界体积时的公式。表面张力在竖直方向上的分量力可以表示为：

$$F_C = \gamma L \cos\theta \sin\alpha$$

式中，γ 为水的表面张力，L 为 TCL 的长度，θ 为纤维表面的表观接触角，α 为离轴角。液滴的重力可以很容易地理解为 $FG = \rho g v$，其中 ρ 和 v 分别为液滴的密度和体积，g 为重力加速度。

由表面张力的竖直分量与重力相等，即 $FC = FG$ 可得出液滴的临界体积与表观接触角、TCL 长度和离轴角的关系式：

$$V = \frac{\gamma \cos\theta}{\rho g} L \sin\alpha$$

当液滴与纤维完全脱离时，$\sin\alpha$ 非常接近 1，如果不考虑 $\sin\alpha$ 的影响，则悬挂液滴的临界体积可简化为：

$$V_m = \frac{\gamma \cos\theta}{\rho g} L$$

对于不同的悬挂模型，TCL 的长度如上所述。因此如果求得 TCL 的长度，就可以得到该条件下悬滴的临界体积。

（八）纤维间交叉时分析

蜘蛛丝的水收集可分为单一纤维的水收集和多纤维交叉收集。如图 2-18(e) 所示。对于两根纤维上的一个水滴，水滴竖直方向上的合力为 0。唯一的驱动力来自液滴两面的液气界面张力。两端的驱动力的差异可描述为：

$$F = 2\sigma_{l-g} l \left[\cos(\theta - \alpha) - \cos(\theta + \alpha) \right]$$

式中，σ_{l-g} 为液滴的液气界面张力，l 为液滴与纤维之间接触线的长度，θ 为纤维上的表观接触角，α 为两个相邻纤维之间的半角。恒定的界面张力差异驱动液滴沿着纤维运动，直到它最终到达交叉部位。考虑到水滴的形状几乎是椭球形，有一个长轴和两个相等的短轴，则驱动力等于 0 时水滴的最终位置可以描述为：

$$r = \left(\frac{3V}{4\pi}\right)^{\frac{1}{3}} \frac{1}{\alpha}$$

式中，r 为水滴与两纤维的交点之间的距离，V 为水滴的体积。值得注意的是，当聚结的液滴移动到交叉处时，驱动力导致液滴远离结。

四、仿生设计方法及计算机在研究中的应用

自然界中的蜘蛛丝给了人们设计的灵感，近年来人们基于其背后的集水机理设计出了各种各样的仿生纤维，以及一些具有方向性集水的新材料。在新时代下，计算机技术不断发展，新兴的计算机模拟技术为人们的研究带来了极大的便利，通过分子动力学模拟，有限元模拟可以使问题更加直观化，也更易使读者理解。

（一）微流控方法

目前已有研究通过使用简单的微流体方法从复合水凝胶（称为空腔微纤维）中制备出具有纺锤形空腔结构的微纤维，以模拟蜘蛛丝的结构和表面粗糙度，用于组装成网络来大规模集水。空腔微纤维是使含有气泡的射流相通过交联和干燥制得的。节点的大小和节点之间的距离由射流（射流指流体从管口、孔口、狭缝射出，或靠机械推动，并同周围流体掺混的一股流体流动。经常遇到的大雷诺数射流一般是无固壁约束的自由湍流）相的流速和气相的压力控制，表面粗糙度控制则是通过在射流相中加入相分离聚合物来实现的。由于腔体设计的原因，结体部分的表面比其他部分粗糙得多，从而增加了定向输送水滴的驱动力。由于空腔微纤维具有一定的强度，所以腔结能在集水过程中保持其形状和功能。我们可以用十分经济的方法制得重量轻、坚韧而且具有高集水效率的纺锤体腔结微纤维。这些微腔纤维在水处理、药物传递、组织工程和细胞培养的蛛网状网络领域中具有广泛的应用前景。然而，制备具有长期耐久性的超细纤维进行大规模、高效集水仍然具有挑战性。在这里，为了解决这一问题，有人发现了一种可控的、具有腔结的仿锤结超细纤维[10]，该纤维通过一种简单的水包气微流控方法来进行精确制造（见图 2-17）。

通过控制腔的设计和聚合物的组成，使可控型微腔纤维具有独特的表面粗糙度、机械强度和良好的耐久性，显著提高了集水性能。单结最大吸水量几乎是原空腔纤维结的 495 倍。我们知道由可控空腔超细纤维组装成的仿蜘蛛网网络拓扑结构具有大规模和高效的集水性能，为了最大限度地提高集水能力，应在尽可能多的网络拓扑结构上设计节点/交叉口（拓扑是研究几何图形或空间在连续改变形状后还能保持不变的一些性质的一个学科。它考虑物体间的位置关系而不考虑它们的形状和大小）。这种轻质且坚韧、低成本的超细纤维在定向水运输中效率相

当高，为缺水地区的大规模取水提供了参考。此外，还可以采用基于毛细管的微流控系统[见图2-17(a)]来作为简单的水包气射流模板，以海藻酸钠基复合溶液（ABC溶液）为连续射流相，氮气或空气为分散相产生气泡。由于射流在 CaCl 溶液中遇到 Ca^{2+} 便瞬间交联，所以在连续流的剪切作用下，可将包覆均匀气泡的 ABC 溶液射流固化成带有空腔结的水化微腔纤维[称为水化-空腔微纤维，见图2-17(b)~(e)]。随后，将固化的水化微腔纤维在室温下脱水超过 1h[即脱水微腔纤维，见图2-17(f)~(i)]。所制得的带腔结的脱水微纤维重量轻，密度为 $0.5929g/cm^3$，比无结或含硅油结的脱水超细纤维小得多，它们分别为 $1.1386g/cm^3$ 和 $1.0728g/cm^3$。水化微腔纤维的直径由连续相的流速 Q 控制，将 Q 从 $0.4mL/h$ 调至 $1.6mL/h$，水化微腔纤维直径由 $132.093\mu m$ 增加到 $155.768\mu m$。在 Q 恒定下，随着气相进口压力的增大，生成的气泡体积增大，气泡之间的距离减小。因此，可以方便地对纤维直径、结大小和结之间的距离进行调节。空腔微纤维的产率也高度依赖于连续相的流量。在 120s 内 Q 从 $0.4mL/h$ 上升到 $1.8mL/h$，微腔

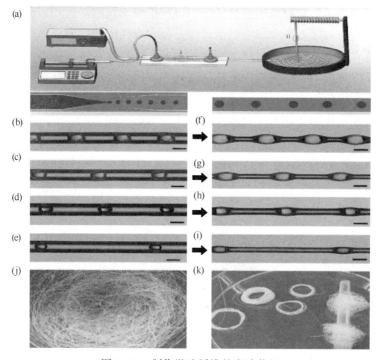

图2-17 制作微腔纤维的实验装置

（a）水包气毛细管微流控系统原理图。（b）~（e）不同连续相流速与不同分散相压力下水化微腔纤维的光学成像，（b）0.6mL/h，22.40kPa；（c）0.6mL/h，20.96kPa；（d）1mL/h，26.04kPa；（e）1mL/h，24.07kPa。（f）~（i）对应于（b）~（e）的脱水微腔纤维的图像。（j）~（k）收集到的脱水微腔纤维，标尺，（b）~（i）100μm，（j）~（k）6mm

纤微的长度从 12.8cm 线性增加到 52.24cm。单通道的生产速率大约为 64 ~ 263mm/min。在 $Q=1.8$mL/h 时，通过同时使用 10 个通道，可在 1h 内方便地制作出 158m 的腔微光纤。这些纤维的生产成本估计为 0.157 美元/100m。通过简单的微流控方法便可以大量生产这样的微纤维，并通过塑料棒来进行收集[见图 2-17(j)、(k)]。

在力学性能方面，蜘蛛丝集聚多种优良性能，具有独特的强度，高的韧性，良好的延展性和较大的能量吸收。迄今为止，使用非蛋白方法很难获得类似蜘蛛丝机械性能的纤维，有一种由聚丙烯酸和二氧化硅纳米颗粒制成的水凝胶纤维在水蒸发诱导下自组装而成的人造蜘蛛丝[11]，该人造蜘蛛丝由分层芯-鞘结构的水凝胶纤维组成，通过离子掺杂来增强。该纤维的拉伸强度为 895MPa，最大拉伸率为 44.3%，力学性能与蛛丝相当。该材料的韧性高达 370mJ/m^3，阻尼(阻尼是指摇荡系统或振动系统受到阻滞使能量随时间而耗散的物理现象)能力高达 95%。水凝胶纤维用于减震应用时，冲击力仅为棉纱的 1/9 左右，回弹可忽略不计。这项技术为人造蜘蛛丝在动能缓冲和减震方面的应用开辟了一条途径。由于蜘蛛丝是一种典型的高性能天然纤维，具有高强度、大伸长率和高阻尼性能的特点(断裂强度：1.34GPa，断裂应变：36%，韧性：334mJ/m^3)，与其他纤维材料相比，具有更高韧性，所以模仿蛛丝的结构特征，可以设计出新的纤维材料，用来吸收能量和减少冲击。以再生真丝蛋白为基础的人造丝纤维是目前研究最广泛、最有前途的领域。

虽然这些基于再生丝蛋白的纤维接近天然蜘蛛丝的机械性能，但用非蛋白的方法制备人造蜘蛛丝仍然很困难。这可能是因为对天然蜘蛛丝的关键结构特征缺乏了解，以及将不同的结构模型(如与微晶交联的无定形区域)组合时面临困难。

(二) 电纺丝法

电纺丝是一种特殊的纤维制造工艺，可用于制备超过 50 种类型的聚合物，包括仿生聚合物、水溶性聚合物、有机可溶聚合物和熔融偏聚物。纤维直径从几十纳米到几百微米不等。纤维的超细结构主要取决于静电纺丝的工作机制。图 2-18 是静电纺丝装置示意图。注射器中的聚合物溶液在泵的作用下以可控制的速率通过喷丝板供给。在两极间存在高压时，喷丝头上的液滴带电并扭曲成锥形(称之为泰勒锥)。当电场强度超过阈值时，静电力克服表面张力，液体从喷丝头喷出。液体射流在持续的静电力作用下进行拉伸，在溶剂蒸发后可形成超细的连续纤维。

在之前的研究中，有人通过静电纺丝获得了具有串珠结构的 PEO(聚环氧乙烷)纤维，并揭示了串珠形成的机理。溶液的黏度、射流速度、净电荷密度和溶液的表面张力是影响纤维形态结构的主要因素。纤维越细，珠子之间的距离就越小，珠子的直径也越小。较高的黏度倾向于形成没有串珠的纤维，并且较高的净电荷密度有助于形成较细的纤维。串珠的形成归因于驱动液体膜断裂的表面张力。因此，表面张力的增加有利于串珠的形成。由于瑞利-泰勒不稳定性，流体会分解成具有较低表面积的微小液滴。通过利用瑞利不稳定性原理，可以设计具有不同组成和结构特性的珠状微纤维。

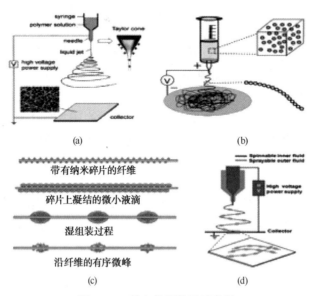

图 2-18　静电仿丝装置示意图

(a)静电纺丝基本装置示意图，插图显示的是通电情况下的泰勒锥和 PVP 无纺布纤维在接收装置上无规沉积的草图。(b)项链状纤维加工装置及加工过程示意图。(c)纤维上的纳米颗粒使水滴凝结，随后水滴聚结并使纳米颗粒自组装成纤维上的微小凸起。(d)电纺丝与电喷雾组合示意图

然而，在具有纺锤结的超细纤维的研究中，静电纺丝已经结合了电喷雾、湿组装、同轴静电纺丝等主要技术。通过静电纺丝就可以一步到位制备出一种项链状结构的纤维。聚乙烯醇(PVA)由于其具有良好的亲水性和优异的力学性能因而适合作为聚合物基体。如图 2-18(b)所示，用直流高压发生器挤出含有 SiO_2 纳米颗粒的 PVA 溶液并形成项链状纤维。直径相对较小的纳米粒子聚集成团，并且大的纳米粒子倾向于规则地一个接一个地排列。这种项链状纤维相对容易制造，且适用于水雾收集。虽然纤维上的串珠分布较均匀，但是只有一个聚合物基质的纤维表面仍可能阻碍液滴的输送。

至于制造主轴结的另一种不同的方法，是采用湿法组装纳米屑/纳米粒来制备微珠，结果显示出良好的性能。通过静电纺丝和水聚结诱导的自组装技术成功地制备出微凸纤维。PVDF 溶液通过可移动的喷丝头供给，并通过静电纺丝设备挤出。然后将产出的纤维固定在远离箔的地方来捕获碎片，这些碎片也是在静电

纺丝过程中产生的。如图 2-18(c)所示，当含纳米碎屑的纤维被放入连续蒸汽流中时，微小的水滴开始冷凝并覆盖在微纤维的碎屑上。随着凝结的继续，水滴的尺寸越来越大并相互聚结在一起。因此，水滴的聚结将驱动碎片组装成团簇。在初期，这些团簇相对较小且相聚较近，但最终变大且分散开来。当切断蒸汽流且水完全蒸发时，隆起就沿纤维形成了。同样，四氯化钛(TiCl$_4$)水解颗粒也可用于湿组装法来制备微珠。当 PMMA 纤维暴露于含有改性 Ti 的纳米颗粒中时，这些颗粒无规地沉积在纤维周围，然后在潮湿的氛围中转移并发生湿组装。在脱水处理后，含有 Ti 纳米颗粒的微珠就会分布在纤维上。

同轴静电纺丝也是一种多用途的方法，目前已应用于纺锤形结纤维的制备。同轴静电纺丝法是一种利用鞘流包裹内流体的组合技术。如图 2-18(d)所示，两个金属针同轴固定以产生两种同一方向上的流体。驱动装置与传统的静电纺丝相同，也是由高压发生器驱动。高黏度的内流体和低黏度的外流体最初被结合在一起挤出。聚乙二醇(PEG)溶液作为外流体，聚苯乙烯(PS)溶液作为内流体，两者形成合适的组合。具有低表面自由能的内聚合物可以减轻黏性曳力，并且具有较高表面自由能的外聚合物倾向于断裂并转变成纺锤形结。PEG 的局限性在于它具有水溶性并且在不同湿度下会发生膨胀或收缩，这使得 PEG 纤维的耐久性能大大降低。因此，聚甲基丙烯酸甲酯(PMMA)可被用作形成微珠的外流体。纤维的形态可以通过调节内流体和外流体的流速和浓度来进行控制。当外流体的流速为 3mL/h 且内流体的相应流速为 0.5mL/h 时，就会出现规则排列的微珠。聚 N-异丙基丙烯酰胺(PNIPAM)由于具有亲水性因而也被用于制造微珠。PVDF 具有疏水性和稳定的力学性能，可选为内流体。此外，还可加入交联剂以增强其在疏水-亲水界面上的稳定性。纤维上的交替区域会产生表面能梯度，从而促进水滴的输送。

(三) 单向导液"二极管"

在水收集领域，实现单向和连续液体传输的固有挑战源于以下事实：液滴的一个边缘可以运动，而液滴的另一个边缘需要保持固定。为了实现此目标，我们基于这样一个基本事实，即可以通过允许液滴在钉扎边界(钉扎效应是指费米能级不随掺杂等而发生位置变化的效应，费米能级钉扎效应是半导体物理中的一个重要概念)附近彼此聚结来减轻钉扎障碍。研究证明，通过利用这种技术及拓扑结构的复杂性，使钉扎液滴与在侧壁快速扩散的前体薄膜聚结来实现所需的液滴单向快速运动。反过来，相同的拓扑图形复杂结构可以在反方向形成强钉扎同时阻止液滴的反向运动。这种新颖的液体二极管的设计偏离了传统的范例，不再利用水滴的润湿性梯度不对称这一特性便可以进行方向性收集(见图 2-19)。

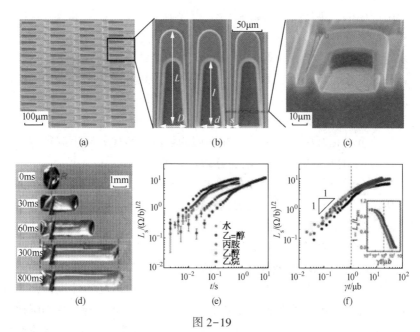

图 2-19

(a)环境扫描电镜下设计好的拓扑"二极管"的微观图像。(b)一端有凹腔的 U 形"二极管"的放大图像，L 和 D 是 U 形阵列的长度和宽度，l 和 d 是腔的长度和宽度，s 是发散的侧通道的开口宽度。在这里，L 约为 $150\mu m$，D 约为 $50\mu m$，l 约为 $100\mu m$，d 约为 $30\mu m$ 和 s 约为 $5\mu m$。(c)在腔的内壁处的凹入结构的放大截面图。α 是发散的侧通道的顶角，此处大约为 $2.2°$。(d)随着时间的变化液体在"二极管"上定向扩散的光学图像。沉积在表面上的水滴(约 5mL)优先沿朝向空腔开口的方向传播，并在反方向上固定。(e)不同液体在二极管上扩散有效长度随时间变化的图像。(f)将(e)图的时间与液体的黏度建立联系将横轴无量纲化建立的图像

在图 2-19 中(a)、(b)、(c)三图显示的是这种拓扑"二极管"的微观形貌示意图。图 2-19(c)中可以看出"二极管"有一个凹进去的结构，在这里我们将它称之为凹角，它的作用是用来阻止液体回流，同时对水滴的反方向移动也起到阻碍作用。在图 2-19(d)中我们可以看到随着时间的变化，水滴倾向于从 U 形管的并口端向闭口端移动。时间不断增加，水滴在易移动方向长度不断增加，而在相反的方向形成钉扎。在图 2-19(e)中我们可以看到不同的液体，由于黏度不同，移动的有效长度随时间的变化也不相同。紧接着在图 2-19(f)中，研究人员又将液体的黏度与时间结合，将横坐标无量纲化，在图中可以看出这些曲线非常的相似，由此得出结论：这种单向运输机制取决于 U 形管阵列的设计。

对于这种结构的机理，研究发现当水滴滴落在这种拓扑 U 形管结构上时，液体会首先在 U 形管的侧通道上移动，我们将这部分液体的流动称之为角流。角流的运动较快[图 2-20(a)为角流随时间的运动图示]，大约是本体大液滴运动速度的 2.5 倍，为了更直观地描述角流，研究人员又将稍微倾斜的两块玻璃板拼凑在

一起，在两角接触处滴加一个水滴，可从图2-20(b)中看出，液滴优先绕着玻璃的两边移动，并带着中间的液体移动，直到液体耗尽为止。这些运动较快的角流会在前方会不断扩散开来，在U形管中形成一层薄薄的前驱体膜[见图2-20(c)]，如果本体液滴在凹角处钉扎时，随着后方水滴的驱动，钉扎前沿会不断前倾，这时由于前驱体液膜的存在，会使钉扎部分很容易与液膜接触[见图2-20(d)]，两者结合，水滴跨过障碍，又继续向前方移动，从而实现水的定向运输。

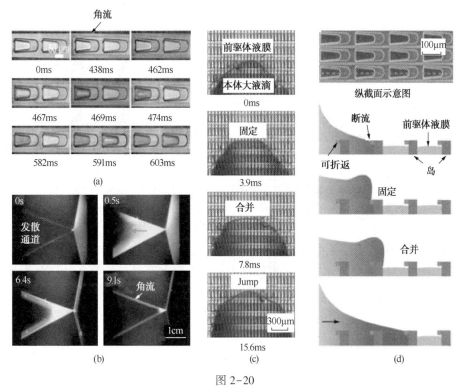

图 2-20

(a)角流随时间的变化情况；(b)用稍微倾斜的两片玻璃板来说明角流的运动情况；(c)显示的是前驱体液膜与本体大液滴运动过程中的图示；(d)在液体前进过程中U形阵列结构的纵截面示意图，虚线部分代表凹腔结构

(四) 表面印刷电荷

以上所述的水滴运输方向是通过表面润湿梯度、曲率梯度和形状梯度来实现的。尽管这些梯度打破了不对称的三相接触线并克服了液滴沿特定方向移动的阻力，但这些液滴的定向运输仅限于低运输速度或短距离运输。在这里，邓旭教授课题组提出一种通过表面电荷密度梯度来控制液滴高速和超长距离传输的新方法[12]，即在超双疏表面上利用简单的水滴打印来创建出可重写的表面电荷密度

梯度，进而在电荷梯度条件下引导液滴的推进，且不需要额外的能量输入（见图2-21）。

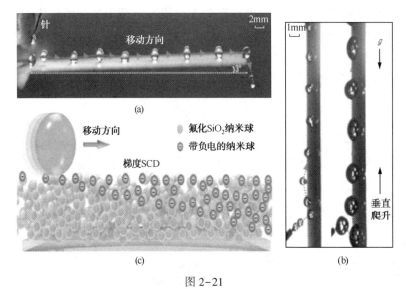

图 2-21

（a）水滴在有 3°爬升角的具有 SCD 梯度（表面电荷密度梯度）的超双疏表面上
的运动轨迹图；（b）不同半径的液滴在有 SCD 梯度的竖直放置的超双疏表面上的
运动轨迹；（c）液滴在有 SCD 梯度的超双疏表面上的自推进原理图

图 2-21 显示了在存在表面电荷梯度的情况下，水滴在梯度电荷上的运动示意图，图 2-21（b）还显示了该梯度作用力可以克服水滴自身的重力在竖直平面内运动，从而证明了该作用力强度很高。

邓旭教授课题组研究表明，可以通过水滴撞击来创建可重写的电荷密度梯度，即水滴以预定的韦伯数释放，韦伯数定义为动能与表面张力之比：

$$W_e = \frac{\rho d v^2}{\gamma}$$

式中，ρ、d、v 和 γ 分别为水滴的密度、直径、冲击速度和表面张力。撞击时，液滴会从超双疏表面扩散、收缩和反弹。通过静电计测量，可以发现受冲击的表面会带电[见图 2-22（a）]，同时带电量的多少与韦伯数有关[见图 2-22（c）]，撞击的水滴反弹后在固体表面上产生的每个投影区域的表面电荷密度（SCD）可以估计为：

$$\rho_Q = \frac{q A_{Ls}}{A_D}$$

式中，q 为单位实际接触面积产生的电荷，A_{Ls} 为实际接触面积，A_D 为预计的液固接触面积。

图 2-22(b)中揭示的是在韦伯数较大时，水滴与超双疏表面的接触部分越多，带电量也越大。

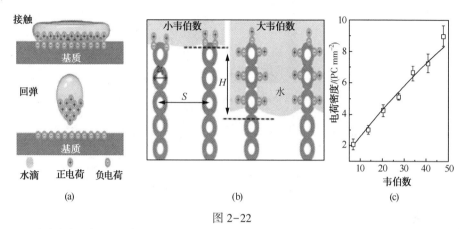

图 2-22

(a)水滴冲击超两疏板时接触起电示意图；(b)空气/水/固体三相接触线在不同冲击压力下的位置示意图；(c)定量探究 SCD 与韦伯数的关系。实验测量表明，电荷密度与韦伯数的 0.74 次方成正比

从图 2-23 中可以看到在水滴运动过程中，由于水滴自身与基板表面接触部分带正电，由于两边的库仑力不相等，因而会存在库仑力差，导致液滴向表面电荷梯度更大的方向移动。

前面阐述了 SCD 梯度可以调控液滴的输送，因此可以通过设计 SCD 梯度来引导液滴的传输[见图 2-24(a)]，另外将具有 SCD 梯度和不具有 SCD 梯度的贴片交替组成，可以用于超远距离液滴传输的应用[见图 2-24(c)、(d)]。

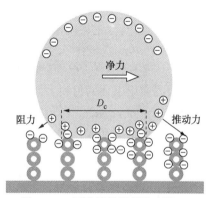

图 2-23　用计算机模拟的水滴在运动过程中的机理图

五、为疏水材料披上"铠甲"

近年来，超疏水材料的研究是一个相当热的话题。超疏水表面保持干燥，自清洁并避免生物结垢的能力对于生物技术、医学和传热领域来说很有应用前景。接触这些表面的水滴必须具有较大的表观接触角和较小的滚动角。这对于具有低表面能化学性质和微米或纳米级表面粗糙度的表面可以实现，最大程度地减少了液体与固体表面之间的接触。但是，粗糙的表面(仅占总面积的一小部分与液体接触)在机械负载下会承受较高的局部压力，从而使它们易碎且极易磨损。此外，

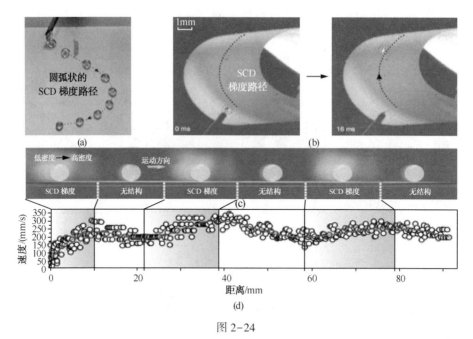

图 2-24

(a)由圆弧状的 SCD 梯度路径引导液滴进行圆弧运动;(b)在带有 SCD 梯度的柔性表面上运输。该表面是通过在 50μm 的聚四氟乙烯薄膜上涂覆超双疏涂层(Ultra-Ever Dry)制成的;(c)、(d)采用计算机模拟的设计草图,由具有 SCD 梯度和不具有 SCD 梯度的片段交替组成,可以用于超远距离液滴传输

磨损会暴露出下面的材料,并可能使表面的局部性质从疏水性变为亲水性,从而导致水滴钉在表面上。目前,对于同一种材料,机械强度和疏水性能两者是相互排斥的,即很难在保持疏水性能不变的情况下提高材料机械强度。邓旭课题组通过在两个不同的尺度上构造表面来实现强大的超疏水性和高的机械强度,其中纳米结构设计提供了拒水性,而微结构设计则提供了高的强度。

微观结构是一个相互连接的表面框架,其中包含空腔结构,里面可以填装高度疏水但强度较小的纳米材料[见图 2-25(a)]。这种表面框架起到了"盔甲"的作用,防止了大于框架尺寸的磨料清除纳米结构[见图 2-25(b)、(c)]。这些框架结构本身是用亲水材料做成的,通过氟取代,可以赋予表层疏水性质。在被磨损时,表层的疏水材料可能脱落,从而使得材料表面与水滴接触,在这里我们将接触分数记为 f,在图 2-25(d)中邓旭课题组绘制了在两个不同值的杨氏接触角 θ_Y 下,理想 Cassie-Baxter 状态下的表观接触角 θ^* 与液-固接触分数 f 之间的关系,图示表明在使 f 最小时,材料的表面化学性质(θ_Y)对疏水性(θ^*)的贡献降低。也就是说,即使在磨损过程中顶表面从疏水性变为亲水性,如果 f 非常小,该表面仍可以排斥水。图 2-25(e)显示了在框架被磨损一半高度时固液接触分数 Δf^{micro} 的变化。为此他们又绘制出了在外界物体与之摩擦过程中框架所受的第三主应力和磨损一半时固液接触分数 Δf^{micro} 随侧壁角(α)的变化示意图［见图 2-25 (f)］，可以看出第三主应力随着侧壁角的增大而减小，这对机械稳定性是有利的；而 Δf^{micro} 随着侧壁角的增大而增大，这对疏水性是不利的，于是，他们选择两曲线的交点作为侧壁角的最佳值。

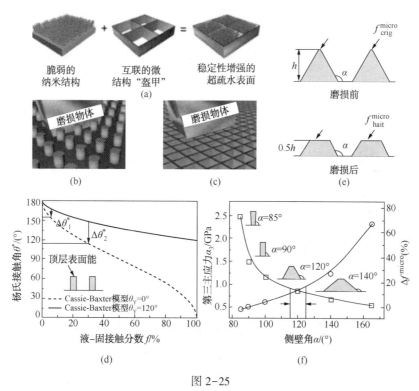

图 2-25

（a）示意图显示了通过将疏水性纳米结构放置在其保护性的微结构"盔甲"中来增强超疏水表面的机械稳定性的策略；（b）在离散的微结构的情况下，研磨物体可以容易地插入到微结构之间，并且可以破坏纳米结构和微结构；（c）互连拓扑微结构可提供保护，大于框架的磨损物体将被微结构阻挡；（d）在杨氏接触角 θ_Y 的两个不同值下，理想 Cassie-Baxter 状态下的表观接触角 θ^* 与液-固接触分数 f 之间的关系；（e）横截面图显示了当高度 h 因磨损而断裂至其原始值的一半时，框架结构顶部水接触面积的变化；（f）机械稳定性以及在框架磨损一半高度时液固接触分数 Δf^{micro} 随侧壁角(α)的变化示意图。

　　他们运用计算机有限元模拟对磨损前后水滴对材料表面的作用力分布情况进行对比，两个表面在磨损前的拉力相似。磨损后，在相同的 f^{micro} 下，"盔甲"顶部疏水层的损坏导致拉力增大。但是，高 f^{micro} 微表面上的拉力比低 f^{micro} 微表面上的拉力增长更快（见图 2-26）。

　　同时我们也会注意到这些互联连框架结构磨损前后应力的分布较为均匀，显示出了该框架出现应力集中的可能性较小，有着良好的机械稳定性。

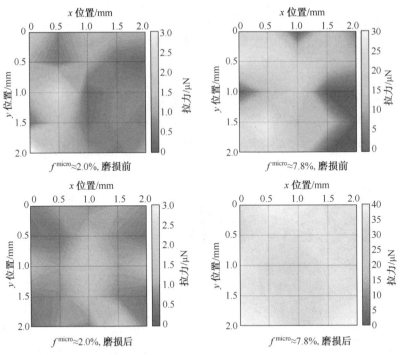

图 2-26　磨损前后水滴对框架表面的作用力的有限元模拟视图

第三节　猪笼草的水的逆向操作

一、介绍

图 2-27　猪笼草结构

食虫性植物猪笼草大多生存于土壤贫瘠地区，依靠位于叶片末端的叶笼捕集昆虫并将其消化成生长所需的营养元素。基于显著不同的宏/微观形貌结构及功能特性，叶笼可划分为盖子、口缘、滑移区和消化区等部分（见图 2-27）。

穹幕状盖子能够保护叶笼内部免遭雨水、灰尘等污染物的侵染，还可抑制叶笼底部消化液蒸发；近期研究发现盖子可充当弹弩，在雨滴的激发下产生扭杆弹簧式振动，致使昆虫弹落至叶笼底部。口缘由朝向叶笼内部延伸的辐射状沟脊构成并密布盲孔状蜜腺，呈现各向异性和湿滑特征，能够吸引蚂蚁、苍蝇等昆虫并促其滑移至叶笼内部。滑移区覆盖着由微米级月骨体和纳米级蜡质晶体组成的微纳复合结构，能够有效抑制昆虫附着功能并呈现低黏附超疏水特性。消化区密布能够分泌蛋白酶、几丁质酶、有机酸等物质的消化腺，可将捕获的昆虫消化成氮磷等生长所需的营养元素并可传输至根部。

叶笼因其独特的形貌结构与捕食昆虫功能受到学者普遍关注，主要集中在形貌结构表征、捕食昆虫效率、抑制昆虫附着机理、功能表面仿生研制等方面。

二、口缘结构功能特性与仿生应用

(一) 口缘形貌结构与功能特性

在湿润环境中，超亲水口缘区表面上极易形成一层水膜[见图2-28(a)]，当昆虫在水膜上爬行时常会滑入捕虫笼内而被捕食。受猪笼草口缘区湿滑效应的启发，仿生超湿滑表面已成功制备应用。但是口缘区表面上液膜形成机制一直被忽视，研究发现在表征超湿滑机制过程中滴在口缘区内边缘上的液体不但不会滑入笼内，还能从口缘内部向外部单方向连续铺展搬运[见图2-28(b)]。显微观察显示液体沿着垂直于口缘表面上的两级沟槽连续单方向铺展，大沟槽内分布着二级小沟槽。这种液体单方向连续搬运现象保证了凝结在口缘内边缘的水能均匀铺展到口缘区上，使其具有优异湿滑特性。

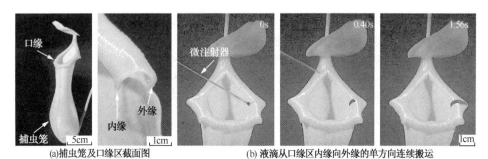

(a)捕虫笼及口缘区截面图　　　　(b) 液滴从口缘区内缘向外缘的单方向连续搬运

图2-28　液体在猪笼草口缘区表面单方向连续搬运现象

通过扫描电镜分析，可发现口缘区表面具有几乎平行分布的两级沟槽，且在第二级沟槽内分布着朝向一致、层叠分布的"鸭嘴状"楔形盲孔阵列结构[见图2-29(a)]。楔形盲孔外轮廓呈拱形，边缘尖锐[见图2-29(b)]，其开口沿着沟槽朝向口缘内部。切片显微照片显示盲孔存在着楔形夹角，呈现梯度分布。原位高速实时观测发现液体在口缘区表面上的单方向连续搬运是由连续填充单一楔形盲孔来实现的，液体填充单个盲孔通常先沿着楔形孔内角边缘铺展，逐渐挤出盲孔内气泡，最后在盲孔外缘轮廓前汇聚完成填充。图2-29显示了液体的单方向连续搬运过程，液体单方向搬运可看成层叠楔形盲孔的连续性填充，以填充相邻三个盲孔为例，下层水首先填充对应盲孔 1；在未完全填充之前，下层水液面厚度若超过盲孔 1 外缘，液体会沿着盲孔 2 的楔形内角边缘铺展形成上层水来填充盲孔 2；同样未完全填充满盲孔 2 之前，上层水会越过盲孔 2 外缘又沿着盲孔 2 的楔形内角边缘铺展，产生顶层水 I。楔形盲孔的连续循环填充实现了液体连续搬运。与此同时，楔形盲孔拱形轮廓及其尖锐外缘在液体铺展浸润时很容易满足吉布斯非平衡[13]，形成液体反方向流动的阻滞效应。

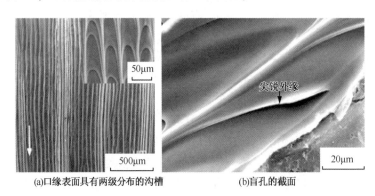

(a)口缘表面具有两级分布的沟槽   (b)盲孔的截面

图 2-29　猪笼草口缘表面结构

（二）液体单方向连续搬运机制研究

浸润性表征显示口缘区为超亲水表面，EDS 测试证明口缘区表面不存在明显的浸润梯度。为揭示亲疏水性对液膜单方向搬运的影响规律，采用生物复制成形方法制备出逼真仿生表面，发现疏水状态下并不具备单方向搬运能力。但将仿生表面改性成亲水（接触角小于 65°）后，液体才能够实现单方向搬运，而且在超亲水仿生口缘区表面上液膜搬运速度快，远高于已有研究报道。实验结果已证实表面超浸润性是实现单方向搬运的重要因素。众所周知，无表面能梯度的超亲水表面不具备液体单方向连续搬运能力。而猪笼草口缘区表面的液体单方向搬运应源于其典型结构，即"鸭嘴状"楔形盲孔的梯度楔形角。这种楔形夹角特征产生一种类似于"泰勒毛细升"的现象，能使液体沿着夹角内缘向上铺展。传统的"泰勒毛细升"仅指液体沿着垂直交错的两平板形成的固定内夹角向上铺展的现象，而猪笼草的楔形孔内缘夹角具有梯度渐变特征，会增强液体向上铺展能力，即"梯度泰勒毛细升"。通过构建亲水 PVC 楔形夹角实验证实了这种梯度结构特征对泰勒毛细升的增强效应。况且，猪笼草梯度楔形夹角呈对称分布，顶部封闭，会产生"闭口梯度泰勒毛细升"进一步增强液体爬升能力。顶部封闭"闭口梯度泰勒毛细升"与传统"泰勒毛细升"相比，可提高毛细升液体体积约 40%，延长液体保持时间约 2 倍（见图 2-30）。

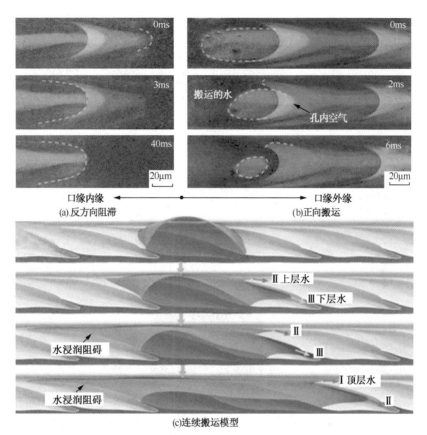

图 2-30　液体在口缘区表面的单方向连续搬运

三、滑移区结构功能特性与仿生应用

（一）滑移区形貌结构特征

滑移区位于口缘下部，表面覆盖着末端朝向叶笼内部弯曲的月骨体，以及形状不规则、排列致密、杂乱无序的蜡质晶体层[见图 2-31（a）]。每个月骨体对应着增大交叠的细胞体，形成具有不对称凸面的表层轮廓[见图 2-31（b）]，致使滑移区形貌结构呈现显著的各向异性。蜡质晶体层由形状不规则但可辨别轮廓的片状物构成，近乎垂直排列于滑移区基体且紧密交错成网状，因此产生轮廓不规则的孔洞[见图 2-31（c）]。蜡质晶体层又可分为形貌结构显著不同的顶层和底层，其中顶层蜡质晶体排列较为疏松且呈现相对较大的形貌结构。滑移区的这种形貌结构未随猪笼草种属的不同而呈现显著差异[14]。

对滑移区形貌结构的纵向扫描显示如图 2-32 所示。

(a)滑移区总体形貌   (b)月骨体形貌   (c)蜡质晶体形貌

图2-31   滑移区形貌结构

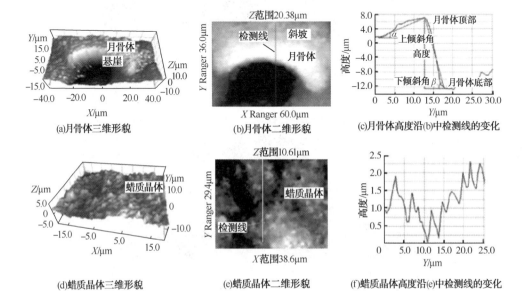

(a)月骨体三维形貌   (b)月骨体二维形貌   (c)月骨体高度沿(b)中检测线的变化

(d)蜡质晶体三维形貌   (e)蜡质晶体二维形貌   (f)蜡质晶体高度沿(e)中检测线的变化

图2-32   滑移区形貌结构的三维扫描

月骨体上侧高度变化缓慢而产生"缓坡"结构,下侧高度变化剧烈而形成"悬崖"结构[见图2-32(a)~(c)];蜡质晶体表面相对较为光滑,仅呈现微米级高度变化[见图2-32(d)~(f)]。蜡质晶体层厚度约为3μm,顶层蜡质晶体通过直径约为0.5μm的细杆与底层蜡质晶体连接。通过观测4种猪笼草滑移区的表面结构,发现月骨体具有约10μm级的三维结构参数,而蜡质晶体具有微-纳米级的三维结构参数,月骨体的形貌结构特征致使滑移区表面呈现较大粗糙度(Ra = 1.84~3.45μm);不同种属猪笼草的滑移区结构特征参数存在差别,不仅导致表面粗糙度不同,还使昆虫附着功能抑制效果呈现差异[15]。滑移区表面的多尺度复合结构能够抑制昆虫的附着功能,在限制被捕获的昆虫从叶笼内部逃脱过程中发挥重要作用。学者对于滑移区的研究,由过去的形貌结构特征、昆虫附着功能抑制机理、昆虫捕集滑板仿生制备等方面,转变成现阶段的各向异性超疏水机理、超疏水表面仿生研制等方面。

（二）滑移区超疏水机理与超疏水表面仿生研制

超疏水表面是指水滴接触角大于150°且滚动角小于10°的材料表面，在自清洁、防腐蚀、抑冰、海洋防污及船舰减阻等工程领域具有重要的应用前景。目前超疏水表面存在因微形貌结构易遭破坏而导致功效耐久性低、制备工艺复杂及成本高等问题，如何解决这些问题将成为该领域未来长时间内所面临的主要难点。效法自然并获取较为理想的仿生原型，据此形成超疏水表面研制的新思路可为主要难点的解决提供契机[16]。猪笼草叶笼在捕食昆虫过程中难免遭受粉尘、翅膀鳞片等污染物的污染，维持滑移区较高的洁净度对稳定持久发挥反附着功能极其重要。实际上，宏观形貌下的滑移区呈现较为洁净的景象[见图2-35（a）]，表明滑移区具有低黏附超疏水现象。滑移区超疏水现象预示其可以作为仿生原型用于超疏水表面仿生研制，有学者已开展滑移区润湿行为、超疏水机理等方面的研究。

GORB等测试了水、二碘甲烷和乙二醇等极性/非极性液滴在红瓶猪笼草滑移区的润湿行为，接触角分别为160°、130°和135°，表面自由能为4mN/m，预示具有较强的超疏水特性。北京航空航天大学张鹏飞等[17]研究指出，滑移区由月骨体和蜡质晶体组成的微纳复合结构决定了其超疏水特性，其中蜡质晶体发挥主要作用；滑移区在朝向叶笼内部方向的水滴滚动角为3°，表明滑移区具有低黏附超疏水特性。王立新等[18]在研究滑移区反附着机理与仿生研制致灾农业昆虫捕集滑板的基础上，开展了滑移区润湿行为研究。红瓶（N. alata）、米兰达（N. miranda）、印度（N. khasiana）等3种猪笼草滑移区对水滴的接触角介于128°~156°，基于月骨体、蜡质晶体的结构特征，采用Cassie-Baxter模型分析了形貌结构对接触角的影响规律，指出不同种属猪笼草滑移区的接触角存在差异是源于结构参数不同而导致液-固接触面积的不同。上述对滑移区润湿特性的研究，并未构建模型量化阐述形貌结构特征对滚动角的影响规律，亦未涉及超疏水机理分析揭示。

各向异性超疏水表面因能在不同方向上呈现显著差异的润湿行为而在沙漠集水、生物医学、微流体器具等方面有着巨大应用潜力[19]。月骨体末端朝向叶笼内部弯曲的形貌结构致使滑移区表面呈现各向异性，在显著影响昆虫附着行为的同时对液滴润湿行为也产生明显影响。测试结果显示，朝向叶笼底部方向的水滴滚动角为3°，而在相反方向的则为10°。滑移区各向异性超疏水现象为各向异性超疏水表面的研制提供了潜在的仿生原型，后续研究需要关注滑移区形貌结构特征对滚动角的影响规律，以此阐明各向异性超疏水的机理，为各向异性超疏水表面研制奠定理论基础。

现阶段，以滑移区为仿生原型研制超疏水表面已得到开展，主要采用制备微孔结构并注入润滑液的仿生研制思路。哈佛大学 Aizenberg 首先提出低表面能润滑液注入式微孔结构超滑表面(slipperyliquid – infused poroussurface),以特氟龙(teflon)为原材料在基体表面制得蜡质晶体微纳孔状结构,并以氟化液 FC – 70 作为填充微纳孔状结构的润滑液,制得超疏水表面(见图 2–33)。

图 2–33　润滑液注入式超疏水表面

测试结果显示,该表面对水、油的滚动角为 3° 和 5°,接触角滞后小于 2.5°,呈现较强的疏水/油及抑霜/冰特性、压力稳定性(抗 675atm,1atm=101325Pa)和自修复能力[20]。中国科学院兰州化物所张俊平采用氟硅酮纳米丝在载玻片表面制备微纳孔状结构,并以全氟聚醚润滑液填充,以此制得超疏水表面,其对多种液滴均表现出超低的滚动角,并具有优异的稳定性和透明度。Zhang 等(浙江大学谷长栋团队)在镁铝合金表面构筑了双层疏水抑冰抗腐蚀结构,底层为与基体致密牢固结合的层状双金属氢氧化物,表层为多孔纳米片状结构并填充润滑液,该仿生超疏水表面赋予镁铝合金优异持久的疏水、抑冰、抗腐蚀功能。对于润滑液注入微孔结构式超疏水表面,润滑液能够改变液滴接触状态,由在传统超疏水表面的液–固(Wenzel 模型)、液–气–固(Cassie–Baxter 模型)接触转变为液–润滑液–固接触。注入微纳结构的低表面能润滑液,在毛细作用下迅速蔓延成均匀膜层,替代微纳结构内部的空气层,致使液滴形成稳固浸润状态并呈现较高的接触角。现有研究为超疏水表面的仿生研制提供了新的技术基础。

现阶段多采用激光微纳加工、刻蚀、喷砂–电刷镀等方法在金属基材表面制备微纳复合结构,再以电化学沉积法修饰氟碳硅烷、十二烷硫醇、硬脂酸等低表面能物质,以此赋予金属基材表面超疏水、油水分离、抗腐蚀等特性。金属基材超疏水表面制备过程涉及的电化学沉积,提高了制备工艺的复杂程度并产生了环境污染。因此,金属基材表面制备滑移区(仿生原型)微纳复合结构,结合润滑液注入式超疏水表面制备的理论基础,形成金属基材超疏水/各向异性超疏水表面研制的新途径和新理论,将会是超疏水表面仿生制备的研究趋势之一。

第四节 雨水能量收集

一、我国水资源现状

从地球系统的水循环和水量平衡的角度来讲，人类所取用的淡水资源归根结底是来自大气降水，一次水资源天然降雨是维系整个陆地生态系统，乃至全人类生存需要水的基础。近年来由于工业废水及生活用水的大量排放，化肥和农药的大量施用，大量地表水遭受严重的污染而无法利用。

此外，地下水的严重开采已经导致了一系列的环境负效应，例如我国严重缺水的沿海某市，该市规模不断扩大，需水量大增，被迫超采地下水，造成地面局部开裂、沉陷、建筑物产生裂缝、海水入侵等严重问题。雨水作为天然的资源，是一种新的供水来源，将其渗透入土壤中，继而抬高日益下降的地下水位，能够有效延缓地面径流时间，遏制洪峰，减少地面径流污染，形成区域良性水循环。雨水资源的收集与利用是城市开发水资源、节约用水、减轻城市洪涝灾害、缓解排水管道负担、减少污染负荷、改善城市水环境状态的有效措施。我国城市正处于高速发展阶段，在普遍遇到水资源短缺问题的同时，对水环境的要求也越来越高。

雨水资源作为城市地区可利用的潜在资源，引起了水问题专家学者的兴趣，成为热门话题。20世纪80年代初，国际雨水收集系统协会成立，国际研究的共识就是雨水利用将成为解决世纪水资源的重要途径。并且《中华人民共和国水法》规定，"国家厉行节约用水，大力推行节约用水措施，推广节约用水新技术、新工艺，发展节水型工业、农业和服务业，建立节水型社会"。

自联合国在美国夏威夷召开第一届国际雨水集流利用会议后，迄今为止，国际上已经召开了数十届国际雨水收集利用会议，推进了国际雨水资源收集与利用的研究和应用。我国成立了中国水利学会雨水利用专业委员会，召开了次全国性的雨水利用学术研讨会，城市雨水的利用已经成为研究热点。

二、我国水资源利用现状分析及其进展

基于我国水资源利用方面的研究，应关注其利用现状，且需要落实好相应的分析工作。在此期间，相关的内容包括以下方面：

① 现阶段，我国水资源整体利用效率有待提高，且部分水利工程与农业发展之间存在着一定的矛盾，无形之中对水资源的利用效果产生了不利的影响，且制约了其给水能力的提升。同时，受到地域性发展规划存在差异的影响，使得水

资源利用方面的问题发生率加大。

② 随着我国农业发展水平的提升，对水资源的需求量逐渐增加。实践中因农业方面的缺水问题突出，且水资源浪费现象较为普遍，致使其利用不够充分，对水资源在生产实践中的利用效果造成了不同程度的影响，间接地降低了这类资源的利用效率。

③ 部分地区因自身的发展规划不够完善、思想观念有待改变，致使水资源科学利用方面所得到的支持减少，从而降低了其利用水平，难以满足其潜在应用价值逐渐提升方面的要求。同时，受到节水灌溉考虑不充分、对科学发展不够重视等因素的影响，也使我国水资源的利用效率有所降低。

令人感到振奋的是，香港城市大学机械工程系王钻开教授，美国内布拉斯加大学林肯分校曾晓成教授和中国科学院北京纳米能源与系统研究所王中林院士合作，提出了一种三极管型水滴发电机，可以高效的将水滴落下时的动能转化为电能。如图 2-34 所示，4 滴体积为 100μL 的水滴从 15cm 的高度释放，可以瞬间点亮 400 盏 LED 小灯泡。这样的发明极大地推动了雨水能量收集的进展，我们甚至可以想象，在不久的将来，利用海洋中的波浪来发电，将海洋中蕴藏的巨大蓝色能源通过类似的设备转化成可以利用的电能，输送到千家万户，点亮万家灯火。

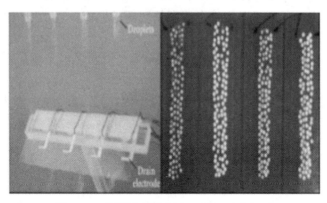

图 2-34　四滴水滴点亮 400 盏 LED 小灯泡

三、国内雨水收集方法

根据用途不同，雨水利用可以分为雨水直接利用、回用雨水间接利用、渗透雨水综合利用等几类。

（1）城市雨水的直接利用

将雨水收集处理后直接利用是城市雨水利用的直接过程，表现在雨水收集、雨水贮留等，屋顶、路面均可不同程度收集雨水，收集的雨水可汇集到雨水贮留池中，对不同用途的雨水进行分级处理，分别利用。建筑物屋面雨水主要由水落管收集，路面和绿地雨水用雨水口收集。在进入后续的处理系统之前，需要设置与污水一样前期拦截大块污染物的格栅。并设溢流管道，以排除少量初期污染严重的雨水和避免暴雨期间的雨水的漫流。收集处理后的雨水主要用于城市的绿地浇灌、路面喷洒、景观补水等，可有效缓解城市供水压力。

（2）城市雨水的间接利用

将雨水渗透回灌，以补充地下水是城市雨水利用的间接过程。雨水渗透可包括点源、线源和面源的渗透。人工渗透设施、人工湖等为点源入渗，河道、透水性道路等为线源入渗，减少城市硬铺盖、加大城市绿地草坪面积可增加面源入渗量。雨水渗透对改善城市水环境、恢复城市良性水循环具有根本性的作用。一些国家的雨水设计体系已经把雨水渗透列入雨水系统设计的考虑因素。但是目前我国城市雨水的设计体系仍然是雨污合流制，并且为"直接排放水体"的模式，无法获得削减地面径流量、减轻污染负荷、补充地下水源、改善生态环境等综合效益。

（3）城市雨水的综合利用

城市雨水的直接利用和间接利用并不是独立的两个过程，可以在利用过程中将两方面有效地结合起来，这样更能充分地利用城市雨水资源。

雨水利用实际上是一个含义非常广泛的词，从城市到农村，从农业、水利电力、给水排水、环境工程、园林到旅游等许许多多的领域都有雨水利用的内容。城市雨水利用可以有狭义和广义之分，狭义的城市雨水利用主要指对城市汇水面产生的径流进行收集、储存和净化利用。本书所指的是广义的城市雨水利用，即指在城市范围内，有目的地采用各种措施对雨水资源进行保护和利用，主要包括收集、储存和净化后的直接利用，利用各种人工或自然水体、池塘、湿地或低洼地对雨水径流实施调蓄、净化和利用，改善城市水环境和生态环境，通过各种人工或自然渗透设施使雨水渗入地下，补充地下水资源。

参 考 文 献

[1] 顾江，等. 激光刻蚀法制备仿生超疏水表面的研究进展[J]. 激光技术，2019，43(4)：493-499.

[2] Barthlott W, Neinhuis C, et al. Waterlily, poppy, or sycamore：on the systematic position of Nelumbo[J]. Flora，1996，191(2)：169-174.

[3] 董哲勤，许振良，马晓华，等. 反应致相分离一步法制备超疏水亲油膜用于乳化油水分离[J]. 膜科学与技术，2019，39(4)：76-81.

[4] 李芳，贾坤，李其明，等. 静电纺丝制备超疏水/超亲油空心微球状 PVDF 纳米纤维及其在油水分离中的应用[J]. 化工新型材料，2016，44 (3)：223-225.

[5] Zhou Yonghong, Shang Qianqian. Fabrication of transparent superhydrophobic porous silica coating for self-cleaning and anti-fogging[J]. Ceramics International，2016，42(7)：8706-8712.

[6] Li L, Huang T, et al. Robust Biomimetic-Structural Superhydrophobic Surface on Aluminum Alloy[J]. ACS Applied Materials Interfaces，2014，7(3)：1449.

[7] Xue C H, Li Y R, et al. Washable and Wear-Resistant Superhydrophobic Surfaces with Self-Cleaning Property by Chemical Etching of Fibers and Hydrophobization[J]. Acs Appl Mater Interfaces，2014，6(13)：

10153-10161.

[8] Yang C, et al. Anti-icing properties of superhydrophobic ZnO/PDMS composite coating[J]. Applied Physics A, 2016, 122(1): 1-10.

[9] 郭海峰, 张志恒, 秦华, 等. 天然气管道内表面超疏水分子膜及其防腐性能 [J]. 油气储运, 30(10): 781-784.

[10] Tian Y, Zhu P, et al. Large-scale water collection of bioinspired cavity-microfibers[J]. Nature Communication, s 2017, 8(1): 1080.

[11] Rising A, Johansson J. Toward spinning artificial spider silk [J]. Nature Chemical Biology, 2015, 11 (5): 309.

[12] Porter D, Vollrath F. Silk as a Biomimetic Ideal for Structural Polymers[J]. Advanced Materials, 2010, 21 (4): 487-492.

[13] Oliver J F, Huh C, Mason S G. Resistance to spreading of liquids by sharp edges[J]. Journal of Colloid Interface ence, 1977, 59(3): 568-581.

[14] Gorb E. Composite structure of the crystalline epicuticular wax layer of the slippery zone in the pitchers of the carnivorous plant Nepenthes alata and its effect on insect attachment[J]. Journal of Experimental Biology, 2005, 208(24): 4651-4662.

[15] Wang Li-xin, Zhou Qiang. In Numerical Characterization of Surface Structures of Slippery Zone in Nepenthes Alata Pitchers and its Mechanism of Reducing Locust's Attachment[J]. Advances in Natural Science, 2010, 3(2): 152-160.

[16] 郑海坤, 常士楠, 赵媛媛. 超疏水/超润滑表面的防疏冰机理及其应用[J]. 化学进展, 2017, 29(1): 102-118.

[17] 张鹏飞, 张德, 陈华伟. 猪笼草内表面微观结构及其浸润性研究[J]. 农业机械学报, 2014, 45(1): 341-345.

[18] Wang L, Zhou Q. Surface hydrophobicity of slippery zones in the pitchers of two Nepenthes species and a hybrid[J]. entific Reports, 2016, 6(1): 19907.

[19] Han Zhiwu, Li Shuyi, et al. Bio-inspired micro-nano structured surface with structural color and anisotropic wettability on Cu substrate[J]. Applied Surface Science A Journal Devoted to the Properties of Interfaces in Relation to the Synthesis Behaviour of Materials, 2016, 379: 230-237.

[20] Jialei Zhang, Changdong, Jiangping. Tu Robust Slippery Coating with Superior Corrosion Resistance and Anti-Icing Performance for AZ31B Mg Alloy Protection[J]. Acs Applied Materials Interfaces, 2017, 9(12): 11247-11257.

第三章 仿生高分子与燃料电池

　　头足类动物是最发达的软体动物，全世界有 700 多个海洋物种。它们都有柔软的身体，体内没有骨骼，身体强壮，非常灵活。所有的头足类动物都有一个锋利的喙，这是咬碎螃蟹和蛤蚌坚硬外壳以及撕裂鱼类和其他猎物的利器。洪堡鱿鱼就是其中的典型代表，它的喙是目前发现的最硬的天然高分子材料，用该喙状嘴来击打猎物会将相当巨大的力量传导到其自身维系喙状嘴的软组织上[1]。

　　显然，如果洪堡鱿鱼的喙是和无柄刀一样的均质材料，那么其必然无法适应洪堡鱿鱼的日常捕猎行为。洪堡鱿鱼的喙无疑是自然界中物种长期进化演变过程中神奇的材料，其完美的结构组织形态和独特的优异性能令人着迷。随着研究的深入，科研工作者对以鱿鱼喙为代表的天然材料越发了解，随之研发的仿生材料具有传统材料无法具备的功能性和结构特征。

　　不同于传统的均质材料，以鱿鱼喙为代表的生物材料在性能上呈现明显的"梯度"特点。以洪堡巨鱿的喙为例，它的喙状嘴切割端虽然非常坚硬，但是它在越靠近喙状嘴附着的柔软肌肉组织时，会变得越来越柔软，而且其可弯曲性也越来越大，最硬部分的弹性模量（刚度）可为最软部分的 100 倍。鱿鱼喙机械性能的梯度使得鱿鱼喙兼具了强度与韧性，保证了鱿鱼在捕猎时不会使自己受到伤害。

　　像鱿鱼喙这样在适当的区域内定位优化的成分和结构，使材料的局部特性适应其特定的要求，从而在单个材料内产生多种优势，以创建改进的全局特性的材料被称为梯度功能材料。梯度功能材料的发展为强度与韧性的兼顾提供了一条有希望的途径。关于这种梯度和不均匀性，大自然为高性能合成材料和组件的设计和制造提供了丰富的灵感来源，将自然发生的梯度转化为合成材料提供了一系列提高其性能的机会，应用范围广泛。而其研究重点就是厘清导致梯度的详细化学/结构因素，理解成分/结构特性关系，并进一步提取潜在的设计原则。

　　尽管在合成材料中以生物材料那样复杂的方式创造梯度和非均质性仍然是一个很大的挑战，但是人们对材料的成分和微观结构的认识与控制有了长足长进，也为梯度功能材料的实际利用带来了曙光。

第一节　鱿鱼喙的结构模型

在实际应用过程中，异种材料的连接往往会导致较高的界面应力和接触损伤，但是在生物体内具有不同机械性能的组织完美地连接在一起。Ali Miserez 等率先分析了鱿鱼喙的成分并逐步建立起了较为完善的鱿鱼喙强化体系，他们认为鱿鱼喙是通过一种类似于纤维增强复合材料制造的，几丁质纤维形成最初的支架，随后由蛋白质和邻苯二酚的混合物浸渍，最后通过邻苯二酚交联固化。

一、鱿鱼喙的化学组成

AliMiserez 等采用了酸水解和碱过氧化两种处理方法对洪堡鱿鱼喙的连续切片进行了处理，通过 X 射线衍射确定了水解的未经鞣制的材料主要由葡萄糖胺（几丁质的基本结构单元）构成，说明鱿鱼喙的基本结构为几丁质[1]。

之后他们使用重量分析法，在碱性过氧化反应前后对水合和冻干样品进行称重，确定了水合烧杯样品中几丁质、蛋白质和水的相对含量。他们发现在鱿鱼喙的"翼部"（鱿鱼喙与鱿鱼柔软肌肉组织连接的部位）随着蛋白质和鞣制色素浓度的增加，含水量逐渐降低；而在鱿鱼喙的尖端（攻击猎物的部位），几丁质的含量与蛋白质和鞣制色素相比呈相反的趋势，但与水分含量呈强正相关。

对试样进行拉伸实验和纳米压痕实验表明（见图 3-1），当试样含水时，杨氏模量 E 随着着色程度的增加而显著增加。经过过氧化物处理后，无论色素沉着程度如何，其值都急剧下降。表明在没有水的情况下，蛋白质在喙部增强中的作用很弱。在冻干状态下，模量仅对蛋白质或几丁质含量有微弱的依赖性。然而，在水合状态下，表现出强烈的成分依赖性。最值得注意的是，它似乎与几丁质含量成反比。几丁质的水化程度用水质比来表征，从喙部区域的水质比低于非喙部区域的水质比[2]。显然，在这个范围内，水化程度的变化比甲壳素含量的变化更大，导致观察到的刚度随着距喙尖距离的增加而降低。喙的硬度受到微结构和分子因素的共同影响，几丁质、水、富含组氨酸的蛋白质和 Dopa 的化合物之间的水合或交联程度，影响着喙的硬度。其中水的含量在其梯度刚度中有重要作用。可能与水影响几丁质、蛋白质之间的分布和交联有关，进而影响其强度和杨氏模量。

二、鱿鱼喙的交联化学

AliMiserez 等发现巨型乌贼的喙由高度硬化的几丁质复合材料组成，从顶端到底部逐渐水合。Dopa 和 Dopa-His 组成的交联化合物对鱿鱼喙材料的机械强化

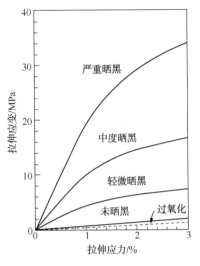

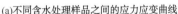

(a)不同含水处理样品之间的应力应变曲线

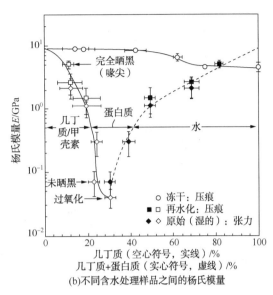

(b)不同含水处理样品之间的杨氏模量

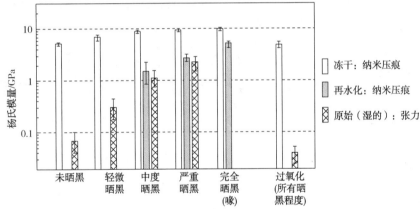

(c)杨氏模量与干燥和含水试样中的几丁质含量和几丁质/蛋白质组合含量的关系[1]

图3-1　拉伸实验和纳米压痕实验结果

起着重要的作用[3]。他们通过交联分离、电喷雾质谱分析和质子核磁分析等一系列复杂操作发现鱿鱼喙中存在的 His-dopa 加合物，稳定了蛋白质基质的交联。在将邻苯二酚转变为醌类化合物的初始氧化之后，醌类化合物与亲核蛋白侧链（尤其是组氨酸和半胱氨酸）偶联（见图 3-2），进一步证实了组氨酸（His）发生亲核加成的趋势。His 残基通过一系列片状的一个或两个面呈现，在邻苯二酚被氧化为醌类化合物后进行交联，随着交联的进行，水分子被挤出，从而导致几丁质的去溶剂化[4]。另外一个重要的发现是，只有通过形成互补的二级结构将反应官能团结合在一起，交联效率才高。

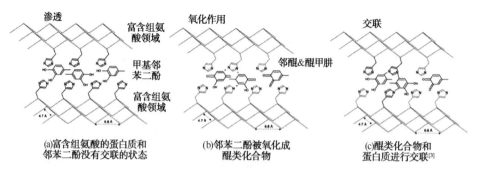

图 3-2　结构和脱溶的模型

喙部的几丁质/水/蛋白质复合材料的形成和许多热固性聚合物基复合材料的制备过程相似[1]。几丁质纳米纤维被看成是初始模板，类似于复合加工中的玻璃纤维或碳纤维垫。蛋白质"填充物"和儿茶酚随后通过几丁质预制体分泌。通过自氧化和酶促反应使邻苯二酚发生氧化，一旦开始氧化交联和硬化就会随之发生，如图 3-3 所示。

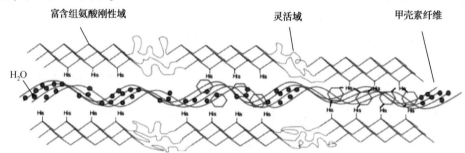

图 3-3　几丁质纳米纤维是初始模板，与上下两层蛋白质交联固化[3]

喙的超高密度的交联，将其组成性大分子堆积成紧密的超分子网络，从而具有高刚度、硬度和强烈的深色。其中邻苯二酚和组氨酸组成的交联体系最为重要，组氨酸残基和邻苯二酚部分之间的四聚体交联形成异常高的交联密度。得出结论：鱿鱼喙是通过一种类似于纤维增强复合材料的工艺原理制成的，几丁质纤维形成最初的支架，随后由蛋白质和邻苯二酚的混合物浸渍，并通过邻苯二酚交联固化。

三、壳聚糖对几丁质的浸润作用

YerPeng Tan 等通过提取鱿鱼喙中的蛋白质进行自凝聚和蛋白质序列测定等一系列方法表明喙结构的加工和固化的三步途径(见图 3-4)。在第一步中，几丁质和几丁质结合的 DgCBP 共同分泌形成初始支架[5]。几丁质是相当疏水的，但由几丁质 DgCBP 复合物构成的软区域在自然状态有很好的水合性能，改善了几丁质的疏水性，增强软组织对水的吸附，以确保软颚组织附着点的高柔韧性，从而避免喙/颊组织界面的机械失配。第二步，疏水性的 DgHBP 在暴露于海水中时分泌并形成凝聚体，这种高浓度的相有助于蛋白质富含 Ala 的结构域形成坚硬的 β-片。在鱿鱼喙的硬区域的 DgHBP 与 DgCBP 的质量比约为 9.5 : 0.5，而软区域的比值为 0 : 10。由此可见，DgHBP 网络的凝聚渗透导致亲水网络的局部脱水和硬化，从而导致喙硬度的增强。第三步，His 残基和邻苯二酚分子（如 4MC 或 Dopa）之间的紧密交联导致网络中进一步的不可逆水去溶剂化[6]。包被 DgHBP 的不同程度和随后的交联产生水化梯度，导致鱿鱼喙产生刚度和硬度梯度。

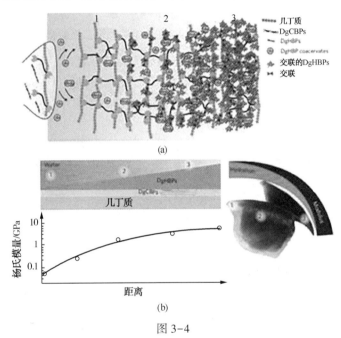

图 3-4

（a）①DgCBPs 与甲壳素纤维共同分泌，在未连接区域通过双价和三价物理键形成亲水网络，②随着鸟喙年龄的增长，疏水性 DgHBPs 的分泌水平不断增加，相分离成凝聚体，使几丁质网络浸润，导致亲水性网络脱水，③His 残基与邻苯二酚部分发生交联，并进一步使 DgCBP 几丁质网络脱水，从而导致更高的杨氏模量和硬度；（b）左图表示鱿鱼喙的水化梯度与其硬度，右图表示鱿鱼喙各个位置的模量和水化程度的梯度[3]

四、坚固的巨型鱿鱼喙

巨型鱿鱼的喙由几丁质纤维（聚-N-乙酰-D-葡萄糖胺，一种纤维素样多糖）组成，嵌入在蛋白质基质中。对巨型鱿鱼喙进行碱脱蛋白处理后，几丁质含量（质量分数）约为 6% ~ 7%。枪乌贼的喙中几丁质的含量较高，质量分数约为 20%。研究还发现喙中没有任何的矿物质、金属离子和卤素的存在。图 3-5 给出了关于头足类动物喙的一些形态特征，重点是吻部（尖部）区域，这是最硬的部分,但侧壁后部和翼的机械特性却和具有水凝胶状结构的软骨组织相似。它们的特征与着色有关,硬度随着色素沉积程度的增加而增加[7]。

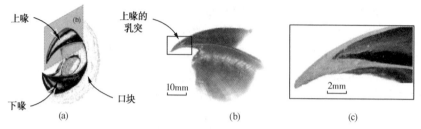

图 3-5 (a)头足类喙的示意图;(b,c)上喙尖纵向截面的光学显微图[7]

AliMiserez 等通过抛光或超显微切割制备了巨型鱿鱼嘴的烧嘴样品,并用光学显微镜和扫描电子显微镜(SEM)对烧嘴的微观结构进行了表征。在近尖端区域,喙状材料表现出很大的层状结构。切片的光学显微照片(见图 3-6)显示了相关特征。

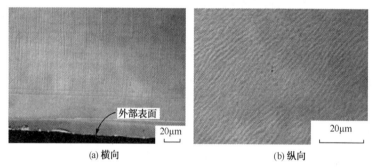

图 3-6 截面的光学显微照片[7]

在低倍显微镜下观察鱿鱼喙断裂表面的照片(见图 3-7),发现断口表面似乎在较粗的尺度上显示片状特征。然而,经过更仔细地检查,发现这些是许多片层的包之间分层的结果。分层包的规则性表明存在周期性的微观结构不均匀性,这种不均匀性促进分层,并可能增强裂纹扩展的阻力,如断裂韧性。

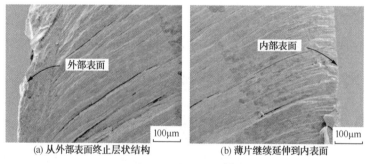

图 3-7 断裂表面[7]

第二节 梯度仿生材料的应用

不同于传统的均质材料,功能梯度材料内部存在组织上的渐变,故其性能较之均质材料有许多突出的优点,在航空航天领域、机械工程领域、生物工程领域、光电磁工程领域、能源电气领域、化学工程领域逐渐有了越来越多的应用。

一、航空航天领域

梯度功能材料特性与功能呈梯度变化的特点最早在航空航天领域进行了应用。航天飞机利用瓷砖作为热保护,防止在重返地球大气层时产生热量。然而,瓷砖的膨胀量与它所保护的底座不同。膨胀差异导致瓷砖和上部结构界面处的应力集中,从而导致开裂或脱胶[8]。功能梯度材料由外表面的陶瓷和内表面的金属组成,这样做综合了陶瓷的耐热隔热作用与金属的强韧性,消除了热膨胀系数之间的突变,提供了热/腐蚀保护,并提供了承载能力。图3-8显示了在瓷砖/上部结构界面的传统热保护面板中发现的应力集中[8]。在热致应力增大的情况下,材料产生破碎/裂缝,甚至是剥落来消除应力。而功能梯度材料通过逐渐改变材料的厚度来对这些应力集中作出反应。

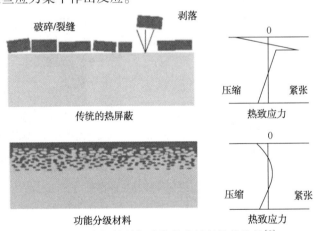

图3-8 常规材料与功能梯度材料的热防护[8]

二、机械工程领域

与传统的均匀结构和材料相比,具有功能梯度特性的先进结构可以以更可控的方式崩塌,并具有显著的能量吸收效率,从而使其在机械工程领域作为吸能材料被广泛使用。通过对梯度参数的合理设计,在结构和材料中引入梯度可以在很大程度上减轻重量的同时提高性能。考虑梯度特性的吸能结构研究非常广泛和丰富。这些结构/材料可以是薄壁部件、泡沫或蜂窝等多孔材料或这两种材料的复合材料结构[9-10]。

近年来，Baykasoglu 等用数值研究了轴向挤压下梯度厚度对圆形铝管能量吸收特性的影响。随后，Xu 等对厚度沿纵向呈线性分布的圆管的性能进行了实验研究[11]，见图 3-9，圆管的中心最厚达 1.5mm，沿管道延长厚度逐渐减小，在首尾两端厚度达到 0.8/1.2mm。另外还研究了管材的轴向破碎和弯曲破坏，分析总结了分级厚度的优点，并对圆管的厚度分布进行了多目标优化。所有这些研究都证实了具有梯度厚度的薄壁结构优于均匀厚度的薄壁结构。此外，Mohammadiha 等[12]对圆管进行了进一步的研究，Shahi 等[13]对具有离散梯度厚度的铝管进行了反演。总之，具有梯度厚度的薄壁结构得到了广泛的研究。各种薄壁结构在任何荷载条件下都可以通过引入梯度厚度来改善其性能。此外，厚度的分布函数可以是线性或非线性的，甚至分布方向可以是轴向或横向的。这些研究成果对减轻薄壁结构的质量、提高其吸能效率具有广阔的研究领域和巨大的潜力。

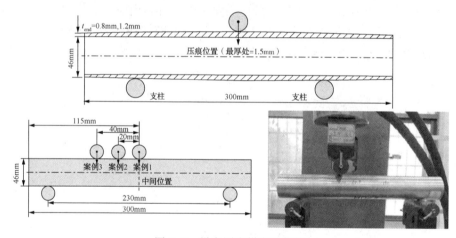

图 3-9　纵向厚度梯度的圆管

Cui 等[14]分析了功能梯度泡沫块的动态响应，其中泡沫密度随梯度函数的变化而变化。能够产生复杂且连续的局部密度梯度的发泡方法有可能提高结构金属泡沫的质量效率见图 3-10，图中泡沫铝样品的上下密度不同，形成局部的密度梯度，从而有助于提高更高阶结构(如梯度泡沫三明治)的界面强度[10]。在复合泡沫技术方面取得了重大进展，使得能够通过所谓的微气球(空心粒子)方法制造泡沫性能的空间分级[15,16]。除密度外，还研究了横截面或横截面梯度变化的梯度泡沫铝块[17,18]。

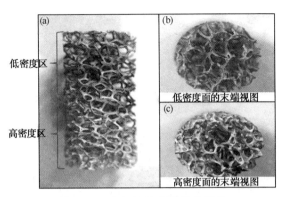

低密度区

高密度区

低密度面的末端视图

高密度面的末端视图

图 3-10　分级泡沫铝样品的照片

Qi 等采用灰度打印制备具有复杂形状以及力学梯度的梯度超材料。在梯度灰度二维点阵设计中，梯度设计用于灰度打印实现局部屈曲控制，提高压缩变形能量耗散与吸收［见图 3-11（a）］。灰度打印的梯度二维多孔材料，用于压缩变形下图案转变，以及负泊松比［见图 3-11（b）］。灰度打印各向异性的三维点阵结构，实现不同压缩方向的不同力学响应［见图 3-11（c）、（e）、（f）］。灰度打印用于（仿）假肢打印：硬材料模仿骨头，软材料模仿肌肉，空心结构模仿血管。这种梯度材料打印器官模型，不仅可以模仿器官的复杂结构，还具有类似的软硬差别，在手术前的模型制备具有潜在的应用［见图 3-11（g）～（j）］。

图 3-11 为通过 g-DLP 实现多功能应用的梯度超材料，（a）和（b）分别为控制屈曲（a）和模式转换（b）设计、打印部件、实验压缩试验和二维晶格和蜂窝超材料的有限元分析，（c）设计并打印三维晶格超材料的一部分，（d）三维晶格的同步变形，（e）顺序变形，（f）x 轴和 z 轴各向异性三维晶格的压缩应力应变曲线，（g）Desi Gnan D 打印肢体模拟结构的一部分，包括软肌肉（G88）、中等皮肤（G70）、硬骨（G0）和中空通道，（h）肢体模拟结构在厚度方向容易受压，（i）肢体模拟结构承受重量级荷载（1kg），长度方向（z 轴）无明显弯曲，（j）具有软肌肉（G85）和硬骨（G0）的小型假肢结构[15]。

综上所述，理论分析、实验研究、数值模拟和设计优化已被广泛应用于冲击作用下梯度结构和材料的吸能研究。可以推测，相关结构的性能将进一步提高，结构和材料的分级设计将不断出现更加合理的设计。

三、生物工程领域

活体组织或器官中功能梯度也被用于组织工程的合成生物材料的基本设计。通过模拟靶组织的梯度，这些植入物可以更好地满足其特定的机械和生理需求，从而促进组织再生或重建。

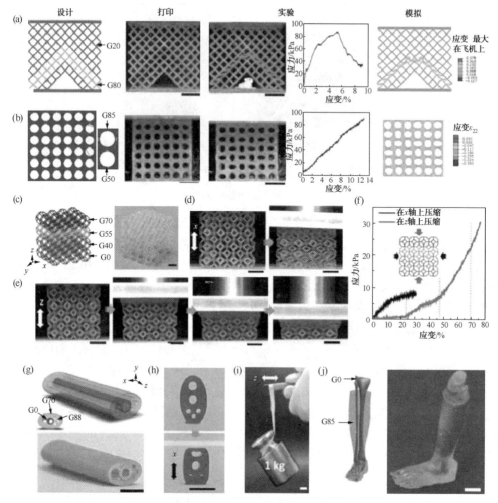

图 3-11　通过 g-DLP 实现多功能应用的梯度超材料

Salimeh Gharazi 等[19]使用实验室开发的技术来制造具有不同区域的混合水凝胶(见图 3-12)。对于凝胶的软区,他们使用传统的丙烯酸单体[N,N′-二甲基丙烯酰胺(DMAA)]并以 laponite(LAP)纳米粒子作为交联剂形成聚合物网络。对于刚性区,结合 DMAA、LAP 和甲基丙烯酸硅前驱体{[3-(甲基丙烯酰氧基)-丙基]三甲氧基硅烷}。当这种混合物聚合时,形成纳米二氧化硅颗粒(直径 300nm),它们在聚合物链之间起到额外的交联作用,使这种网络非常坚硬。在混合凝胶中保留了每个区域的独特特性,并且不同区域之间以共价方式相互连接,从而确保了牢固的界面。流变学测试表明,刚性区的弹性模量可以达到柔性区的 100 倍以上。这种模数比是迄今为止报道的单一连续凝胶中最高的,与鱿鱼喙中的模数比相当。他们展示了软硬混合凝胶的不同变体，包括多区柱体和核壳圆盘。这种软硬凝胶可以用于生物工程，例如将硬性医用植入物与软组织连接。

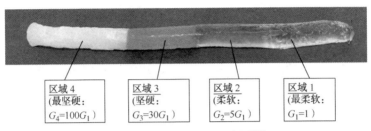

| 区域4
(最坚硬：
$G_4=100G_1$) | 区域3
(坚硬：
$G_3=30G_1$) | 区域2
(柔软：
$G_2=5G_1$) | 区域1
(最柔软：
$G_1=1$) |

图3-12　水凝胶材料示意图[20]

徐泉等[21]发现贻贝足丝角质层内的 Fe^{3+} 和 Fe^{2+} 离子随着角质层的深度存在梯度分布的现象。这种特性使得拉伸状态下的贻贝足丝多了一层自我保护机制。拉伸中铁离子接触氧气可以迅速氧化变硬抵抗拉伸形变，这种氧化过程产生的裂纹扩展副反应，却可以通过左旋多巴胺和海水的协同作用得以恢复，从而实现原位的裂纹自修复。这项发现为深入理解铁离子与左旋多巴胺的动态螯合机制提供了新的证据与研究视角，并为设计制备兼具高韧性和强自修复能力的仿生足丝提供新的研究思路。该成果有望用于生物医学的骨损伤修复。

四、光电磁工程领域

在光、电、磁工程中，梯度材料具有许多优异的性质，在大功能激光棒、复印件透镜、光纤接口的应用使之具有较好的光电效应并起到热应力缓和的作用；在磁盘、永磁体、超导材料电磁屏蔽材料、超声波振荡器上的应用，可减小材料的体积和质量，提高压电、导电及绝缘等性能。

便携式和可穿戴电子产品正在迅速发展，但这些柔性设备可能会在高压缩应变下断裂和失效。Yang Zhao等[22]提出了一种具有独特的渐进交联结构的可压缩碳纳米管阵列(CCNA)(见图3-13)，它模拟了鱿鱼喙的梯度结构。CCNAs能承受各种压缩应变，并表现出高可逆压缩性，高导电率高达1次循环。在CCNA的基础上，他们研制了一种新型的全固态压缩敏感超级电容器(CSS)，该电容器具有储能、容限和感知外部应变变化的功能。它显示出 93.2mF/cm^2 的高电容，即使在60%的应变下经过3000次连续压缩循环，也能保持94%的电容。此外，它还显示出优越的应变传感能力和稳定性高达1900个压缩周期。这些柔性CSS具有广泛的应用前景，包括电子皮肤和先进的生物电子器件。

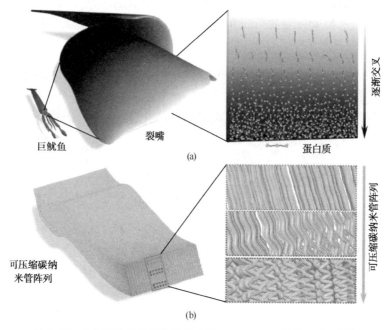

图 3-13　(a)巨鱿鱼喙部结构示意图；(b)CCNA 结构示意图[23]

五、能源电气领域

在核能和电气工程中，梯度热电能转换材料用作高能热电源热电变换元件、集热器、热发射元件、辐射加热器、发热吸收装置等，具有高的热传导率、高的辐射放热率。对称型梯度热电材料不仅具有高的热传导率、电绝缘性和优异的平面内导电率，而且具有高的热电转换效率。梯度耐腐蚀材料应用于核聚变反应器，具有良好的热应力缓和效率。

利用具有尽可能高的性能、ZT 值的材料可以获得高的热电转换效率。此外，通过适当的几何优化，包括使用功能梯度材料(FGM)技术，可以获得更高的性能。Eden Hazan 等[22]报道了一种基于相分离(PbS n 0.05te)0.92(PbS)0.08 基体的新型 n 型功能梯度热电材料(见图 3-14)。为了评估这种材料的热电势，结合先前报道的 p 型 Ge 0.87Pb0.13Te 具有 2.2 的显著无量纲优点，建立了有限元热电模型。结果预测，对于所研究的热电耦合，热电效率为 14%，比之前报道的分别在 50℃和 500℃的冷结和热结温度下工作的热电效率高出 20%以上。根据模型的几何优化条件，制作了一个热电偶，对模型的预测结果进行了验证，与理论计算结果吻合较好，接近了较高的技术准备水平。

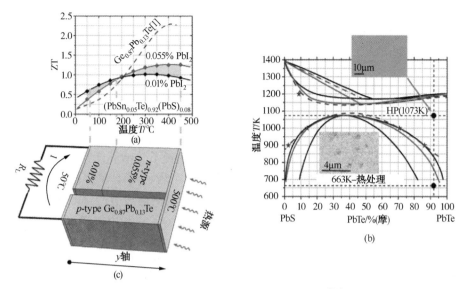

图 3-14　热电材料掺杂梯度及热电性能[22]

六、计算机在仿生材料中的应用

（一）仿生设计中计算机模拟的重要性

近些年来，由于世界科技的高速发展，计算机技术也在不断进步，其应用范围也越来越广泛，利用计算机模拟进行仿生设计已经得到了人们的广泛关注。所谓计算机模拟，主要指的是利用计算机对仿生模本和仿生制品的特性、属性、结构进行分析，将仿生设计与计算机模拟进行有效的结合。由于仿生设计涉及的领域比较广，将计算机模拟应用到仿生设计中，不仅能够提高设计师的设计效率，而且能对仿生设计进行最佳化的选择，并对仿生设计进行可行性与功能性的筛选。除此之外，在仿生设计中，利用计算机进行模拟能够为设计研究者提供更多的设计灵感，在设计过程中可以更加灵活地对设计方案进行更改，并得到最佳化的选择；可以使得仿生设计的内部结构和外部形态更加合理，进一步提升仿生设计的效率和效益。这就要求仿生设计研究者需要不断学习新的、更先进的计算机模拟软件，改善原有的仿生设计方案，提高仿生设计方案的实施效率。

（二）计算机模拟在仿生设计中的应用分析

相对于贝壳和骨头的高矿化度，一些虾壳、蟹壳等低矿化度生物材料利用Bouligand 结构也可以获得轻质、高强和高韧的特点。Bouligand 结构是一种由取向排列纤维组成的多层结构，层与层之间垂直于法线方向螺旋旋转的结构。这种特殊结构可以增强材料的力学性能，形成周期性的弹性模量变化阻挡裂纹前进，增强材料的断裂韧性。Bouligand 结构是甲壳类动物角质层的主要结构，广泛存在于自然界的硬组织中，可以起到"盔甲"的保护作用和"拳头"的攻击作用。例如，美国龙虾（homams amer-icanus）外角质层仅一甲壳素与蛋白质纳米纤维组成纤维以及纤维束，并与矿物质和蛋白质进一步层层叠加组成 Bouligand 结构［见图 3-15(a)］。生活在亚马逊流域的巨骨舌鱼（arapaima gigas）的鳞片内的胶原蛋白纤维采用 Bouligand 结构，可以抵抗食人鱼的攻击[24,25]。

Martin 等[26]利用磁场使负载 Fe_3O_4 纳米颗粒的氧化铝片在丙烯酸树脂中取向，然后使用 DLP 技术固化成型，获得陶瓷/聚合物复合材料。通过改变片状陶瓷颗粒的取向可以分别模拟简化后的雀尾螳螂虾的锤节、哺乳动物的骨结构以及鲍鱼贝壳珍珠层结构，并同时提高复合材料的刚度、硬度和拉伸强度。Yang 等[27]进一步发展了电场辅助的方法，通过在树脂池侧面设置两个平板电极，在电场下诱导改性多壁碳纳米管在环氧丙烯酸酯中取向，并利用树脂池旋转控制层间角度，最终形成 Bouligand 结构（见图 3-15）。雀尾螳螂虾可以击碎贝壳和鱼骨等高度矿化生物组织，Yaraghi 等[28,29]发现其锤节上直接与猎物相接触的冲击区域结构与普通的甲壳类动物外骨骼的螺旋结构不同，其甲壳素纤维采取了正弦紧密堆积式的 Bouligand 结构，以获取各向异性的力学性能。通过材料喷射 3D 打印技术对这种特殊结构进行模拟，证明了其独特结构特征可以增强应力的重新分布和平面外刚性。

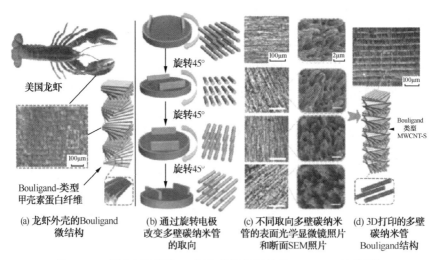

(a) 龙虾外壳的Bouligand 微结构　(b) 通过旋转电极改变多壁碳纳米管的取向　(c) 不同取向多壁碳纳米管的表面光学显微镜照片和断面SEM照片　(d) 3D打印的多壁碳纳米管Bouligand结构

图 3-15　利用电场辅助 3D 打印美国龙虾外壳 Bouligand 结构[30]

（三）泡沫填充圆锥管在斜冲击载荷作用下的动态吸能特性

随着人们对车辆安全性和耐撞性的关注，从分析、数值和实验的角度对能量吸收器的碰撞响应进行了全面的研究。在汽车工业中，各种类型的薄壁管经常被用作能量吸收器，以减轻冲击的不利影响，从而在不同载荷条件下保护车辆结构。在碰撞事件中，特别是在车辆碰撞中，结构很少经历纯轴向或纯弯曲载荷，而是在轴向和非轴向或斜(离轴)载荷的组合下以复杂的方式崩塌。这样的载荷会导致能量吸收器(如碰撞箱)通过轴向和整体弯曲模式的组合而变形。斜荷载倾向于通过整体弯曲使管材变形，而整体弯曲通常是不稳定的，并伴随管材能量吸收能力的降低。因此，在抗撞结构的总体设计中也应考虑能够承受斜冲击载荷的吸能结构的设计。

本节介绍了在斜荷载作用下验证有限元模型的实验研究。为了简单和由于很难将大块泡沫铝成型成锥形，只能对填充单个泡沫密度($40kg/m^3$)、半尖角为 10°的空的和非金属泡沫填充的锥形管进行测试实验。然后利用已验证的有限元模型对不同几何形状的金属泡沫填充圆锥管进行参数化研究(见图 3-16)。这种方法被认为是可以接受的，主要目标是研究斜向载荷作用下钢管的冲击响应，并评估管壁厚度、半顶角和载荷角等重要控制参数的影响。仅改变已验证的有限元模型的材料模型，即可得到合理的结果。为了进一步考虑动态斜冲击载荷，在采用 Cower-Symonds 参数纳入有限元模型时，考虑了相关的应变率效应，这是在之前锥形矩形管的动态斜压研究[31]中建立的。

所研究的空管和泡沫填充圆锥管的平均几何形状如图 3-16 所示，采用如下识别系统：Eα-i 和 Fα-i，其中"E"和"F"分别表示空管和填充圆锥管，α 为加载角，i 为试件编号。主要几何参数为管壁厚度 h，长度 L，semi-apical 角，问；上端直径 d_t 和下端直径 D_b。图 3-17 显示了典型的电子管在准静态斜荷载下试验的试样。5 个空管和 5 个填充管，负载角为 10°和 30°加载，共给予 20 个标本。然而，每个空管和填充管仅有三个代表性结果，载荷角为 10°和 30°。为了避免使用旋转方法时出现的任何类型的几何不连续性，锥管样本是由碳素钢条加工 90mm 固体圆条到所需的尺寸制造的。各管具有以下力学性能：初始屈服应力值为 401.4MPa；杨氏模量为 200GPa，泊松比为 0.3，密度为 7809kg/m^3，屈服强度为 0.53MPa；杨氏模量等于 15.6MPa，泊松比约等于 0.0，密度为 40kg/m^3。

几何	标本	$\theta/$(°)	L/mm	D_b, D_r/mm	h/mm
	E10-1	5.3	200.0	78.6, 41.1	1.99
	E10-2	5.5	201.0	79.0, 39.9	1.99
	E10-3	5.5	200.0	79.0, 39.8	1.98
	E10-4	5.3	200.0	78.5, 40.8	2.00
	E10-5	5.4	199.0	78.4, 39.7	2.01
	E30-1	5.1	199.2	78.4, 41.7	2.01
	E30-2	5.0	200.0	78.1, 42.5	2.00
	E30-3	5.1	199.2	78.4, 41.7	2.01
	E30-4	5.4	199.0	78.4, 39.7	1.99
	E30-5	5.4	199.0	78.4, 39.7	1.98
	F10-1	5.2	200.0	78.3, 41.2	1.99
	F10-2	5.3	199.0	78.9, 41.3	2.01
	F10-3	5.0	200.0	78.1, 42.5	1.98
	F10-4	5.0	200.0	78.0, 42.4	2.00
	F10-5	5.1	199.2	78.4, 41.7	2.00
	F30-1	5.0	200.0	78.1, 42.5	1.99
	F30-2	5.1	199.2	78.4, 41.7	2.00
	F30-3	5.0	199.0	78.4, 39.9	2.01
	F30-4	5.5	200.0	79.0, 39.8	1.99
	F30-5	5.4	199.0	78.4, 39.7	2.01

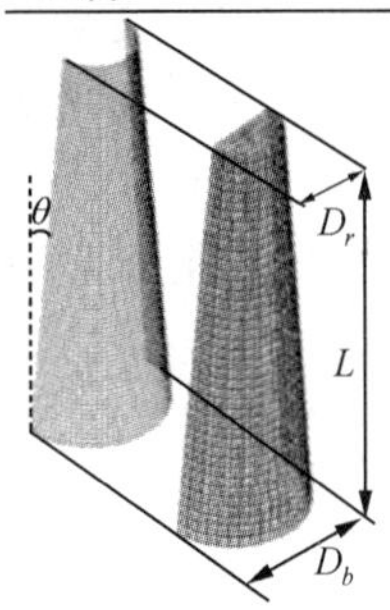

图 3-16 斜加载试验中所有试件的平均截面尺寸[34]

螺旋式 Tinius Olsen 万能试验机(10°加载角度)和 MTS 机器(30°载荷角)被用于所有准静态斜交试验。每个试件在较大的一端用焊接在钢板上的钢环固定在钢板上。通过放置四个角螺栓来约束试件的横向运动。整个结构通过由 Nagel 和 Thambiratnam[31]设计的专用试验台螺栓固定在试验机的上横梁上进行斜向加载试验。具体来说,两个这样的钻机用于在角度为 10° 和 30° 斜向试验设置的细节如图 3-17 所示。通过降低十字头来实现加载,使试件在自由端被压碎到试验机的承载面上,试样也可以在承重表面上自由滑动。所有测试都在 10mm/min 的十字头速度下进行。

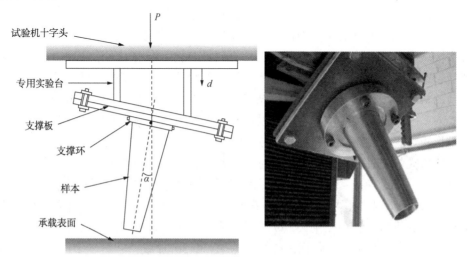

试验机十字头
专用实验台
支撑板
支撑环
样本
承载表面

图 3-17　斜装试验装置[35]

本节中的所有计算机建模均使用非线性有限元代码 LS-DYNA 971 进行。采用 5 个厚度积分点的四边形 Belytschko-tsay 单元建立了锥形管的屈曲响应模型。泡沫核心模型使用了 8 个节点实体元素,结合沙漏控制减少了集成技术。采用基于刚度的沙漏控制来避免虚假的零能量变形模式,使用减少积分来避免体积锁定。收敛后,发现圆锥形管的元件尺寸为 2.5mm,泡沫填料的元件尺寸为 4.0mm 可以产生可接受的结果。该单元尺寸也被用于[32]斜向加载条件下泡沫填充方管的研究。图 3-18 所示的圆锥管的尺寸被圆角到最近的毫米,以确保更一致的网格。采用各向同性塑性泡沫材料模型和可破碎泡沫材料模型分别对锥形管和泡沫填料进行了建模。用方程式计算了圆锥管所需的材料性能。(1)、(2)[9]是进行的碳钢单轴拉伸试验。图 3-18 显示了纳入 LS-DYNA 程序进行分析的真实应力与塑性应变关系。

$$\delta_{\text{True}} = \delta_{\text{Eng}}(1 + \varepsilon_{\text{Eng}})$$
$$\varepsilon_{\text{Plastic}} = \ln(1 + \varepsilon_{\text{Eng}}) - \delta_{\text{True}}/E$$

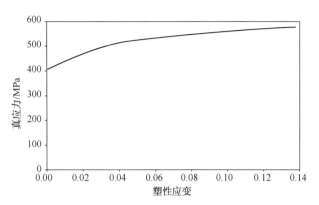

图 3-18　圆锥管材料的真应力与塑性应变分布[36]

　　式中，δ_{Eng} 和 δ_{True} 分别为工程应力和真应力，δ_{True} 和 $\delta_{Plastic}$ 分别为工程应变和塑性应变。除了这些塑性材料的性能之外，还对前面提到的管材的力学性能进行了分析。同时，用从标准压缩试验中获得的真实应力-应变曲线数据点和材料性能来校准泡沫材料模型。

　　有限元模型斜向加载布置如图 3-19 所示。为加快分析速度通过处方模拟加载，保证对运动体进行准确、高效的准静态分析，给出了运动体在一段破碎时间内的斜移速度-时间历程。运动质量被限制为仅沿 z 轴垂直移动，静止质量被完全限制为支撑管，而在管的中心和静止质量之间定义一个约束，如图 3-19 所示，在模拟中采用了对称条件，并在半模型边缘采用了合适的边界条件。为了实现斜加载，将管道及其静止刚体定向到所需的加载角度，α 如实验中所示。

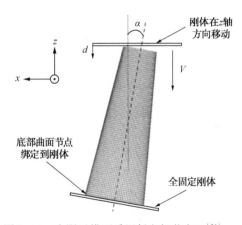

图 3-19　有限元模型采用斜向加载布置[36]

　　建立可靠的管壁与泡沫芯之间相互作用的接触模型至关重要，需要准确地建立。采用"自动单表面"方法模拟了锥管的自接触相互作用，避免了管壁的相互渗透。由于填充泡沫的锥形管由两种不同刚度的材料组成，因此必须对两种材料之间的接触条件进行适当的模拟。由此，定义了顶刚体与泡沫填料顶表面的接触界面和管壁与泡沫填料的接触界面，分别为"自动节点到表面"和"自动面到表面"接触界面。泡沫与钢管接触时的摩擦系数对挤压载荷的大小有显著影响。由于该参数在实验条件下难以准确确定，因此将其作为数值模型中的一个变量，与实验结果进行关联。模拟结果表明，静、动两种情况下的摩擦系数分别为0.3和0.2，适用于管壁与泡沫的接触界面。在斜载荷作用下，管与运动刚体之间的接触界面被认为是无摩擦的。由于取得了完美的几何形状，在目前的研究中没有考虑到最初的不完善。还可以很明显地看到，空管的数值分析，没有初始缺陷，导致了在试验中的变形模式和载荷-挠度曲线。但在荷载-挠度响应方面，填充管的变形模式差异不大，但相关性较好。正如Reyes等[33]指出的，引入初始缺陷可能对管的响应没有太大影响，对能量吸收的影响较小。

实验研究了空管和泡沫填充圆锥管在斜冲击载荷作用下的破碎响应和能量吸收。通过实验验证的有限元计算机模拟，已用于深入了解斜压响应，并量化了平均荷载，从而在改变载荷角、壁厚、半顶角和初始长度时，管道的能量吸收能力，得出泡沫填充的锥形管是一种有效的能量吸收装置的结论，它们能有效地承受斜冲击载荷和轴向冲击载荷，而能量吸收的减少最小。此外，在斜荷载作用下，半顶角较低(5°)的填充管比空圆锥管具有更好的响应能力，半角低的填充管从渐进破碎过渡到整体弯曲的临界载荷角较高。因此，这些装置可以被认为是较好的冲击能量吸收器在离轴载荷下，并在全部崩溃情况下，可以提高能量吸收能力。研究的主要发现和设计信息概述如下：

1) 在给定壁厚和半顶角的情况下，随外加载荷角的增大，平均载荷和能量吸收能力均减小。然而，泡沫填充的锥形管的平均荷载的下降与空锥形管相比不显著。

2) 对于内种管材，管壁厚度和半顶角对平均荷载(从而对能量吸收)都有较大的影响，在半顶角较高(5°)时避免了向整体弯曲的过渡。

3) 泡沫填充圆锥形管，半顶角为5°似乎具有更高的临界载荷角，并且在过渡区域的平均载荷表现出更稳定和逐渐下降的趋势。这些值在17°~19°哪个比相应的13°~15°的范围高对于空管，在本研究中处理的壁厚范围。

4) 半顶角为5°的泡沫填充圆锥管的能量吸收能力在发生整体弯曲的较大载荷角时，比等效截面尺寸的空圆锥管的应力大。

5) 当半顶角大于5°的空圆锥管和泡沫填充圆锥管发生整体弯曲倒塌的趋势较低。和范围管长度200~300mm。当冲击载荷大角度无法避免在一个特定的应用程序中时，可以保持能量吸收能力和整体弯曲预防：

① 增加 semi-apical 角；

② 增加壁厚，使用填充管；

③ 最小化减少吸收的能量。

6）回手锥形管提供更大的抗弯曲旋转在全部崩溃，因此，增加能量吸收能力和塌缩在一个更稳定的方式和有低的倾向，造成形成叶侧推时，增加负荷角，从而减少能量吸收可以最小化。

这项研究表明，泡沫填充的锥形管在预期受到斜冲击载荷的冲击应用中具有优势。所产生的新研究信息对于在斜荷载应用中（如车辆耐撞性）泡沫填充锥形管的设计具有指导意义。

第三节　燃料电池

一、梯度多孔材料在电池中的应用

高分子电解质膜燃料电池（PEMFC）通过利用氧气和氢气的电化学反应来发电。由于它在发电过程中仅产生水作为副产品，实现零污染、零排放[34]，因此作为替代性环保发电系统，多年来一直是人们关注的焦点。另外，PEMFC 将来也有望成为电动车的常规电池。氢电动车也优于仅使用电池的常规电动车。这在很大程度上是因为常规电动汽车需要较长的电池充电时间，并且行驶距离较短，而使用氢气的电动汽车仅需几分钟即可加满气体，并且一次充满电后行驶距离更长。

燃料电池重要的是提高电池的性能和效率，以满足当前汽车行业的电力需求。因此，许多研究人员研究了减少电化学反应的损失，并试图改善燃料电池的性能。燃料电池中存在三种损耗，激活损耗、欧姆损耗和浓度损耗，而使这些损耗最小化的方法之一就是重新设计燃料电池中的流场。

电流密度、温度、气体和水浓度的分布通常沿着聚合物电解质膜燃料电池中的流路是不均匀的，因此在流场中具有梯度的设计是很重要的。金属泡沫流场是常用的 3D 流场之一。由于燃料电池沿流路的氧气、氢气和水的浓度分布不均匀，在金属泡沫流场中引入孔隙度梯度，以在流场角处具有更强的扩散和更好地利用空气，从而使气体向膜电解质组件侧扩散能力更强。这最终导致燃料电池系统的改善和高效率。

Kim 等[35]使用了几种具有不同孔隙率梯度的金属泡沫流场作为燃料电池中的流量分配器，证明金属泡沫流场中定制的孔隙率梯度对燃料电池的性能有积极影响。与没有孔隙率梯度的常规金属泡沫流场相比，在金属泡沫流场中具有适当孔隙率梯度的燃料电池的最大功率密度提高了8.23%。

Kim 等在研究中使用了镀金镍制成的多边形孔隙的金属泡沫孔隙直径达到800μm，孔隙率为94.8%。与传统的碳蛇形流场相比，在阴极侧使用金属泡沫流场时，阴极双极板的价格可能更高。如图3-20所示，由于燃料电池的反应活性区域为25cm²，有这种金属泡沫流场的燃料电池性能更好效率更高，但是在使用多孔流场时仍需要克服一些问题。最关键的问题之一是在金属泡沫流场的拐角处存在扩散较弱且流速较低的现象，在阴极侧的气流在流场中分布不均匀。如图3-21所示，有两个发生弱扩散的角落，即顶部角落和底部角落。在这些区域中，空气利用率比主流区域要低。这种现象导致电流密度和温度分布不均匀，从而导致燃料电池系统效率低下。在大面积金属泡沫流场的情况下，不均匀分布更为普遍克服该问题可能要面临更大挑战。在小型单元电池的尺寸中，具有金属泡沫流场的燃料电池比具有碳蛇形流道的燃料电池表现出更好的性能和更高的效率，但很难验证在这种情况下它仍然有效大面积流场燃料电池堆。因此，当需要在大面积的燃料电池堆中使用时，该解决方案不能解决金属泡沫流场的内在问题。

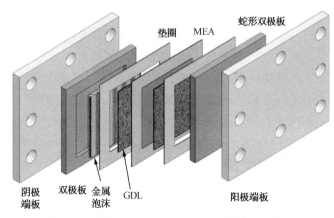

图 3-20　阴极侧有金属泡沫流场的燃料电池单元

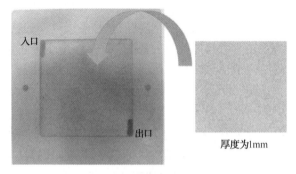

图 3-21　金属泡沫流场阴极双极板

Kim 等设计制造了几种类型的倾斜双极板，其深度从双极板的入口到出口逐渐变化。使用完全相同的金属泡沫，但在双极板的凹穴中形成了倾斜深度。因此，当将金属泡沫插入双极板并通过组装电池将其压缩时，金属泡沫的压缩程度发生变化。改变金属泡沫流场中的孔隙度梯度，随着双极板中凹穴的深度变小，金属泡沫的孔隙率变低。

金属泡沫流场中的孔隙率梯度对燃料电池的性能具有相当大的影响。在金属泡沫流场中，较陡的孔隙率梯度表现出更好的性能，带有双极板的深度为 0.9~0.5mm 的燃料电池显示出比带有双极板的深度为 0.9~0.7mm 的燃料电池更高的性能。此外，与沿从入口到出口的对角线方向逐渐增加的孔隙率的流场相比，沿从入口到出口的对角线方向逐渐减小的孔隙率对于燃料电池的更高性能更有效。这意味着燃料电池的性能随着金属泡沫中的适当的孔隙率梯度而提高如图 3-22 所示，3 号和 4 号在金属泡沫流场中的平均孔隙率值完全相同，但梯度变化的方向不同，所以它们表现出不同的性能，3 号燃料电池的最大功率密度高于 4 号燃料电池。金属泡沫流场中的适当孔隙率梯度对燃料电池性能具有积极影响。这些现象也可以在功率曲线中看到。与 1 号(没有孔隙率梯度的常规金属泡沫流场)相比，3 号的最大功率密度最高，并且最大功率密度增加了 8.23%。这是因为通过在金属泡沫流场中形成孔隙率梯度而针对燃料电池的电化学反应优化了流量分布。气体趋于更容易向高孔隙率方向流动，因为随着孔隙率值的增加，多孔介质中的渗透率也会增加。因此，多孔流场中适当的孔隙率梯度使气体流向流场侧角的力更大。入口到出口沿对角线方向形成了孔隙度梯度，并且气体倾向于更多地流向金属泡沫的角部，而不是直接流向出口的方向。因此，较陡的孔隙率梯度使扩散更强，并且在金属泡沫流场的侧角处的流速变得更高，改善了燃料电池的性能。

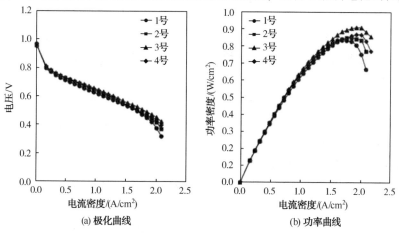

图 3-22　不同类型燃料电池的极化曲线和功率曲线

考虑到惯性流阻系数随比表面积的增加而增加，多孔介质中较小的比表面积会减小多孔流场中的惯性损失。在一般的 PEMFC 流场中，阴极流场中的空气速度沿从入口到出口的流动路径逐渐降低，因为氧气摩尔分数沿流动路径逐渐降低。因此，沿着从入口到出口的流动路径的金属泡沫流场的比表面积减小可以引起较低的惯性流动阻力。最后，这种现象使金属泡沫流场出口区域周围的气流速度更高。

总之，燃料电池的多孔流场中的气体分布不均匀，这种现象导致燃料电池中温度和电流密度的分布不均匀。沿着从入口到出口的流动路径在金属泡沫中形成了孔隙率梯度，气体趋向于更多地流向流场的拐角侧。出口区域周围较低的比表面积引起出口区域周围较低的惯性损失，形成了多孔流场中气体的均匀分布。在金属泡沫流场中，这种孔隙率梯度效应可以改善燃料电池的性能，这些结果将有助于设计大面积燃料电池堆中的多孔流场。

二、梯度疏水材料在电池中的应用

汽车中使用的高分子电解质膜燃料电池（PEMFC），通常需要液体冷却系统和加湿系统以缓解恶劣的空气条件。这些辅助系统不可避免地增加了整体系统成本，并使系统集成大大复杂化。因此，需要能够耐受恶劣的环境的膜电极组件（MEA），可以减少或消除对辅助部件的需求。

通过附着由炭黑和疏水性聚四氟乙烯（PTFE）组成的微孔层，可以提高气体扩散电极的性能。通常燃料电池的性能会随着气体压缩的增加而降低，大多数燃料电池中存在过压缩现象。

梯度微孔层的孔隙率从催化剂/微孔层界面处的微孔层的内层到气体扩散电极/微孔层界面处的微孔层的外层降低。结果表明，由梯度微孔层组成的燃料电池比由常规均质微孔层组成的燃料电池具有更好的性能，尤其是在高电流密度下。其原因可能是由于微孔层中分级孔隙率的毛细作用力增加，因此具有更好地从电极排斥水的能力。

Weng 等[36]使用具有不同聚四氟乙烯负载的三层来制造微孔层。从催化剂层/微孔层界面到微孔层/气体扩散层界面的疏水性不断提高。研究中的燃料电池是一个有效面积为 $5cm^2$ 的单电池，包括膜电极组件、垫圈、石墨流场、金属收集板和端板，如图 3-23 所示。

实验研究了微孔层的疏水梯度设计对各种相对湿度条件下电池性能和稳定性的影响。

图 3-24（a）是不同加湿条件下梯度微孔层和商用单层微孔层（34BC）的极化曲线。可以发现，在 100%、75% 和 50% 的湿度条件下，梯度微孔层的性能要优

于 34BC。在高湿度下运行的微孔层进行水管理，需要有效地除水，以增强聚四氟乙烯多的 L1 处气体在气体扩散层的传输。自制的疏水梯度微孔层可以有效地从气体扩散层中排出水，从而避免在高湿条件下注水。这种机制使氧气通过梯微孔层传输，传质阻力将减小。如图 3-24(b)所示，这使得梯度微孔层的性能在传质区域的反应中变得优于传统的微孔层。

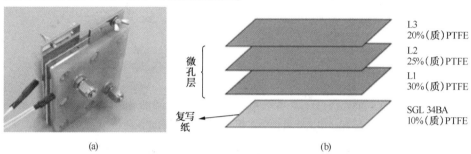

图 3-23　(a)单个高分子电解质膜燃料电池；(b)梯度微孔层的示意图

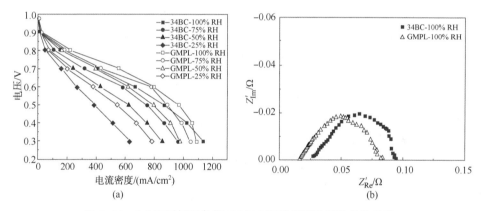

图 3-24　(a)不同加湿条件下 34BC 和梯度微孔层的极化曲线；
(b)34BC 和梯度微孔层在相对湿度 100% 下的交流阻抗

　　在低湿条件下，梯度微孔层的性能优于 34BC，如图 3-25(a)所示。对于在低湿度单元中运行的微孔层的水管理，保留在膜和催化剂层附近的水，在梯度微孔层中，从膜到气体扩散层的渗透性降低有助于将水保持在膜电极组件内部。这就是在低湿度条件下梯度微孔层的性能优于 34BC 的原因。梯度微孔层和 34BC 的交流阻抗表明，由于梯度微孔层在膜电极组件中的含水量较高，因此梯度微孔层的电阻低于传统的微孔层，如图 3-25(b)所示。

　　图 3-26(a)、(b)显示了在 0.6V 和不同加湿条件下 34BC 和梯度微孔层性能的电流密度曲线。可以发现，在 100% 相对湿度下，34BC 的电流密度约为700mA/cm² 而梯度微孔层约为 800mA/cm²。因为梯度疏水层可以将水从电极表

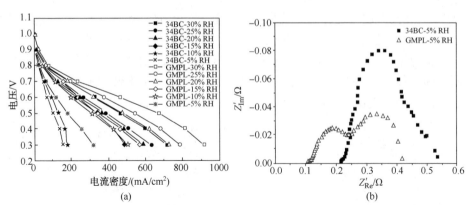

图 3-25　（a）低湿条件下 34BC 和梯度微孔层的极化曲线；
（b）34BC 和梯度微孔层在相对湿度 5% 下的交流阻抗

面排除到气体扩散层中，这会使 O_2 的路径转移到电极表面。该机制使得电流密度可以优于 34BC。即使在相对湿度 75% 的情况下，梯度疏水层的电流密度也约为 800mA/cm²，高于在相对湿度 100% 的条件下的 34BC。据推测，梯度疏水层电流密度高于 34BC，后者可以产生更多的水。在相对湿度 50% 和 30% 的条件下，34BC 的电流密度范围在 300~500mA/cm² 之间，但在相同条件下梯度疏水层的电流密度在 400~600mA/cm² 之间。这是因为梯度疏水层中的 L3 层具有的聚四氟乙烯含量低，可以储存产品水，并且梯度微孔层充当了在低湿度条件下水从电极表面向气体扩散层传输的屏障，该机理使电极和膜具有合理的加湿效果，导致梯度微孔层的电流密度高于 34BC。在相对湿度为 50% 和 30% 下电流密度曲线中有一些峰值，如图 3-26(a)、（b）所示。据推测，所产生的水可以润湿膜和电极。当膜和电极急剧变湿时，性能会提高。当膜和电极由于产生的水流出而脱氢时，性能将缓慢降低。

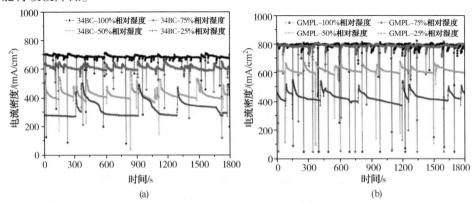

图 3-26　（a）不同加湿条件下 34BC 的电流密度曲线；
（b）不同加湿条件下梯度微孔层的电流密度曲线

梯度微孔层可以从催化剂层中排除水，避免在高湿条件下注水，从而使梯度微孔层的性能优于商用单层微孔层（34BC）。由于此功能，梯度疏水层的其他功能可以使 O_2 的路径转移到电极表面，这使得稳态时的电流密度可以优于34BC。

梯度疏水层的设计可以帮助将水在低湿度条件下留在催化剂层中。梯度微孔层中的 L3 层的聚四氟乙烯含量较低，可以保留产品水，而梯度微孔层可以作为水的屏障，阻止其从电极表面到达气体扩散层。该机制使得梯度微孔层在低湿条件下的性能也优于34BC。

生物的自然进化展现出了人类难以想象的绝妙变化，以鱿鱼喙为代表的生物材料的性能是如此的令人惊叹，目前仿鱿鱼喙材料目前已有了较为完善的研究，在阐明这些材料的成分和结构模型的基础上，人工材料的设计将进入崭新的领域。现代技术的进步继续对机械性能得到改善的工程材料提出更严格的要求，功能梯度材料能通过在适当的区域内定位优化的成分和结构，使材料的局部特性适应其特定的要求，从而在单个材料内产生多种优势，综合强度和韧性，必然在未来会得到更多的应用。

20世纪80年代，梯度材料首度被日本科学家应用到航天航空领域，如今在机械工程领域、生物工程领域、光电磁工程领域、能源电气领域、化学工程领域也逐渐有了越来越多的应用。

到了近代，随着计算机技术的不断发展，有限元模拟等手段帮助科学家和工程师们提高了工作效率，而且能通过仿真以低成本进行最优化选择，并不断为研究者提供更多的设计灵感。

在理论逐渐阐明的当代，另一个不可忽视的问题是材料的制备，在迈向工业化、产业化的路上，更多的制备思路需要我们进行探索。

参 考 文 献

[1] Miserez A, Schneberk T, Sun C, et al. The transition from stiff to compliant materials in squid beaks[J]. Science, 2008, 319(5871): 1816-1819.

[2] VincentJ F V, Ablett S. Hydration and tanning in insect cuticle[J]. Journal of Insect Physiology, 1987, 33(12): 973-979.

[3] Miserez A, Rubin D, Waite J H. Cross-linking chemistry of squid beak[J]. J Biol Chem, 2010, 285(49): 38115-38124.

[4] Schaefer J, Kramer K J, Garbow J R, et al. Aromatic Cross-Links in Insect Cuticle-Detection by Solid-State C-13 and N-15 NMR[J]. Science, 1987, 235(4793): 1200-1204.

[5] Tan Y, Hoon S, Guerette P A, et al. Infiltration of chitin by protein coacervates defines the squid beak mechanical gradient[J]. Nat Chem Biol, 2015, 11(7): 488-495.

[6] Zvarec O, Purushotham S, Masic A, et al. Catechol-functionalized chitosan/iron oxide nanoparticle composite inspired by mussel thread coating and squid beak interfacial chemistry[J]. Langmuir, 2013, 29(34): 10899-10906.

[7] Miserez A, Li Y, Waite J H, et al. Jumbo squid beaks: inspiration for design of robust organic composites[J]. Acta Biomater, 2007, 3(1): 139-149.

[8] Vel S S, Batra R C. Exact solution for thermoelastic deformations of functionally graded thick rectangular plates

[J]. Aiaa Journal , 2002, 40(7): 1421-1433.

[9] Niino M, Hirai T, Watanabe R. The functionally gradient materials[J]. J. Jap. Soc. Compos. Mater, 1987, 13: 257-264.

[10] Shanmugavel P G B, Chandrasekaran D M, Mani P S, et al. An overview of fracture analysis in Functionally Graded Materials[J]. European Journal of Scientific Research, 2012, 68: 412-439.

[11] Reddy J N. Analysis of functionally graded plates[J]. International Journal for Numerical Methods in Engineering, 2000, 47(13): 663-684.

[12] Chu C L, Xue X Y, Zhu J C, et al. In vivo study on biocompatibility and bonding strength of hydroxyapatite-20vol% Ti composite with bone tissues in the rabbit[J]. Biomed Mater Eng, 2006, 16(3): 203-13.

[13] Mehrali M, Shirazi F S, Mehrali M, et al. Dental implants from functionally graded materials[J]. Journal of Biomedical Materials Research Part A, 2013, 101(10): 3046-3057.

[14] Chi S H, Chung Y-L. Cracking in sigmoid functionally graded coating[J]. J Mech, 2002, 18: 41-53.

[15] Kuang X, Wu J, Chen K, et al. Grayscale digital light processing 3D printing for highly functionally graded materials[J]. Science Advances , 2019, 5(5): 5790.

[16] Klusemann B, Böhm H J, Svendsen B. Homogenization methods for multi-phase elastic composites with non-elliptical reinforcements: Comparisons and benchmarks [J]. European Journal of Mechanics - A/Solids, 2012, 34: 21-37.

[17] Mori T, Tanaka K. Average stress in matrix and average elastic energy of materials with misfitting inclusions [J]. Acta Metallurgica, 1973, 21(5): 571-574.

[18] Benveniste Y. A new approach to the application of Mori-Tanaka's theory in composite materials [J]. Mechanics of Materials, 1987, 6(2): 147-157.

[19] Shen H-S, Wang Z-X. Assessment of Voigt and Mori-Tanaka models for vibration analysis of functionally graded plates[J]. Composite Structures, 2012, 94(7): 2197-2208.

[20] Gharazi S, Zarket B C, DeMella K C, et al. Nature-Inspired Hydrogels with Soft and Stiff Zones that Exhibit a 100-Fold Difference in Elastic Modulus[J]. ACS Appl Mater Interfaces, 2018, 10(40): 34664-34673.

[21] Xu Q, Xu M, Lin C-Y, et al. Metal Coordination-Mediated Functional Grading and Self-Healing in Mussel Byssus Cuticle[J]. Advanced Science , 1902043.

[22] Hazan E, Benyehuda O, Madar N, et al. Functional Graded Germanium-Lead Chalcogenide-Based Thermoelectric Module for Renewable Energy Applications [J]. Advanced Energy Materials, 2015, 5(11): 1500272.

[23] Zhao Y, Cao J, Zhang Y, et al. Gradually Crosslinking Carbon Nanotube Array in Mimicking the Beak of Giant Squid for Compression-Sensing Supercapacitor[J]. Advanced Functional Materials, 30(29): 1902971.

[24] Bruet B J F, Song J, Boyce M C, et al. Materials design principles of ancient fish armour[J]. Nature Materials, 2008, 7(9): 748-756.

[25] Zimmermann E A, Gludovatz B, Schaible E, et al. Fracture resistance of human cortical bone across multiple length-scales at physiological strain rates[J]. Biomaterials, 2014, 35(21): 5472-5481.

[26] Martin J J, Fiore B E, Erb R M. Designing bioinspired composite reinforcement architectures via 3D magnetic printing[J]. Nature Communications , 2015, 6(1): 8641-8641.

[27] Yang Y, Chen Z, Song X, et al. Biomimetic Anisotropic Reinforcement Architectures by Electrically Assisted Nanocomposite 3D Printing[J]. Advanced Materials, 2017, 29(11): 1605750.

[28] Weaver J C, Milliron G W, Miserez A, et al. The stomatopod dactyl club: a formidable damage-tolerant biological hammer[J]. Science , 2012, 336(6086): 1275-1280.

[29] Yaraghi N A, Guarinzapata N, Grunenfelder L K, et al. A Sinusoidally Architected Helicoidal Biocomposite [J]. Advanced Materials 2016, 28(32): 6835-6844.

[30] Gu G X, Takaffoli M, Buehler M J. Hierarchically Enhanced Impact Resistance of Bioinspired Composites [J]. Advanced Materials , 2017, 29(28): 1700060.

[31] Nagel G, Thambiratnam D P. Dynamic simulation and energy absorption of tapered thin-walled tubes under oblique impact loading[J]. International Journal of Impact Engineering , 2006, 32(10): 1595-1620.

[32] Ahmad Z, Thambiratnam D P. Crushing response of foam-filled conical tubes under quasi-static axial loading [J]. Materials & Design, 2009, 30(7): 2393-2403.

[33] Reyes A G R, Langseth M, Hopperstad OS. Crashworthiness of aluminum extrusions subjected to oblique loading: experiments and numerical analyses[J]. International Journal of Mechanical Sciences, 2002, 44(9): 1965-1984.

［34］Emadi A，Rajashekara K，Williamson S S，et al. Topological overview of hybrid electric and fuel cell vehicular power system architectures and configurations［J］. IEEE Transactions on Vehicular Technology，2005，54（3）：763-770.

［35］Kang D G，Lee D K，Choi J M，et al. Study on the metal foam flow field with porosity gradient in the polymer electrolyte membrane fuel cell［J］. Renewable Energy，2020，156：931-941.

［36］Weng F-B，Hsu C-Y，Su M-C. Experimental study of micro-porous layers for PEMFC with gradient hydrophobicity under various humidity conditions［J］. International Journal of Hydrogen Energy，2011，36（21）：13708-13714.

看配套视频，划课件重点
掌握能源仿生学知识

微信扫一扫，学习没烦恼

第四章　仿生黏附设计与电动车轮胎

第一节　壁虎干型自清洁

壁虎是蜥蜴目下的一种生物，它们广泛分布在温暖的自然地区。许多类型的壁虎已成功融入人类环境中。人们经常能看到它们在墙壁、天花板甚至玻璃窗户上行走，但很少掉下来。自从 2000 年 Autumn 教授首次从纳米尺度解释壁虎的超强附着力之谜以来，科学界就围绕壁虎脚趾-刚毛-铲状触手的系统进行了广泛而深入的理论研究和实验探索。学者们发现，壁虎的脚具有很强的黏附力外，还容易使污渍脱落。结合壁虎攀爬无残留且蜕皮周期长的事实，不难推测壁虎的鞋底具有自我清洁的能力，并能保持其长期的黏附稳定性。

一、壁虎的黏附系统

壁虎具有很强的黏附力和干性自洁能力，一直是国内外科学家研究的热点。大壁虎(Tokay gecko，G. gecko)是亚洲最大的壁虎，经常被用作实验对象，其研究最充分。成年大壁虎理论可承受 1300N 的法向拉力。

以大壁虎为例，如图 4-1 所示，由于它的尺寸大，被广泛用于壁虎研究。一只大壁虎的脚底有 5 个脚趾，每个脚趾的底面约有 20 个弧形褶皱，宽度为 1~2mm[图 4-1(b)]，被称为黏附层状结构，类似于汽车轮胎花纹。四个刚毛(setae)靠在一起，被视为一个刚毛簇，大量刚毛簇形成分层的带[图 4-1(c)、(d)]。每个硬毛的长度约为 30~150μm，最大直径为 5μm，小于头发的十分之一，其密度约为 14400 根/mm²。每个刷毛不是完全笔直的杆，它的末端是有一定弧度(曲率中心向后)的；刚毛的取向一致，朝向壁虎脚趾的末端倾斜，自然倾斜角度约为 45°[1]。刚毛的末端分叉成较小的铲状触须[spatula，图 4-1(e)]，有数百个。铲状触须的宽度逐渐增加，其长度和最大宽度约为 200nm，厚度仅为 5nm。

在宏观上，壁虎在黏附过程中会外翻脚趾，当脚底靠近附着的表面时，脚趾反张并沿界面伸展；在分离过程中，壁虎的脚趾向内收缩，脚掌远离底部，脚趾从末端卷曲。在微观上，壁虎刚毛和基底形成一个角度。当夹角大于一定值时，刚毛将与基部分离；对于单个刚毛，该角度为 $30°$[3]。无论是自然条件下的壁虎，还是单个壁虎刚毛实验，都发现刷毛向后滑动约 $5\mu m$，这将显著增加壁虎与界面之间的法向切向黏附力。

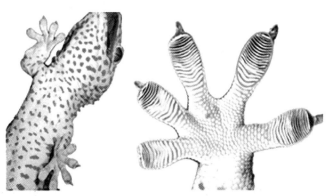

(a) 宏观结构: 大守宫攀爬玻璃　　　(b) 介观结构: 带有黏附层状结构的脚部

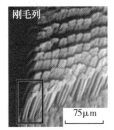  

(c) 微观结构: 刚毛排列整　　(d) 纳微结构: 右上端　　(e) 纳微结构: 分叉末端
齐的部分黏附层状结构　　　分叉的单根壁虎刚毛　　数以百计的铲状触须

图 4-1　壁虎黏附系统各等级结构[2]

　　根据 Autumn 教授的测试结果[3]，单个壁虎刚毛可提供高达 $200\mu N$ 的切向附着力，而一个成年大壁虎鬃毛则具有约 600 万根刚毛，即理论上 250g 壁虎在垂直方向上可以平衡近 530 倍垂直向下的力。如图 4-2[4] 所示，它详细显示了在攀爬过程中壁虎黏附系统每个组件的操作。综上所述，经过数百万年的发展，壁虎已经演化出一种特殊的壁虎脚趾(toe pad)-黏附层状带(adhesive)-刚毛(setae)-铲状触须(spatula)黏附系统，并形成了一种特殊的行走方式，以实现强附着力和易于脱附的特性，壁虎可以毫无疑问地在两者的相辅相成中飞檐走壁。

二、壁虎自清洁系统

　　尽管壁虎刚毛的附着力和自清洁性是材料的两个特性，但其核心与脱附力有关。壁虎刚毛具有黏附性，因为刚毛与附着表面之间的脱附力明显大于其他物体

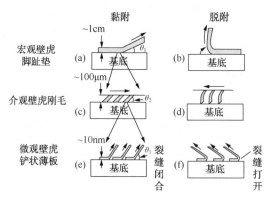

图 4-2　壁虎黏附系统各层级黏附与脱附示意图

和被附着表面。而自我清洁是因为壁虎与大多数灰尘之间的脱附力小于灰尘随刚毛运动所需的力值。

20 世纪，科学界提出了许多假说，而范德华力假说和毛细力假说是当时最流行的两个假说。范德华力是指任何两个非常接近的分子之间的相互作用，通常两个分子之间的距离足够大，可以始终显示出相互吸引。尽管单个铲状触须产生的范德华力很小，但其庞大的数量和适度的模量使其忽略了附着表面的光滑或粗糙，并具有很大的实际接触面积，获得巨大的范德华力，表现为足够的黏附力。毛细作用力的假说是壁虎附着系统的微观结构，凹陷处的空气与薄水膜和附着的表面构成了一个三相界面，产生毛细现象并固定了壁虎。

直到 Autumn 教授实际测量单个壁虎刚毛的黏附力值[3]，根据经验公式得出了单个壁虎铲状触手的黏附力，并估计了单个壁虎刚毛的黏附力值范围。两者重合，并且实验很好地支持了范德华假设。随后，Autumn 教授比较了不同的亲水性和疏水性基底对黏附力的影响[5]，证明壁虎的黏附效果主要来源于范德华力。

根据 Johnson-Kendal-Roberts（JKR）模型、Derjaguin-Muller-Toporov（DMT）模型和 Maugis-Dugdale（MD）模型，高华建教授模拟了接触物体之间的分子力与接触表面的大小和形状之间的关系[6,7]，解释了壁虎刚毛的强黏附力。同时解释了适当的 β-角蛋白模量避免了刚毛之间的自黏并确保了强大的附着效果（见图 4-3）。

Gerrit Huber 等通过控制外部气氛和基材的化学组成，测试了单个壁虎铲触须的黏附力[8]。对于铲状触须，空气湿度越高，基底的亲水性越好，黏附力也越高，7nN 增加到 11nN，但与范德华力相比，其影响远少于后者。Michael S. Prowse 等[9]着眼于环境湿度和材料的机械性能之间的关系，发现当相对湿度上升到 80% 时，单个壁虎刚毛的弹性模量下降到 1.2GPa（仅干燥刚毛的 39%）。从摩擦带电的角度来看 Had Lzadi 等[10]揭示了静电对强黏附力的贡献。

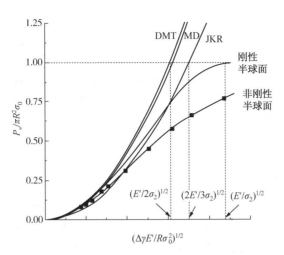

图 4-3　经典接触模型在半球面与刚性平面的黏附强度预测[7]

目前，关于壁虎黏附力的来源基本上已经达成共识，其主要是由刚毛-铲状触须和附着表面之间的范德华力提供的。在接触表面上，单个壁虎铲状触须不仅在法线方向上产生黏附力，而且在界面的切线方向上产生摩擦。与两个非黏性法向载荷的简单情况不同，壁虎的切向黏附需要考虑外部载荷、变形和黏附能的贡献[11]。

$$F_{\parallel} = \mu L + S_c A_{\mathrm{real}} \qquad (4-1)$$

$$S_c = \varepsilon \Delta \gamma / \delta \qquad (4-2)$$

式中，μ 为非黏性界面的摩擦系数；L 为施加的法向载荷；S_c 为抗剪强度，A_{real} 为界面之间的分子接触面积；ε 为滑动过程中键断裂不完全的因素（<1）；$\Delta\gamma$ 为黏附力的滞后；δ 为滑动中分子键的长度。

Autumn 等[12]提出了一种"摩擦黏附"模型，该模型认为当壁虎刚毛簇在墙上爬行时，两者之间的切向摩擦力与其临界剥离力成正比，其比例系数与刚毛之间的夹角有关。在黏附方面，切向力明显大于脱离力，这在一定程度上解释了壁虎喜欢墙壁而不是天花板的现象。

壁虎被称为最佳攀爬动物。除了强大的黏附力外，它还具有极快的移动速度。通常，其步频周期为 20ms。其易于脱附的性能是显而易见的。田煜等[13]认为通过壁虎铲状触须-刚毛的分层增大，壁虎获得了较大的法向黏附力与切向摩擦力，并且两者之间的比例关系由触角、刚毛与基部之间的角度决定。壁虎的脚趾外翻迅速降低了黏附与摩擦的比率；通过刚毛的杠杆作用，壁虎只需很小的法向拉力就可以实现分离。

此外，科学界中的许多模型都用于壁虎刷毛的建模和分析。例如，着重于黏附力，从分子间力的早期定义模型和 JKR 模型开始，分析了铲状触须与接触表面之间的黏附力，但切向力和变形并未考虑[5,6]，导致对强度的高估[5]。Huber 等着重于脱附方面，用 Kendall 的黏附带模型估算铲状触须和接触表面之间的表面能[14]。该模型可以描述铲状触须剥落过程的法向和切向力变化以及触须在轴向方向上的线性膨胀和收缩变形。但是，该模型最初用于具有较小弹性模量（<1MPa）的柔性橡胶的剥离行为，不适用于具有较大模量的壁虎刚毛，从而忽略了弯曲弹性变形。赵博欣等将壁虎的单刚毛-铲状触须结构简化为弧形悬臂梁结构，可以更好地描述刚毛的各向异性；在处理接触问题时，他们将其视为弹簧[4]。该模型考虑了刷毛的弯曲弹性变形，但实际上，法向脱附力与切向摩擦力的值有关，比例系数不是恒定的。Persika 等改进了 Kendall 黏附带模型并提出了剥离区域模型[15,16]，该模型在高模量基材上结合了低模量带，可以考虑各向异性的接触力和线性弹性性能，从中分析了剥离角的影响。

还有一些模型或实验着重于结构参数，例如壁虎刷毛的形状和排列。Persika 等提出了一种拥挤模型[17]，该模型解释了刚毛的倾斜角度与黏附过程中密度分布之间的关系。基于此，Saurabh 等研究了分布密度和结构各向异性对壁虎刚毛黏附和剥离的影响[18]。曾宏波等则深入探讨壁虎刚毛的倾斜角度和端部形状对黏附力的影响[11]。

简而言之，实验表明壁虎刚毛的超强附着力不是源自刚毛材料本身的化学作用，而是源自脚底和接触表面上成千上万个细小的刚毛的范德华力，刚毛和界面之间的黏附力受刷毛末端的形状、角度、大小和分布密度的影响。

关于壁虎的干性自清洁机理，世界上仍存在许多不同观点。同时，干燥自洁不受水的限制，仍可在高温、真空环境下使用，具有极高的应用价值。因此，它引起了化学、材料界面和仿生学领域的众多科学家的关注和热烈讨论，并进行了广泛而深入的跨学科研究。

Autumn 教授等[2]首先将壁虎的铲状触须视为球形表面，并从范德华力分子的角度分析了能量平衡。然后将触须视为一条柔性带，并根据 JKR 模型对这三个触手进行了机械分析[图 4-4(a)]。壁虎的自清洁作用受颗粒上触须数量的影响。触须数量不足会导致能量不平衡，力不稳定，颗粒脱附，难以实现自清洁。

Fearing 教授[19]认为，壁虎刚毛独特的多尺度结构会在接触摩擦期间引起压力载荷，这就是壁虎刚毛和仿生壁虎刚毛能够自我清洁的原因[图 4-4(b)]。Sitti 教授[20,21]认为壁虎的刚毛沿切线方向拖动并滑动，以帮助壁虎平稳地除尘[图 4-4(c)]。高华健教授带领的研究小组使用理论计算和有限元分析来更好地解释壁虎刚毛附着力强和易于分离的原因，但不足以完美地解释壁虎刷毛的自清洁机制[6,22]。

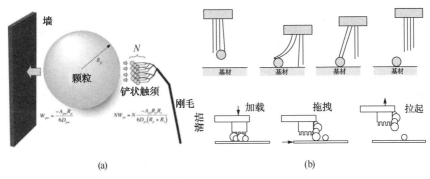

图 4-4　壁虎自清洁各种推测的示意图

胡世豪等[23]将壁虎脚与基底的分离过程由高速摄像头捕获。发现壁虎刚毛的脱落是动态且分阶段的剥离过程。由于其独特的脚趾外翻，壁虎的脚底开始从外侧翘起，裂缝逐渐扩展到脚的中部。通过这种分离方式，壁虎的最大瞬时分离速度可以达到 $1ms^{-1}$，这将产生动态效应。这可能是壁虎在运动过程中可以甩掉灰尘并保持清洁的原因。

大多数理论研究都停留在传统的界面静态分离的基础上，从接触表面的形状和表面黏附力开始，并且没有考虑速度对分离力的影响。但是，壁虎铲状触须的奇特铲状结构使其与地面分离，这与球形点对点接触不同，更像是面对面的裂纹扩展运动。根据 Griffith 的能量平衡理论[24]，在低速平衡条件下，表面与表面的分离是稳定的，并且分离力等于裂纹本身的临界能量释放率。但是在高速不稳定的情况下，动能变得很重要[25,26]。作为关键变量，速度对壁虎的附着力和自我清洁具有重要意义。

徐泉课题组使用原子力显微镜(AFM)检测了单个铲状触须在各种基底上的动态黏附力。用聚焦离子束(FIB)制作单个铲状触须标本，方法是从粘在无针尖 AFM 探针悬臂梁背面的单个刚毛中除去铲状触须分支，只留一个铲状触须[图 4-5(a)]。模仿壁虎脚的自然运动，使铲状触须与基底接触，然后在剪切速度为 V_s 的情况下以 s 为拖拽距离进行剪切阻力的测试，然后在垂直速度为 V_n 的情况下以 90°拉动。当以给定的剪切速度 V_s 进行剪切拖拽时，以给定的速度(V_n)在垂直方向上将 AFM 探针从基底上拉下时，此过程中记录动态黏附力。此加载过程还模拟了壁虎行走过程中的脚垫过度伸展。同样的，也用相同的方法测量单个铲状触须[图 4-5(d)]和牢固黏附到单个铲状触须[图 4-5(f)]的微粒的黏附力。此处测量的剪切速度和法向(拉开)速度是施加在胶合到 AFM 悬臂梁上的刚毛上的速度。

当微球在空气和水下沿法向从各种基质上剥离时，会产生与速度有关的强烈黏附。相比之下，铲状触须在 $0.01\sim20000\mu ms^{-1}$ 的法向速度范围内，对包括聚苯乙烯(PS)、云母和熔融石英(FS)在内的多种基材显示出弱于常速的黏附力[图4-5(b)]。与增加拉速的弱相关效应相反，增加剪切速度可增强黏附力[图4-5(c)]。阻力距离、接触时间和湿度等其他因素也可以增强黏附。为了进一步验证合成模拟物是否也存在脱附的动力学效应，是否是基于材料的固有现象，通过FIR在铲状触须末端制作了刮铲形的血小板。然后，使用与铲状触须刮除实验相同的设置和步骤，在AFM上对这些纳米加工的超细纤维进行测试。与壁虎类似，纳米血小板端的人工纤维随着速度的增加表现出几乎不变的黏附强度。因此，血小板的动态作用是独特的可重复的。

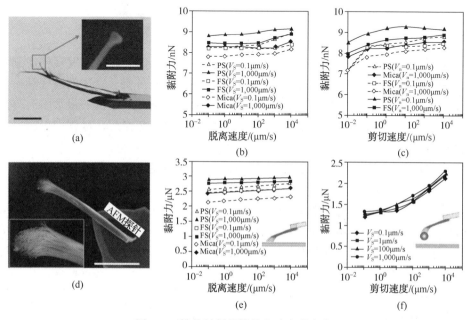

(a)
(b)
(c)
(d)
(e)
(f)

图4-5 铲状触须的结构和动态黏合力

（a）粘在无尖AFM悬臂上的单个刮铲（与刚毛隔离）的SEM图像（比例尺，20mm；插图，500nm）。在10nN的预载荷和4mm的拖曳距离下，单小叶在云母、FS和PS基材上的黏合力与（b）剥离速度（V_n）和（c）剪切速度（V_s）的关系。（d）SEM图像粘在无尖AFM悬臂（比例尺，30mm）上的单个刚毛。（e）在1mN的预紧力和4mm的拖曳距离下，在给定的剪切速度分别为$V_s = 0.1\mu m/s$和1000$\mu m/s$的情况下，单个刚毛在云母、FS和PS基材上的黏附力与拉出速度的关系。（f）预紧力为1mN，拖曳距离为1mm时，SiO_2微球体（直径$d = 10$mm）黏附到刚毛上的黏附力与拉拔速度的函数。所有测试均在室温、相对湿度为21%的空气中进行

对于单个刚毛也观察到类似的与速度无关的现象。黏附力几乎与脱离速度无关，但通过增加剪切速度[图4-5(e)]、拖拽距离、接触时间和湿度来提高黏附力。湿度和接触时间的影响可归因于水从周围空气凝结到接触界面外围的间隙中，这会引入毛细作用力，最终导致所测得的黏附力增加。仅当至少有一种固体（颗粒或表面）是亲水性时，才会发生这种冷凝。由于铲状触须和刚毛是高度疏

水的材料，因此它们的黏附力对脱附速度和湿度变化不太敏感。与其他基底相比，刚毛在聚四氟乙烯（非典型疏水性表面）上的黏附力对湿度变化较不敏感。在空气中和在水中的刚毛对植物叶片的黏附力都很强，而对其他基质（例如云母）在水中的黏附力相对较弱。这就解释了为什么生活在雨林中的壁虎能够在湿的叶子上产生足够的附着力。

干净的刚毛的黏附力与速度无关，但是"污染"的刚毛［即在其顶端附着有微粒的刚毛，见图4-5（f）］在各种基质［见图4-5（f）］上的黏附力与速度有关。因为原始的刚毛黏附力对速度不敏感，而黏附在刚毛上的"污垢"颗粒导致对速度敏感的动态黏附力，所以假设铲状触须的尖端形状可能是在刚毛离开基底时抵抗有害污垢颗粒的直接原因。自清洁性与强附着力完美结合并在多种环境中使壁虎脚易于分离。

大多数壁虎都会通过将脚掌从远侧方向剥离到近端来使脚趾过度伸展以脱开脚部。在超伸期间，如图4-6（a）所示，依次以相对较高的速度从基底上拉下单个刚毛。每个刚毛在其尖端完全脱离基底之前都会有脱离位移 Δy 和其根部的横向位移 Δx，这导致了刚毛在横向速度和法向速度上的区别。超伸引起的刚毛的速度在概念上与壁虎的奔跑速度（$0.29 \sim 0.77\mu m/s$）不同，因为动物的奔跑速度（即身体速度）是由接合的脚通过其四肢的向前推力产生的，而这些速度是由脚相对于地面保持静止时的过度伸展产生的。尽管与壁虎的行走速度相比，超伸引起的刚毛的速度相对较低，但其高到足以使颗粒物与基底的黏附力（F_{w-p}）超过刚毛-颗粒的黏附力（F_{s-p}），从而产生了有效的自我清洁。

为了验证这种自清洁机制，在相同的测试条件下测量了各种微粒的黏附力。对于颗粒有两种情况：从刚毛掉落（情况Ⅰ）或被刚毛捡起（情况Ⅱ）。情况Ⅰ中颗粒与基底的结合力比颗粒与刚毛的结合力强，则它会从刚毛掉落；相反，在情况Ⅱ中，当粒子与刚毛的结合比与基底的结合更牢固时，粒子会被刚毛吸附。在第一种情况下，刚毛自然保持干净，但在第二种情况下，被颗粒污染。图4-6（b）显示了情况Ⅱ，在这种情况下，刚毛会成功拾取基板上的微粒。随着法向速度的增加，F_{w-p}增大并最终超过F_{s-p}达到临界点，导致颗粒从刚毛上脱离，从而发生自清洁。即使刚毛对颗粒的黏附力最初比颗粒对底物的黏附力强，也能以较高的脱离速度实现自清洁。

为了将纳米级动态现象与壁虎脚的自清洁能力相关联，通过AFM模拟壁虎行走，以操纵单个刚毛来反复接近并接触基材上的颗粒，水平拖动一定距离。对于不同的脱附速度、剪切速度，获得了30次试验中的颗粒脱落事件的概率、拖动距离和预载力，并绘制在图4-6（c）、（d）中。在 $V_n = 0.1\mu m/s$ 的低速下，熔融石英、PS和云母基材的颗粒分离平均概率约为40%，但随着拉速的增加，其迅速上升，在 $V_n = 20,000\mu m/s$ 时达到80%[见图4-6(c)]。令人惊讶的是，概率的值几乎与我们先前在整个壁虎动物规模的实验中测得的力量恢复指数(非过度伸展的40%，过度伸展的80%)相同。一个合理的解释是力恢复指数与壁虎脚散落的污物量直接相关，概率是衡量污垢从壁虎刚毛脱落的趋势的量度，二者直接相关。因此，在微观/纳米尺度上确定的刚毛的独特动力作用与在宏观尺度上观察到的自清洁能力密切相关。据了解，通过微调速度实现的这种自清洁效果是在微观和宏观层面上观察到的一种新现象。值得注意的是，在干燥和湿润环境下，纳米级的动态效果也非常强，从而可以在不同环境中通过相同的机理清洁纳米颗粒。

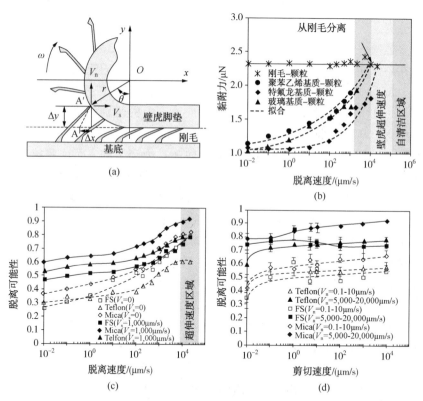

图4-6　壁虎过度伸展和单个刚毛颗粒脱落的可能性

(a)壁虎脚趾垫在数字超伸展下的滚动运动示意图，该运动被建模为一个圆形的，带有圆角的滚动运动，沿着水平面；(b)随脱落速度(V_n)的增加，单个刚毛和玻璃微球(F_{s-p})与 SiO_2 微粒($d = 10\mu m$)和 FS、PS 和聚四氟乙烯基材(F_{w-p})之间的动态黏附响应；在熔融石英、云母和特氟龙基材上进行的30次试验中，刚毛脱落的时间与；(c)剪切速度为0、$1000\mu ms^{-1}$ 和预载为 1mN 的拉速的函数有关；(d)对于不同的拉速，在预紧力为 1mN 时的剪切速度如图 4-6(d) 所示，增加剪切速度和拖拽距离也会增加分离概率 (即自清洁)，但这种影响程度超出了临界值。这种分离概率的增加可以归因于剪切阻力引起的刚毛-粒子界面状态的变化。尽管在拖动后颗粒仍然附着在刚毛上，但是刚毛-颗粒接触界面已经通过拖动机制而发生了改变。由于粒子是预先黏附的，因此拖动可能比起球形-基体界面更显著地改变刚毛-球体界面，从而增加了分离的可能性。将带有预黏颗粒的刚毛拖到更长的距离 (例如超过 10mm) 时，观察到黏附的颗粒可能会从刚毛上脱落，从而实现自清洁。在壁虎和合成胶黏剂系统中可观察到这种纯剪切或滚动引起的自清洁现象。但是，如果仅施加剪切阻力，则在壁虎脚滑动过程中，由于剪切/滚动效应而从刚毛脱离的颗粒可能会重新附着在刚毛阵列的另一刚毛上。由过度伸展引起的正常脱附作用为所有牢固附着在刚毛上的颗粒提供了同时从刚毛上脱落的可能性，这是一种更可靠、更有效的自清洁过程。作为主要因素，剪切速度增强了正常脱附过程中的动力效果，并因此提高了自清洁效率。

徐泉课题组研究了温度对自清洁的影响[27]。研究了在 -10~40℃ 的温度范围内，纳米壁虎铲状触须和刚毛在多个表面上的黏附力。结果表明，与室温下相比，单个壁虎铲状触须在 -10℃ 下对云母基底的附着力增加了约 100%。单个刚毛的附着力和摩擦力也显示出相似的趋势。发现氢键在温度诱导的可调黏附中起关键作用。

在这项研究中，人们在 -10~40℃ 的温度范围内依据疏水性和亲水性基材的功能水平，分别对单个刚毛和单个铲状触须 (分别为微米/纳米级) 进行了测量。在较干燥的氮气气氛中进行更宽范围的温度测试。由于了解了壁虎在低温下的黏附机理至纳米级，已经制造出仿生纳米材料，并在相似的温度范围内测试了黏附性能。

在 -10~40℃ 的温度范围内，在低于 1% 的极低湿度下，在不同的基底上测量了单个的刚毛和铲状触须的黏附力。实验中选择了四种具有不同表面润湿性能的基材，即云母、三甲基氯硅烷改性云母 (MM)、硅晶片 (SW) 和三甲基氯硅烷改性硅晶片 (MSW)，其平均接触角为 9.29°，分别为 42.4°、68.9° 和 89.3°。如图 4-7(a)、(b) 所示，对于单个刚毛，当温度从 40℃ 降到 -10℃ 时，云母，MM、SW 和 MSW 表面的黏附力分别增加 40.9%、31.1%、39.4% 和 24.2%。在单个铲状触须的情况下也观察到类似的趋势。当温度从 40℃ 降到 -10℃ 时，单个铲状触须对云母、MM、SW 和 MSW 表面的黏附力分别增加了 114%、95.5%、99% 和 61.2%[图 4-7(c)、(d)]。在改性的硅片上，单个刚毛/铲状触须的黏附力数值最高，而在云母上的黏附力数值最低。即对于相同类型的原始或改性基底，表面疏水性越大，在固定温度下获得的黏附力就越高；当温度升高时，由于温度降低而引起的黏附力增加较小。

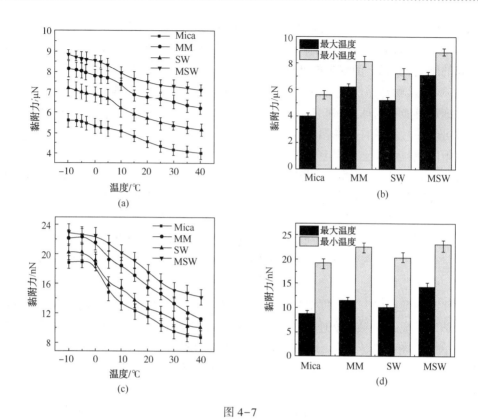

图 4-7

（a）刚毛和（c）铲状触须分别在-10~40℃的温度下在基材上的附着力；（b）刚毛和（d）铲状触
须在-10℃和40℃的温度下的直方图（误差线为±1 标准偏差）；室内的湿度保持在 1% 以下

受温度对黏附力影响的启发，制作壁虎的生物模拟表面，该表面由直径
8μm、长度 10μm、中心间距为 13μm 的正方形排列的 PDMS 微柱制成[图 4-8
（a）]，因为 PDMS 具有与 β-角蛋白相似的长碳链。同样，确定了预加载力、接
触时间和回缩速度对 SiO_2 微球与单根柱子之间黏附力的影响。当载荷从 100nN 增
加到 1500nN 时，黏附力略有增加。随着接触时间从 1μs 延长至 100ms，黏附力
缓慢升高。接触时间达到 0.1s 后，黏附力显著增加。缩回速度从 0.1μm/s 增加
到 11.2μm/s，黏附力明显增加。在干燥氮气条件下，如图 4-8（b）所示，随着温
度从 37.8℃下降到-0.5℃，SiO_2 微球在支柱上的附着力增加了 62.5%，这清楚地
表明温度效应会影响表面上微球之间的附着力。

通过计算掉落的微球百分比来量化自清洁能力，在预载力为 2N 的情况下，
在表面上平均每个立柱受到约 1μN 的压力。如图 4-8（c）所示，在室内环境中进
行自清洁测试（相对湿度：40%±3%），并模仿走路时的壁虎运动。计算从仿生表
面上脱落的微球的百分比，以量化在不同温度下的自清洁水平。如图 4-8（d）所

示，分别在20℃和30℃的温度下，脱落的微球中的大部分(97%)在前四个自清洁步骤中被清除。而且随着温度升高，自清洁性得到了显著改善，最终在30℃有30.8%的SiO_2微球从仿生表面的微柱上脱落。这证明温度可作为外部因素来控制壁虎仿生干燥黏合剂表面的自清洁能力的水平。

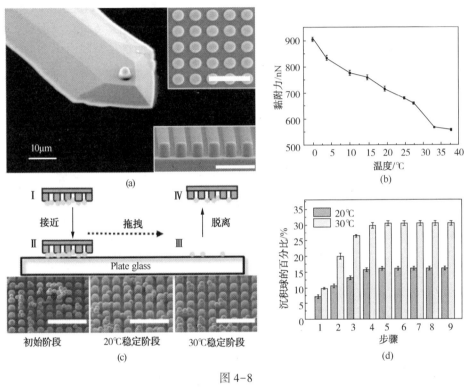

图 4-8

(a)粘在无尖AFM悬臂上的SiO_2微粒(直径5.296μm)的SEM图像，在俯视图/侧视图(内部比例尺30μm)上，插入物是仿生表面；(b)SiO_2颗粒和单根柱之间的黏附力与温度的关系；(c)空气中微球下落示意图，SEM图像分布，所有插入条均为50μm；(d)在不同温度下，每个模仿步骤在平板玻璃上掉落的球所占的百分比

低温下黏附力的增强可能与壁虎刚毛的自然结构有关。刚毛和铲状触须的主要成分$β$-角蛋白具有称为$β$-sheets的独特二级结构，该结构通过氢键结合并负责$β$-角蛋白的结构稳定性[见图4-9(a)]。随着温度降低，氢键会变得更牢固。当温度降低时，多肽链之间的间隙也可能减小，从而导致刚毛和铲状触须内部的分子链对齐。在低温下，刚毛/铲状触须变得黏弹性较小。由于刚性较高(或平面外柔性的丧失)，多肽链可能导致刚毛/铲状触须与基底之间的接触比例更高[见图4-9(a)]。

低温下黏附力的增强也可以归因于界面处氢键的变化。结果表明，当温度从

40℃降至−10℃时，氢键数增加。氢键的增加可有助于在较低温度下的黏附力的增加。为了证明这一假设，使用 FT-IR 光谱仪分析了在不同温度下（即 0℃/20℃/40℃）β-角蛋白的结构转变。如图 4-9（b）所示，与其他温度相比，几个峰值在 40℃ 的温度下消失。3444cm⁻¹ 处的峰是 O—H/N—H 键的拉伸振动，而 2920cm⁻¹ 和 2856cm⁻¹ 处的峰是 C—H 键在饱和碳上的拉伸振动。1633cm⁻¹ 处的峰是 C＝O/C＝C 键拉伸振动，其随温度升高而降低。这些结果支持以下假设：当温度降低时，β 片之间的氢键增加和铲状触须的刚度增加将是黏附力增加的主要原因。

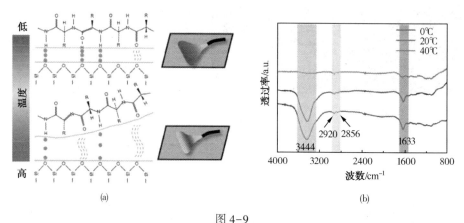

图 4-9

（a）多肽链和"接触区域"转化的示意图，右侧的深色区域表示刮铲与底物接触；（b）不同温度下的刚毛的 FT-IR 光谱

第二节　微颗粒操控与筛分

一、壁虎仿生材料制备

壁虎黏附系统具有复杂的分层结构，其中包括数百万的微米级刚毛和数十亿个纳米级的铲状触须。这给壁虎仿生材料的制备带来了巨大的困难。一方面，由于长径比较大模量较低，纤维材料易于在纤维之间自黏或断裂，从而导致材料的整体黏附性降低。需要控制诸如纤维长径比和弹性模量等参数。另一方面，为了避免微粒的黏附并延长仿生材料的使用寿命，所选择的材料需要具有诸如疏水性和低表面能的性质。

目前，最常见的仿生材料是高分子材料，例如聚酰亚胺（PDMA）、聚二甲基硅氧烷（PDMS）、聚氨酯（PU）、聚甲基丙烯酸甲酯（PMMA）和聚丙烯（PP）等。也有以碳纳米管（CNT）为代表的无机材料。

纤维黏附系统的仿生设计是随着对壁虎相关结构的了解而开展的。因此，仿生材料可以分为四个阶段：第一阶段是无支撑的微米和纳米纤维的垂直阵列；第二阶段是制备一系列具有不同形状的末端；第三阶段是引入各向异性结构，例如倾斜纤维棒，使端部不对称；第四阶段是建立一个多层次的结构。

就黏附力而言，碳纳米管的仿生表面是一匹黑马。由于其高长宽比、高密度、易于方向控制以及出色的拉伸性能和机械强度，引起了广泛的关注。美国工程院高华健院士于 2008 年使用化学气相沉积法合成了单壁碳纳米管[28]，其最高黏附是壁虎的十倍。但是在随后的实验中，发现碳纳米管经过多次黏附和脱附后很容易破裂，这使得黏附力不如初期。另外，碳纳米管易于吸附灰尘，使得自清洁效果不如壁虎显著。夏振海教授最近发表的评论文章[29]详细阐述了从碳纳米管制备仿生材料的最新进展。

就自清洁而言，当前效果最好的是由 Fearing 教授研发的高长宽比的聚合物纤维束（PDMS）[19,30]，分别吸附 3～10μm 和 40～50μm 的微球，经 40 步运动后，只能恢复 40%～55% 的剪切黏附力。对于较小尺寸的微球，自清洁效果更明显。大部分仿生壁虎材料都是通过简单清洗自行清洁的。例如，Taehoon 等制备的干式胶黏导电心电图（ECG）电极材料[31]。用去离子水清洗，以去除杂质，并实现回收。

仿生材料制备方法大致可分为两个趋势：①自上而下，聚合物纤维是通过模板辅助的纳米微注射成型法制成的。②自下而上，通过碳纳米管或聚合物的随机生长获得。所谓的模板辅助纳米微注射成型法是通过腐蚀获得成型模具（通常是硅片，也有石蜡、聚合物等材料），仿生材料的精细结构主要受到模板控制。常见的模板制备方法包括 AFM 压痕、阳极氧化铝（AAO）、光刻法、软光刻和感应耦合等离子体蚀刻（ICP）技术。

AFM 压痕法是用原子力显微镜探针在软质基材上一个接一个地成形，注入液体原料，然后去除模具以获得仿生材料。但是为了获得黏附力需要较大的预载力，并且材料制备成本非常高。

AAO 方法是在酸性电解池中阳极氧化铝箔，并通过改变电压和电解质的组成来调节氧化铝模板的孔径和分布。但是，该方法不能精确地控制纤维的长径比，并且纤维易于黏附。

光刻法是制造电路板的核心技术。通过涂覆、曝光、显影和蚀刻的步骤，硅晶片被赋予所需的形状。其中，铬掩模上的图案转移到光刻胶，这称为光刻。通过蚀刻，光刻胶上的图案被完全转印到硅晶片上，这称为刻蚀。由于它可以控制仿生结构的长宽比、取向和末端形状，因此可以通过多层光刻进一步获得分层结构，而这种多层光刻技术已被广泛使用。

碳纳米管的随机生长主要通过化学气相沉积(CVD)实现。在高温下，含碳的气体输入反应室，通过气相化学方法在基材上沉积形成碳纳米管阵列。Ge 等[32]使用等温化学沉积(TCVD)方法，在 750℃的乙烯和氢气气氛中，以铁和铝为催化剂，生长出长度为 $200\sim500\mu m$、直径为 $50\sim500\mu m$、触须平均直径为 8nm 的仿生刚毛，切向摩擦为 $36N/cm^2$，是壁虎的 4 倍。

二、微颗粒的操控

徐泉课题组受铲状触须形结构及其动态效果的启发，用合成聚酯超细纤维（直径为 $10\mu m$）制造人造刚毛。将每根光纤（长度为 $150\mu m$）切成尖端的微型垫，然后粘结到 AFM 悬臂上[见图 4-10(a)]，然后是三层起皱的石墨烯逐层胶合在微型垫上。石墨烯层的使用可以极大地增强人工刚毛的黏附能力，因为先前已经报道了石墨烯可以在各种表面上产生超强的黏附力。微型垫上的褶皱石墨烯层模仿了刚毛上的铲状触须，也可以增加表面柔韧性和接触面积，从而进一步增强黏附力。与传统的黏合剂（如透明胶带）不同，石墨烯层可以产生可逆/可调节的黏附力，这对于各种应用至关重要，包括如在空气和水下进行自我清洁或处理微小颗粒。使用附着在 AFM 探针上的人工刚毛作为微操纵器，成功地操纵了不同基底上的微球，并能够拾取、平移并精确地组装微细颗粒形成图案[见图 4-10(d)]。图 4-10(e)显示了在 30 次试验中微球脱离事件的概率。与自然刚毛相似，在较低的法向速度下，颗粒脱落的可能性在 $0\sim40\%$的范围内，但在正常的速度为 $1000\mu ms^{-1}$时概率迅速上升并达到 80%。

微操纵器能够可靠且重复地拾取和脱落颗粒或其他小物体。从图 4-10(d)可以看出，在低速度 $V_n<1\mu m/s$ 和相对较高的预载力下（1.3mN），分离概率几乎为零，这表明微操纵器可以接近 100%成功地拾取颗粒。相反，在高法向速度（$1000\mu m/s$）和低预载力（0.4mN）下，该概率接近于 1，这表明微操纵器可以可靠地使颗粒脱落。除了法向速度和预载力外，剪切速度还影响概率。类似于自然刚毛，增加剪切速度会增加微操纵器的分离概率，但其效果很快达到平稳状态，这表明剪切速度在操纵过程中很重要，但不是主要参数。为了检查仿生微操纵器的耐久性，以 1Hz 的频率和 1mN 的预载反复在玻璃基板上进行装卸，即使经过100000 次循环也没有发现异常。万一垫损坏，可以通过在这些垫上粘结一层新的石墨烯来可行地修复微操作器，这表明其可重复使用性强。这些结果表明，基于壁虎纳米垫独特的动态作用的自清洁和显微操作能力在合成生物启发型胶黏剂中也很强大和有效。

为了深入地了解壁虎刚毛和铲状触须的独特动态效果，徐泉课题组开发了一种多尺度建模方法，负责动态自清洁能力和微观操纵机制。在纳米尺度上，开发

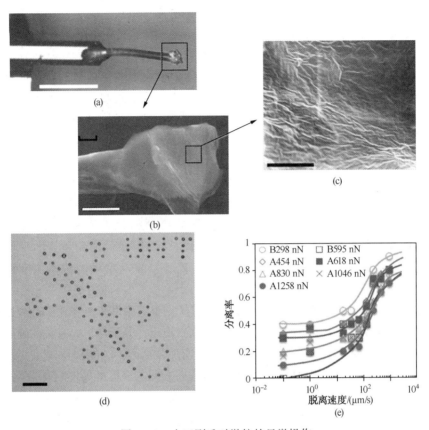

图 4-10　人工刚毛对微粒的显微操作

（a）由聚酯超细纤维（$d=10\mu m$，$L=150\mu m$）制成的仿生微操纵器的光学图像，其尖端处涂有石墨烯层装饰的微垫，并粘贴在 AFM 无针尖悬臂梁上；（b）微垫的 SEM 图像，在顶部具有三层（c）褶皱石墨烯（厚度 5nm）；（d）仿生显微操纵器在玻璃载玻片上与 SiO_2 微粒（尺寸 $d=1\sim25\mu m$）精确组装的壁虎图案；（e）模仿壁虎行走测量的，随法向速度变化而变化的颗粒脱落概率；图例中的 A 和 B 是指两个微操纵器 A 和 B，数字是预载值；（a）~（d）中的比例尺分别为 $100\mu m$、$10\mu m$、$5\mu m$ 和 $100\mu m$

了具有黏性区域的有限元模型，以模拟铲状垫受到拖拽后的脱附过程[见图 4-11（a）]。在铲状垫和硬质基材之间构建有黏性元素，以模拟沿界面的附着和分离。在微观尺度上，基于分层刚毛结构构建了由 256 个铲状分支组成的刚毛[见图 4-11（e）]，并进行了仿真以预测其在分离过程中的动态行为。通过铲状触须模拟获得的力-位移关系被输入到高级刚毛模拟中，以表征铲状触须-基底之间的相互作用。与此相对，还开发了沿颗粒-基质界面具有相似黏附区域的有限元模型，以模拟基质上微球的脱附过程[见图 4-11（c）]。在脱附模拟中，在给定速度（V_n）下沿法向方向的位移施加在铲状触须和铲状触须杆的末端和颗粒顶端。基于力-位移曲线的最大值确定黏附力。

113

在脱附阶段，铲状触须和微球从其基底的分离可以被认为分别是沿着铲状触须–基底和球–基底界面的裂纹传播过程。但是，由于其独特的界面结构，铲状触须与微球的传播行为完全不同——这种传播方式的差异对黏附力具有重要意义。当将铲状触须正确地接合到平坦的基板上时，会形成三角形的接触区域，并且当其缩回时，裂缝扩展会从顶点到前边缘的方向受到限制。在这些条件下，裂缝的传播方式受限，因为裂缝前沿在前进时必须增加[见图4-11(b)]。在刚毛脱附模拟中观察到类似的裂缝状传播。刚毛脱附引起了沿着从近端到远端方向的分布界面的单向裂缝扩展过程。相反，对于微球从平坦基板上脱离的情况，裂纹的增长相当不稳定，因为在分离过程中，裂纹的前沿[即图4-11(d)中闭合的圆形或环形]长度迅速减小了。这种不稳定的配置导致沿界面的裂纹扩展速度大大提高。计算平均裂纹扩展速度(u)，以及铲状触须附着平板玻璃基板上的$10\mu m SiO_2$微球体的脱离速度(V_n)[见图4-11(f)]。铲状触须和颗粒的平均传播速度随拉速的增加而线性增加，但在给定的V_n下，铲状触须的传播速度比颗粒的传播速度低近三个数量级。

在断裂力学中，裂纹扩展中有几种行为方式。根据格里菲斯(Griffith)能量平衡的概念，在准静态状态下，能量释放速率G大致恒定，等于与材料有关的临界能量释放速率G_c。但是，在不稳定的配置中或快速加载期间，动能变得很重要，从而导致了动态状态。动态效应可能源自粒子与表面之间的界面处的能量耗散(例如内部摩擦和黏性效应)。通常，G与传播速度u直接相关：$G = G_0[1+(u/u_0)^m]$，其中G_0是临界能量释放速率，接近零，是一个经验拟合的缩放参数，u_0是裂纹扩展速度。由于G可能与界面黏附力进一步相关，因此裂纹扩展速度(或脱附速度)可以与黏附力相关联。从以上分析可以得出结论，在铲状触须–基底界面处相对较低的传播速度将显著降低黏附力对脱附速度的依赖性。计算了不同的刚毛、铲状触须和微球体的脱离速度下的黏附力[见图4-11(g)]。铲状触须和微球之间的动态行为存在显著差异。在$V_n > 1000\mu m/s^{-1}$之后，微球的黏附力迅速增加，而在$V_n > 1000000\mu m/s$之后，对铲状触须和刚毛的黏附力显著增加[见图4-11(g)]，表明裂纹的传播比准静态更容易适应动态外载荷下的球形接触。这些模拟结果很好地说明了实验结果：铲状触须和刚毛的黏附力对$0\sim1000000\mu m/s$范围内的脱附速度变化几乎不敏感，并提供了有关实验结果的见解。

Abusomwan等[33]仿照壁虎自清洁研究了预载–拖动–卸载(LDU)接触以牵引方式清洁原纤维黏合剂。用小球模拟污渍进行纤维阵列自清洁研究。实施的清洁过程涉及将被微球污染的微纤维黏合剂样品加载，拖动和卸载到光滑的刚性基材上的循环。结果显示原纤维黏合剂经过几步即可恢复高达100%的最初失去的黏附力，其中超过95%的清洁过程是在拖拽步骤中进行的。他们认为颗粒在原纤维

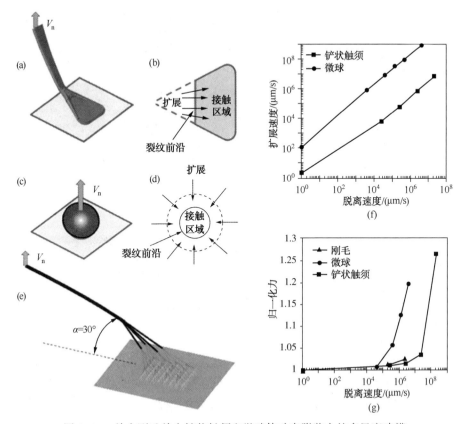

图 4-11　单个刚毛单个铲状触须和微球体动态附着力的多尺度建模

从平坦的基材上(a)单个铲状触须和(c)微粒的脱附示意图,对应于沿(b)铲状触须/基材界面(d)微球/基材界面的裂纹扩展机制。(e)脱附模拟中具有 256 个铲状触须的单个刚毛的有限元分析(FEA)模型。(f)FEA 预测的平均裂纹扩展速度(V_p)作为法向速度(V_n)的函数。(g)微球($d =$ 10μm),单个铲状触须和单个刚毛的黏附力,通过其在静态下的黏附力(由 FEA 模型预测)归一化为拉速的函数进行归一化。

界面上滚动或滑动都会影响清洁性能,在这种情况下,污染物会从单个微纤维尖端滚动(对于直径小于相邻纤维尖端距离的颗粒)或纤维阵列上滑落(对于较大的颗粒)。其中滚动是清洁球形微粒污染物的主要机制。还研究了拖动速度和法向载荷对颗粒滚动摩擦的影响,建立了在弹性体原纤维胶黏剂界面上球形颗粒滚动的模型,该模型与实验结果吻合良好。

清洁实验是使用定制设计的两轴力测量系统进行的。如图 4-12 所示,该系统包括用于运动控制的自动线性致动平台,用于角度对准校正的手动旋转平台和两个称重传感器分别用于法向和切向力测量,将实验装置安装在倒置光学显微镜上。

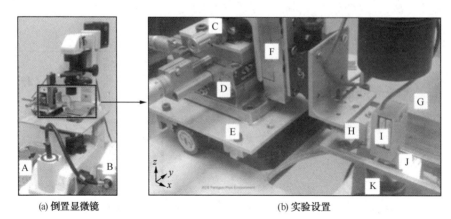

(a) 倒置显微镜　　　　　　　　　(b) 实验设置

图 4-12　实验系统的图像

A—相机；B—光源；C—测角仪；D—手动两轴线性平台；E—电动 y 轴线性载物台；
F—电动 z 轴线性载物台；G—电动 x 轴线性载物台；H—垂直轴称重传感器；
I—水平轴称重传感器；J—玻璃基板；K—显微镜物镜

将受污染的样品(未显示)安装到水平轴称重传感器上，并在实验过程中使其与玻璃基板接触。

将归一化颗粒位移 ρ 定义为：

$$\rho = 2\delta/\Delta \tag{4-3}$$

式中，δ 为相对于黏合剂的颗粒位移，而 Δ 为施加到基材上的阻力距离。显然，ρ 也是清洁性能的量度。ρ 值越大，表示每个清洁步骤后相对于黏合剂的颗粒位移越大，从而导致更好的清洁性能。对于夹在玻璃基板和原纤维黏合剂样品之间的球形颗粒，在拖动玻璃基板时可能发生三种情况的颗粒运动：

Ⅰ：粒子在基材上滑动而不相对于纤维尖端移动$\Rightarrow\rho=0$

Ⅱ：粒子在纤维尖端上滑动而不相对于基底移动$\Rightarrow\rho=2$

Ⅲ：粒子相对于两个表面滚动$\Rightarrow\rho=1$

图 4-13 是在超细纤维阵列和玻璃基板之间放置的直径为 $250\mu m$ 的颗粒在各种法向载荷下测得的归一化位移图。在实验中，将基板以 $20\mu m/s$ 的速度移动 3mm。从图 4-13 中可以看出，对于所有负载，ρ 都近似等于 1，这表明粒子滚动在清洁过程中占主导地位。在小于 10mN 的法向载荷下，ρ 略大于 1，如图 4-13(a)所示。这表明，尽管大多数情况下会发生滚动，但超细纤维的界面仍存在一些滑动。如图 4-13(b)所示，在大于 50mN 的法向载荷下，ρ 小于 1 并随着法向载荷的增加而减小。该结果表明在基板界面处发生滑动。在较高的法向载荷下，颗粒会明显地使纤维阵列(对于更小的颗粒是纤维尖端)凹陷，从而阻碍运动，使得基材上的滑动成为主要的颗粒运动，无法自清洁。而且，可以观察到 ρ 对法向载荷的依赖性是直观的，因为在这种情况下，摩擦力是施加载荷和接触面积的

函数。通过增加法向载荷，与基材界面（硬玻璃）相比，黏合剂界面的接触面积显著增加。这导致在黏合剂界面处明显更高的摩擦阻力，颗粒从而沿着基底发生活动。根据结果可以得出结论，较低的正常负载对 LDU 实验清洁有利。

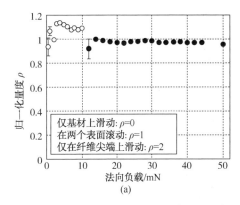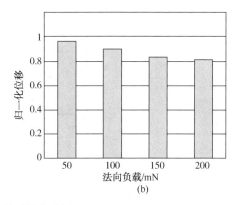

图 4-13　归一化的颗粒位移图

之后测量 LDU 过程中的滚动摩擦力，研究拖动速度和正常载荷对颗粒滚动的影响。在实验过程中微纤维不与基材直接接触，因此测得的切向力完全是由于颗粒-纤维和颗粒-基底界面的摩擦引起的。使用直径为 1mm 的颗粒也有助于消除这种负载情况。在单个清洁实验中测得的法向力（实线）和切向力（虚线）如图 4-14 所示。线 AB 是正常加载过程中切向力传感器上的干扰。从在拖拽过程（C-F）期间测得的切向力中减去在加载过程（B，C）结束时测得的平均切向力，以获得没有干扰的实际滚动摩擦。滚动摩擦曲线的分析揭示了两个不同的区域。在滚动开始时（C-E）可以观察到，在此期间滚动摩擦力（或滚动阻力）逐渐增加直到饱和。在第二区域（E，F）中，滚动摩擦在剩余拖拽期间内保持恒定。在第一区域中滚动摩擦的增加是在滚动开始时接触面积增加的结果（参见图 4-14 中的接触面积）。

线 AKLMG 是测得的法向力，线 ABCDEFG 是测得的切向力。在实验过程中，将受污染的样品压在光滑的玻璃载玻片上，直至达到 120mN 的预紧力（线 AK）。在水平拖动基板之前，观察到 10s 的接触时间，同时压痕保持恒定（线 LM）。在 3mm 的拖曳距离之后，将样品从玻璃基板上拉出（线 MG）。将由于法向载荷而导致的所测切向力的串扰记录为线 BC 的平均值，并从其余切向力数据中减去，以获得实际的滚动摩擦力。在轧制初期观察到的轧制摩擦增大是由于轧制开始时接触面积的增加（见图 4-15）。

图 4-15（a）中显示了在 100mN 的恒定法向载荷下，从 10~500μm/s 的各种拖动速度对应的滚动摩擦曲线。在低阻力速度下，滚动摩擦力逐渐增加，直到达到稳态值。然而，速度较高时，滚动摩擦力会增加到超过稳态值，达到初始峰

117

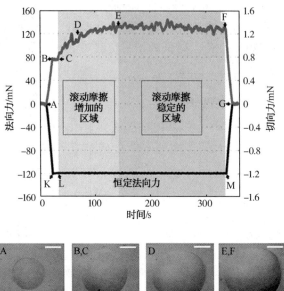

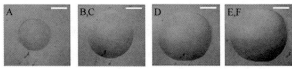

图4-14 （顶部）在120mN的施加法向载荷和10μm/的拖曳速度下，在直径为1mm的二氧化硅微粒在平坦聚氨酯黏合剂样品上滚动的单次清洁实验中测得的法向力和切向力图

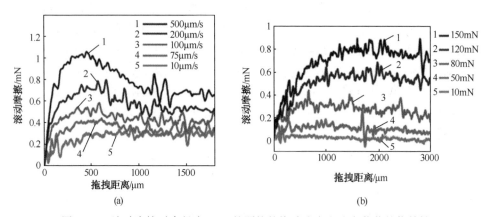

图4-15 滚动摩擦对直径为1mm的颗粒的拖动速度和法向载荷的依赖性

值，然后减小到稳态滚动摩擦力。还观察到该过冲的峰值随拖拽速度的增加而增加，并在阻力速度为500μm/s时上升至稳态滚动摩擦力的160%。最后，平均稳态滚动摩擦随着阻力速度的增加而增加。稳态滚动摩擦是由于黏附功的增加所致，这是裂纹扩展速度的函数。过冲除了对上述黏附作用的速率影响外，还是滚动开始之前在初始接触区域的黏附性增强(松弛现象)的结果。

图 4-15（b）显示了在各种正常载荷（10~150mN）下，以 10μm/s 的拖拽速度进行的清洁实验得出的滚动摩擦曲线。对于不同的载荷，曲线具有相似的趋势，但是随着法向载荷的增加，其稳态滚动摩擦也更高。在正常载荷下观察到的滚动摩擦力的增加可以归因于在更高的正常载荷下接触面积的增加。

图 4-15（a）为在 100mN 的恒定法向载荷下，针对各种阻力速度相对于阻力距离绘制的滚动摩擦力显示，随着阻力速度的增加，稳态滚动摩擦力也会增加。对于拖动速度大于 50μm/s 的情况，观察到初始峰值滚动摩擦，其超调量高达稳态值的 160%。图 4-15（b）为在各种法向载荷下以恒定摩擦速度绘制的滚动摩擦力与阻力距离的关系图，显示了稳态滚动摩擦力随法向载荷的增加而增加的情况（10μm/s）。

在图 4-16（a）中显示了在 5μm/s 的滚动速度下，平均稳态滚动摩擦和使用 JKR 理论的计算结果。该图显示了滚动摩擦与法向载荷之间的线性关系。图 4-16（b）为在 20mN、50mN 和 100mN 的载荷中，各种滚动速度下测得的平均稳态滚动摩擦的实验结果。对于每个法向载荷，还绘制了计算得到的理论滚动摩擦力，并与实验数据很好地吻合。

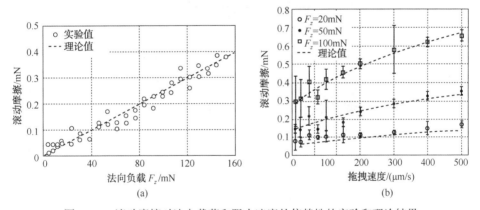

图 4-16　滚动摩擦对法向载荷和阻力速度的依赖性的实验和理论结果

图 4-16（a）为在 5m/s 的滚动速度下，滚动摩擦力与正常载荷的关系图。每个数据点代表单个实验的平均稳态滚动摩擦。图 4-16（b）为在 20mN、50mN 和 100mN 的正常载荷下，在各种阻力速度下测得的平均稳态滚动摩擦的实验结果。

徐泉课题组根据壁虎研究出具有温度响应的自清洁仿生材料[34]，在这项研究中，制造了具有出色的干式自清洁性能的层状蒙脱土/羟乙基纤维素（MMT/HEC）。该表面通过最少五个步骤即可去除高达 59% 的污染颗粒（PS）。在理想条件下，筛查率可能高达 90%，机械强度性能高达 129.3MPa。该表面具有很高的抗冲击性，可以保持持久的性能。

该材料具有耐磨蚀性，并具有很高的机械稳定性和拉伸强度。所制备的表面具有很高的抗冲击性，并保持了高达129.3MPa的机械强度，与天然圆柱状珍珠母(80～135MPa)的机械强度相似，并且远大于聚二甲基硅氧烷或PS(约25MPa)。因此，该表面可以耐受沙粒的磨损，并且在水中具有很高的拒油能力。图4-17(a)、(b)显示了分层的仿生表面使用层状蒙脱土/羟乙基纤维素的垂直排列，直径小至5μm。图4-17(c)、(d)进一步揭示了人工自组装仿生表面的层状结构的形成。层状结构包含化学键和物理结合的变化。这种独特的结构可实现高水平的刚性以及适度的柔韧性，这对于干式自洁性能而言都是重要的特征。与壁虎的脚趾垫结构相似，分层的自组装仿生表面具有垂直的柱状排列，具有很强的黏附力。接触角测量表明，与空气相互作用时该表面为亲脂性和亲水性，而与水相互作用时为亲水性[见图4-17(e)、(f)]。因此，表面可以成功地防止不良的气泡和未混合的油渗入表面和层状结构。这些品质将导致长期稳定的性能。

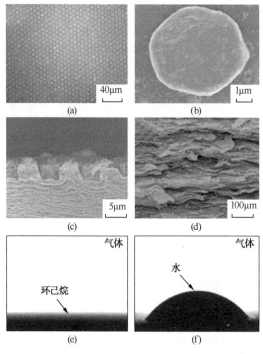

图4-17

(a)人造MMT/HEC的顶视图扫描电子显微镜(SEM)图像，显示凸的六角形微型柱；(b)人造层状自组装仿生材料的纳米级突起；(c)(d)侧视图SEM图像显示了人造层状自组装仿生材料的层状结构；(e)层状自组装仿生材料与环己烷在空气中的接触角；接触角为0°；(f)层状自组装仿生材料与空气中水之间的接触角，接触角为46.6°±1.2°

测试了人造表面的自清洁性能。将平均粒径分别为 $1\mu m$、$5\mu m$ 和 $8\mu m$ 的亲水性微粒(Al_2O_3)和疏水性微粒(聚苯乙烯)用作污染物。使人造纤维表面与干净的玻璃基板接触，然后以给定的速度施加剪切阻力，最后以恒定的脱离速度将其从玻璃基板上拉下，模拟壁虎脚的自然运动。计算从人工原纤维表面脱落的微粒数量，以估计自清洁的速度和程度。$Y=\dfrac{X}{X_0}\times100\%$，其中 Y 是掉落的微球的百分比，X 是自清洁测试后附着在仿生表面上的微球的数量，X_0 是最初附着在仿生表面上的微球的数量。

图 4-18(a)、(b)显示，当环境温度从 $10^\circ C$ 升高到 $50^\circ C$ 时，自清洁效果更加明显，掉落的 Al_2O_3 颗粒从 26.8% 增加到 46.1%，掉落的 PS 颗粒数量减少，从 59.6% 到 33.1%。在所有情况下，大多数微粒在测试的前五个步骤中都会掉落。结果表明，微球的脱落速率随环境温度的变化而变化。因此，可以通过简单地调节环境温度来控制仿生表面的自清洁速率。随着环境温度的升高，这两种微球的脱落趋势彼此相反。这表明疏水性微粒可以成功地与亲水性微粒分离。为了消除由操作因素或人造仿生表面的样品差异引起的误差，在温度持续变化的情况下测试微球的脱落百分比[见图 4-18(c)]。在此，对于前五个步骤，当环境温度保持在 $10^\circ C$ 时，掉落的颗粒达到平稳状态。在第 5、第 10、第 15 和第 20 步将温度升至 $20^\circ C$、$30^\circ C$、$40^\circ C$ 和 $50^\circ C$ 时，可以发现还有 7.9%、5.7%、4.4% 和 1.8% 的 Al_2O_3 微粒从基底上掉落。但是，PS 微粒表现出相反的趋势，分别有 9.5%、8.1%、4.8% 和 3.2% 的 PS 颗粒吸附到了仿生表面(基底)上。结果表明，仿生材料内部自清洁率的变化主要是由温度变化引起的。

然后，进一步研究微粒尺寸(直径 $1\mu m$、$5\mu m$ 和 $8\mu m$)对清洁率的影响，其中仿生材料的圆柱结构的直径为 $5\mu m$。结果表明，大颗粒比小颗粒更容易从基底上脱落，这意味着这些垂直排列的管提高了仿生材料的自清洁能力，可以去除大的微球($8\mu m$)。当三种不同粒径的微球黏附在仿生表面上时，较大的微球($8\mu m$)更容易脱落，而另外两个微球($1\mu m$、$5\mu m$)则倾向于黏附在仿生表面上。温度依赖性测试表明，环境温度对不同大小的颗粒($1\mu m$、$5\mu m$、$8\mu m$)的清洁速率的影响具有相同的趋势。环境温度的升高降低了 PS 球的清洁率，但增加了 Al_2O_3 微球的清洁率[见图 4-18(d)]。由于温度变化可能导致实验空间中的相对湿度变化，因此在不同的相对湿度下多次进行了微粒脱落实验，以确定湿度变化对微粒脱落率的影响。实验结果表明，环境湿度对球的脱落速率的影响几乎可以忽略不计，如图 4-18(e)所示。

将这两种微球的分离效率 E 定义为 $E=\dfrac{N_P}{N_A}\bigg/\dfrac{N_{P0}}{N_{A0}}\times100\%$，其中 $N_P(N_A)$ 是在实验后黏附在仿生表面上的 PS(Al_2O_3)微球的数量，$N_{P0}(N_{A0})$ 是最初附着在仿生表

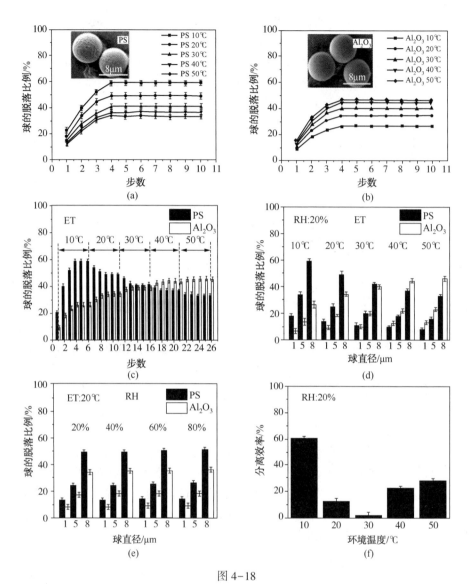

图 4-18

（a）在不同温度下，掉入的 Al_2O_3 球的百分比随步数的变化而变化；（b）在不同温度下，PS 球掉落的百分比随步数的变化而变化；（c）Al_2O_3/PS 球的掉落百分比随步数（实验 1-5、5-10、10-15、15-20 和 20-25）和环境温度（10℃、20℃、30℃，40℃ 和 50℃ 的变化而变化）；（d）在不同环境温度（ET：环境温度，RH：相对湿度）下，Al_2O_3/PS 球下落的百分比随球直径的变化而变化；（e）在不同的相对湿度下，Al_2O_3/PS 球下落的百分比随球的直径而变化；（f）Al_2O_3 和 PS 之间的分离效率的关系随环境温度而变化（ET：环境温度，RH：相对湿度）

面上 PS(Al_2O_3)微球的数量。Al_2O_3 和 PS 微球之间的分离效率不受相对湿度变化的影响。实验结果表明，在低温下可通过仿生表面从 Al_2O_3 球中筛选出 PS 球，分离效率高。也可以在高温下从 PS 球中筛选出 Al_2O_3 球，但分离效率低。根据图 4-18(f) 中筛选效率的变化趋势，进一步测试了 5℃ 下的筛选状态。实验结果表明，附着在仿生材料上的微球几乎都是 Al_2O_3 球，两种微球在玻璃上的筛分效率为 90%。

　　颗粒分布对脱落的影响可以忽略，因为 SEM 图像显示微粒是随机分布在仿生表面上的。因此，表面黏附力对确定人造表面的自清洁机理起重要作用。为了进一步解释上述实验现象的潜在机理，测量了不同微球探针在仿生表面上黏附力的变化。测试机制的示意图如图 4-19(a) 所示，典型的力曲线如图 4-19(b) 所示。预载力为 1μN，加载时间为 1s，回缩速度为 1μm/s。研究了在 0.5~50.8℃ 的温度范围内，微米球(亲水/疏水，直径 8μm)之间在人造壁虎仿生表面上的黏

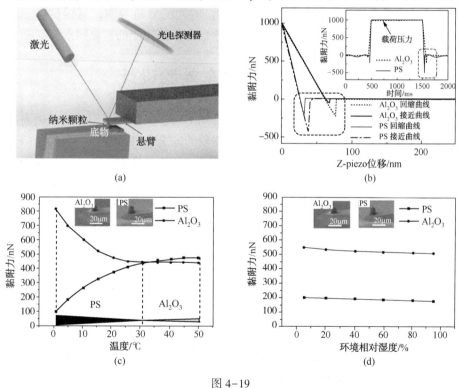

图 4-19

(a)AFM 测量系统示意图；(b)粘在 AFM 尖端上的 Al_2O_3/PS 微米颗粒在空气中从分层的自组装仿生材料接近后后退的典型拉断曲线；(c)在不同温度(0.5~50.8℃)下，微粒(Al_2O_3/PS)与层状自组装仿生材料之间的黏附力；(d)在不同的环境相对湿度(5%~95%)下，微粒(Al_2O_3/PS)与层状自组装仿生材料之间的黏附力

附力。Al_2O_3/PS 与仿生材料之间有两种接触情况。图 4-19(c) 显示了在人造表面上 Al_2O_3 和 PS 微粒的黏附力随温度变化的趋势。当表面温度从 0.5℃ 到 50.8℃ 升高时，Al_2O_3 微粒与人造表面之间的黏附力[见图 4-19(c)]降低高达 53.9%，而 PS 微粒与人造表面之间的黏附力提高至 386.7%。这种增加表明微球脱落率随温度的变化是由微球与仿生表面之间的黏附力的变化引起的。

此外，研究了环境湿度对球体黏附力的影响，如图 4-19(d) 所示。当环境的相对湿度从 5% 增加到 95% 时，Al_2O_3 和 PS 的黏附力都会略有降低。与环境温度相比，该变化可以忽略不计。此外，环境湿度的变化并没有在实验期间(0.5~50.8℃)引起可变温度的实质变化，在该温度下，环境湿度对微球黏附力的影响仅为 40%~60%。(相对湿度的变化是由环境温度的变化引起的。)因此，环境湿度变化的影响可以忽略不计，这与实验结果一致，即湿度几乎对微球的掉落率没有影响。为了进一步阐明微球与仿生表面之间的黏附力变化，测试的 X 射线光电子能谱(XPS)的傅立叶变换红外光谱(FTIR)的光谱分析表明，氢键是可能引起微球与仿生表面之间的黏附力变化并因此导致自清洁性能的重要因素。

第三节 电动车轮胎设计

自 19 世纪 70 年代以来，轮胎行业就受到了很多关注。人们对轮胎的需求量不断增长，轮胎的设计和制造直接决定了驾驶的安全性和舒适性。新轮胎的开发是一个高度复杂的过程，包括许多工程活动，例如轮胎图案设计、材料选择、摩擦学分析、原型制作、测试、轮胎模具制造和批量生产。每个任务都需要专门的技术，并且通常由拥有所需知识的公司来执行。

轮胎模具的开发在轮胎生产中起着关键作用。良好的轮胎设计需要高质量的模具，这些模具随后可生产出符合其规格的轮胎。轮胎模具制造涉及与轮胎生产不同的技术，例如 CAD/CAM、精密铸造、多轴加工和度量衡。因此，大多数轮胎公司通常将其外包。模具制造的进入壁垒很高，但其经济回报也颇高。

模具设计是轮胎模具生产中最重要的。轮胎由许多复杂的凹槽组成，这些凹槽由相应的轮胎设计样式指定。凹槽形状通常以自由形式的几何形状表示，其3D 模型的构建过程既耗时又容易出错。通常必须使用多轴 CNC 加工在没有纹路的轮胎表面上创建凹槽几何形状。这需要适当的刀具路径规划和精确的刀具运动控制。CAD/CAM 任务大约消耗了整个模具生产时间的三分之二。

轮胎制造第一步是选择橡胶化合物和其他添加剂的组合，以提供设计特征。下一步是将内衬、上装和皮带以及钢绞线牢固地组装在一起。此阶段后的轮胎通常称为生胎或未硫化的轮胎。最后一步是将轮胎硫化，将其放置在模具内并充气以将其压在模具上，从而形成凹槽(或称胎面)，并在轮胎侧壁上留下产品信息。然后在高温下加热一段时间，将其硫化以黏合组件并固化橡胶。凹槽的形状由许多方面的因素决定，例如摩擦学、传热、流体动力学和美观性。在某些情况下，形状变得非常复杂。

制造轮胎硫化操作中所需的金属模具是一个重要的任务。当前，在模具生产中采用两种不同的方法。通常可以通过多轴 CNC 加工在金属环的内表面上刻出凹槽。该方法直接产生凹槽图案，因此生产时间较短。然而，有复杂几何形状的凹槽在很大程度上增加了加工过程的难度，这需要精确的过程控制而且容易出错。由凹槽的相反形状产生的尖角经常在加工过程中引起严重的刀具磨损和碰撞问题。因此，直接加工仅适用于当前行业中非常简单的凹槽几何形状。这种方法的一种变形是加工胎面，由于其凸度会更易于创建。然后在后续的 EDM 工艺中用作电极以形成凹槽。但是，该方法也不能制造复杂的几何形状。由于 EDM 工艺的材料去除率较低，因此总生产时间也增加了。

更常用的方法是通过精密铸造生产金属模具。它由几个步骤组成，如图 4-20 所示。首先，在轮胎上创建凹槽图案，但该凹槽图案由非金属材料(通常是环氧或其他聚合物)制成。在这种情况下，由于切削的材料去除特性和这些材料的低强度，使用锋利的切削工具制造凹槽的问题较少。带有所有凹槽的成品零件类似于实际轮胎，不同之处在于，凹槽尺寸已适当调整以解决材料收缩问题。然后用作铸造模具，批量生产橡胶样板，并在表面刻有凹槽形状。这些图案成为随后的低压铸造工艺的核心，而低压铸造工艺实际上生产出最终的金属模具。通过该方法生产的模具实际上是多个模具段组装在一起的，因为在较小部位中更容易达到过程控制(例如铸造温度和熔融金属流速)。因此，该过程在实践中被称为分段轮胎模制。普通模型材料有铝合金和不锈钢。最后一步是在模具的侧面

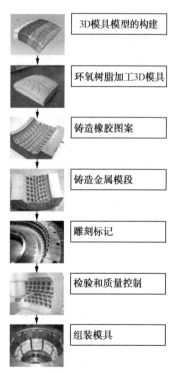

图 4-20　通过精密铸造生产模具的方法

上用多轴 CNC 雕刻制作公司徽标或轮胎序列号。重要的尺寸和凹槽轮廓需要在最终运输之前进行检查。

Chih-Hsing Chu 等介绍了用于 3D 轮胎模具生产的参数化设计系统[35]。根据当前轮胎凹槽的建模程序对轮胎凹槽进行分类，并对每种凹槽类型的设计参数进行表征。该结果为轮胎模具设计的标准化奠定了基础。提出的系统通过减少交互式建模操作的数量，简化了 3D 凹槽表面的构造。对所得的表面模型进行参数化，因此可以使用简单的设计表快速创建其他凹槽。另外，他们提出了一组几何算法，该算法首先检测在设计过程中出现的不希望有的凹槽几何形状，然后自动对其进行校正。以这种方式，可以以最少的用户交互来创建 3D 模具模型。缩短了模具设计的时间，减少了建模误差。

以更少的燃油消耗提高轮胎的耐用性是轮胎制造商的主要目标之一。产生温度是轮胎材料的固有特性，它是由炭黑填充的橡胶材料的磁滞损耗引起的。这些特性也造成了轮胎的滚动阻力。较高的行驶速度和较重的正常负载会导致温度升高，这不仅影响轮胎材料的机械性能，还影响其磨损。大约90%的滚动损耗仅由内部磁滞损耗引起。载客用车由于轮胎磁滞现象损失而导致的汽车油耗接近10%，而重载卡车则接近三分之一。由于对环境的日益关注以及保持在竞争激烈的市场中的突出地位，轮胎工业一直在努力降低滚动阻力和工作温度。

滚动阻力在轮胎开发中起着重要作用，因为它对能量消耗和环境影响具有重大影响。为了保持机动性，根据行驶周期，车辆最多可以消耗30%的燃料来克服轮胎的滚动阻力[36]。在此基础上，滚动阻力会对车辆的排放、能源的可持续性以及对环境的损害产生相当大的影响。这使得解决滚动阻力成为轮胎开发的核心要求之一。然而，由于轮胎的结构复杂性，在不影响其他轮胎性能的情况下，降低滚动阻力是一项艰巨的任务。

Wong[37] 详细讨论了在各种工况下测量的不同轮胎的滚动阻力实验结果、路面表面纹理、轮胎磨损等。这些结果清楚地表明了各种设计属性和操作条件之间的复杂关系。开发具有这些复杂性的分析模型非常困难，应该完全依靠实验。但是，实验技术非常昂贵且复杂，不可能确定动态条件下的轮胎内部温度。除此之外，即使仅针对少数几个选定的变体制造轮胎原型，也将显著增加轮胎的开发周期，并对整个经济产生严重影响。

由于轮胎的复杂性和所涉及的折中因素，许多使轮胎的滚动阻力最小化的努力都没有取得成功。Hamad 等探索了一种多室轮胎的新颖设计解决方案[38]，作为一种潜在的替代方案，它可以在满足其他驾驶要求的同时降低滚动阻力，是一个多功能的通用解决方案。将有限元(FE)模型的新颖多室设计用于创建不同的设计，同时进行了基于实验设计(DOE)的统计分析，以确定最佳的空腔体积和充气设置。这种全面均衡的解决方案可将滚动阻力降低28%，同时可以提高转弯性能，匹配足够的抓地力和舒适的缓冲性能。

机械模块和热模块之间采用单向耦合算法，以计算轮胎稳态温度和滚动阻力。Kumar 等开发了一种有限元算法[39]，用于确定有胎面花纹的滚动轮胎的三维稳态工作温度。用 Petrov-Galerkin Eulerian 技术开发的有限元算法使用圆柱元素，可以有效地确定具有实际胎面花纹的稳态温度。由于实际胎面花纹的复杂性以及对计算资源的限制，因此考虑了轴对称子午线轮胎。根据三维变形分析的结果和相应的黏弹性材料特性来计算能量损失。

在设计阶段本身中，具有不同工作条件和设计属性的轮胎工作温度和滚动阻力的详细知识非常重要。使用有限元分析预测轮胎的热力学行为是非常复杂的。它需要解决动态、非线性、耦合、热黏弹性问题，因为除了轮胎结构本身的非线性和复杂性外，行为还涉及结构、材料和温度的相互作用。充气压力、胎面材料的超弹性性能，所有材料的黏弹性，胎面轮廓和胎面厚度都会显著影响温度分布和滚动阻力。滚动阻力在正常负载下线性增加，并且在一定滚动速度下几乎保持恒定。充气压力和胎面材料性能的相互作用对滚动阻力具有线性影响，环境温度会显著影响结果。与平坦道路相比，在圆鼓上进行的测试可以提高轮胎的性能。滚动阻力与工作温度之间没有明确的相关性。这种方法学形成了可行的轮胎设计工具，以开发可以降低的滚动阻力能保持合适温度的轮胎。

轮胎的多种设计中自清洁将会占据重要地位，轮胎的自清洁可以减少轮胎清洗成本，降低小石子等嵌入的概率从而减少磨损。

参 考 文 献

[1] Pesika N S, Gravish N, et al. The Crowding Model as a Tool to Understand and Fabricate Gecko-Inspired Dry Adhesives[J]. The Journal of Adhesion, 2009, 85(8): 512-525.

[2] Hansen W R, Autumn K. Evidence for self-cleaning in gecko setae[J]. Proc. Natl. Acad. Sci. U. S. A, 2005, 102(2): 385-389.

[3] Autumn, Liang Y A, et al. Adhesive force of a single gecko foot-hair[J]. Nature, 2000, 405(6787): 681-685.

[4] Zhao B, Pesika N, et al. Role of Tilted Adhesion Fibrils (Setae) in the Adhesion and Locomotion of Gecko-like Systems[J]. Journal of Physical Chemistry B, 2009, 113(12): 3615-3621.

[5] Autumn K, Sitti M, et al. Evidence for van der Waals adhesion in gecko setae[J]. Proc. Natl. Acad. Sci. U. S. A., 2002, 99(19): 12252-12256.

[6] Gao H, Yao H. Shape insensitive optimal adhesion of nanoscale fibrillar structures[J]. Proc. Natl. Acad. Sci. U. S. A., 2004, 101(21): 7851-7856.

[7] Gao H, Wang X, et al. Mechanics of hierarchical adhesion structures of geckos[J]. Mechanics of Materials, 2005, 37(2-3): 275-285.

[8] Huber G et al. Evidence for capillarity contributions to gecko adhesion from single spatula nanomechanical measurements[J]. Proc. Natl. Acad. Sci. U. S. A., 2005, 102(45): 16293-16296.

[9] Prowse M S, Wilkinson Me, et al. Effects of humidity on the mechanical properties of gecko setae[J]. Acta Biomater, 2011, 7(2): 733-738.

[10] Izadi H, Stewart K M, Penlidis A. Role of contact electrification and electrostatic interactions in gecko adhesion[J]. J. R. Soc. Interface, 2014, 11(98): 20140371.

[11] Zeng H, Pesika N, et al. Frictional adhesion of patterned surfaces and implications for gecko and biomimetic systems[J]. Langmuir, 2009, 25(13): 7486-7495.

[12] Autumn K, Dittmore A, et al. Frictional adhesion: A new angle on gecko attachment[J]. J. Exp. Biol, 2006, 209(18): 3569–3579.

[13] Tian Y, et al. Adhesion and friction in gecko toe attachment and detachment[J]. Proc. Natl. Acad. Sci. U. S. A., 2006, 103(51): 19320–12325.

[14] Huber G, et al. Resolving the nanoscale adhesion of individual gecko spatulae by atomic force microscopy[J]. Biol Lett, 2005, 1(1): 2–4.

[15] Pesika N S, et al. Peel-Zone Model of Tape Peeling Based on the Gecko Adhesive System[J]. J. Adhes., 2007, 83(4): 383–401.

[16] Pesika N S, Zeng H, et al. Gecko adhesion pad: a smart surface? [J]. J. Phys.: Condens. Matter, 2009, 21(46): 464132.

[17] Pesika N S, et al. The Crowding Model as a Tool to Understand and Fabricate Gecko-Inspired Dry Adhesives [J]. J. Adhes., 2009, 85(8): 512–525.

[18] Das S, Chary S, et al. JKR theory for the stick-slip peeling and adhesion hysteresis of gecko mimetic patterned surfaces with a smooth glass surface[J]. Langmuir, 2013, 29(48): 15006–15012.

[19] Lee J, Fearing R, S. Contact Self-Cleaning of Synthetic Gecko Adhesive from Polymer Microfibers[J]. Langmuir, 2008, 24(19): 10587–10591.

[20] Abusomwan U A, Sitti M. Mechanics of load-drag-unload contact cleaning of gecko-inspired fibrillar adhesives[J]. Langmuir, 2014, 30(40): 11913–11918.

[21] Mengue Y, et al. Staying sticky: contact self-cleaning of gecko-inspired adhesives[J]. J. R. Soc. Interface, 2014, 11(94): 20131205.

[22] Zhang T, Zhang Z, et al. An accordion model integrating self-cleaning, strong attachment and easy detachment functionalities of gecko adhesion[J]. J. Adhes. Sci. Technol., 2014, 28(3-4): 1–14.

[23] Hu S, et al. Dynamic self-cleaning in gecko setae via digital hyperextension[J]. J. R. Soc. Interface, 2012, 9(76): 2781–2790.

[24] Jelitto H, Felten F, et al. Measurement of the Total Energy Release Rate for Cracks in PZT Under Combined Mechanical and Electrical Loading[J]. Int. J. Appl. Mech., 2007, 74(6): 1197.

[25] Vanel L, Ciliberto S, et al. Time-dependent rupture and slow crack growth: elastic and viscoplastic dynamics[J]. J. Phys. D: Appl. Phys., 2009, 42(21): 214007.

[26] Lengline O, Toussaint R, et al. Average crack-front velocity during subcritical fracture propagation in a heterogeneous medium[J]. Phys Rev E Stat Nonlin Soft Matter Phys, 2011, 84(3): 036104.

[27] Xu Q, Wu X, et al. Temperature-induced tunable adhesion of gecko setae/spatulae and their biomimics[J]. Materials Today: Proceedings, 2018, 5(12, Part 2): 25879–25893.

[28] Qu L, Dai L, et al. Carbon nanotube arrays with strong shear binding-on and easy normal lifting-off[J]. Science, 2008, 322(5899): 238–242.

[29] Hu S, Xia Z, Dai L. Advanced gecko-foot-mimetic dry adhesives based on carbon nanotubes[J]. Nanoscale, 2013, 5(2): 475–86.

[30] Gillies A G, et al. Dry self-cleaning properties of hard and soft fibrillar structures[J]. ACS Applied Materials & Interfaces, 2013, 5(13): 6081–6088.

[31] Kim T, Park J, et al. Bioinspired, Highly Stretchable, and Conductive Dry Adhesives Based on 1D-2D Hybrid Carbon Nanocomposites for All-in-One ECG Electrodes[J]. ACS Nano, 2016, 10(4): 4770–4778.

[32] Ge L, Sethi S, et al. Carbon nanotube-based synthetic gecko tapes[J]. Proc. Natl. Acad. Sci. U. S. A., 2007, 104(26): 10792–10795.

[33] Abusomwan U, A, Sitti M. Mechanics of Load-Drag-Unload Contact Cleaning of Gecko-Inspired Fibrillar Adhesives[J]. Langmuir, 2014, 30(40): 11913–11918.

[34] Li M, Xu Q, et al. Tough Reversible Adhesion Properties of a Dry Self-cleaning Biomimetic Surface[J]. ACS Applied Materials & Interfaces, 2018, 10: 26787.

[35] Chu C-H, Song M-C, et al. Computer aided parametric design for 3D tire mold production[J]. Computers in Industry, 2006, 57(1): 11–25.

[36] Aldhufairi H S, Olatunbosun O A. Developments in tyre design for lower rolling resistance: A state of the art review[J]. Proceedings of the Institution of Mechanical Engineers, Part D: Journal of Automobile Engineering, 2018, 232(14): 1865–1882.

[37] Wong J. Theory of Ground Vehicles[M]. John wiley and son, 2008.

［38］Aldhufairi H S, Olatunbosun O A, Essa K. Multi-chamber tyre designing for fuel economy［J］. Proceedings of the Institution of Mechanical Engineers Part D-Journal of Automobile Engineering, 2020, 234(2-3)：522-535.

［39］Rao K V N, Kumar R K., Bohara P C. A sensitivity analysis of design attributes and operating conditions on tyre operating temperatures and rolling resistance using finite element analysis［J］. Proceedings of the Institution of Mechanical Engineers Part D-Journal of Automobile Engineering, 2006, 220(D5)：501-517.

看配套视频，划课件重点
掌握能源仿生学知识

第五章　仿生和厌氧消化

厌氧消化是不同种类的微生物群落在无氧或缺氧条件下，彼此相互作用，将复杂的有机组分分解成氨基酸、脂肪酸等小分子化合物，而后经过互营(互营是微生物"互惠共生"的一种合作方式，也就是产乙酸菌和产甲烷菌之间的共代谢反应，是有机物厌氧降解为二氧化碳和甲烷的关键步骤)产甲烷菌代谢生成甲烷、CO_2、H_2S等物质的过程。生物膜反应器是在反应器内部添加各种填料以有利于微生物吸附附着，因此形成一层由生物组成的膜，兼有分离和反应的功能。微生物燃料电池(MFC)是以微生物作为生物催化剂将有机质中的化学能转化为电能的生物反应装置。

当前，世界面临能源短缺危机与环境污染问题，各个国家都高度重视以可再生能源替代化石能源的生物质能的发展。当前可以将生物质转化为固、液、气态，用于发电、生物质液体燃料和成型燃料等。我国是具有丰富生物质资源的传统农业大国，发展可以替代石油基的生物质液体燃料油与化学品等高端产品，有助于从根本上缓解我国石油短缺的局面以及保障国家的能源安全，符合我国能源战略需求。随着人们对能源的需求增加，必将引起过程仿生学和能源仿生学的发展。当能源遇上仿生，必将引起一场能源技术革命。

由于石油资源需求的需要，仿生学以满足产品技术需要为基础，衍生而来的"石油工程仿生学"，借鉴了生物系统结构、原理和功能等特点，有针对性地发掘出石油工程的仿生创新来源，为石油工程的技术困难提供解决办法。材料仿生、表面仿生、信息模拟和工程模式是目前"石油工程仿生学"四大研究方向，涵盖了石油产业的大部分生产要求。

风电是新能源增长最快的行业之一。资料显示，"仿生兽"正在为风能利用提供更为强大的动力。目前，仿生学虽然已经在能源行业领域取得了不少研究成果，但仿生学与能源行业结合依然很少，大多数成果还是仿生功能，而不强调仿生机理。从仿生功能到仿生机理，能源行业与仿生学的结合，还需要艰难的跨越。

厌氧消化(AD)技术可以将有机质经微生物生化作用转化成沼气(主要成分为甲烷和二氧化碳)，利用AD技术可以广泛地处理如餐厨垃圾、畜禽粪便、市政污水/污泥、农业秸秆等生物质或有机废弃物。

在 AD 过程当中，微生物将大分子有机物降解为甲烷和二氧化碳。首先，大分子有机物通过发酵变成了小分子有机物，厌氧微生物不需要其他外源的电子受体，在发酵初期由分解产生的有机物作为这个体系的电子受体。中间产物经过产甲烷菌的无氧呼吸过程后，将二氧化碳作为电子受体产生甲烷。在中间产物的甲烷化过程当中会有两种细胞外长程电子传递方式，分别是间接种间电子传递和直接种间电子传递。来自 Massachusetts 大学的 Lovley 等研究人员发现了导电细菌 *Geobacter sulfurreducens* 鞭毛能够导电的核心氨基酸。中央轴纤丝是由蛋白质所组成的，就如电线里的铜丝。Lovley 等改造了 *Geobacter sulfurreducens* 纤丝蛋白中位于 C 末端的氨基酸序列（该末端的氨基酸序列差异被认为是导致 *Geobacter sulfurre-ducens* 不同菌株导电性差异的重要功能域），用丙氨酸代替了野生型中 5 个芳香族氨基酸，该工程菌株命名为 Aro-5。研究发现，与野生型相比，Aro-5 形态结构没有差别，但对培养基内的 3 价铁离子还原成 2 价离子的能力降低，证明 Aro-5 传递电子的能力降低。该研究结果表明 *Geobacter sulfurreducens* 鞭毛蛋白中的芳香族氨基酸对电子长距离体外传递的重要性。

本章首先概述厌氧消化过程中的微生物，外加仿生酶如何强化剩余污泥厌氧水解；其次，通过模仿菌间互营关系，探究碳材料在厌氧消化中的作用；第三，介绍腐殖质是如何形成的，模拟了二氧化碳在自然界的循环；最后，介绍了瘤胃仿生反应器和仿生膜反应器在厌氧消化中的应用进展。

第一节　菌和仿生酶

一、厌氧消化过程中的微生物

参与厌氧消化过程的微生物主要是细菌和古菌，它们都是原核生物[1]。其中常见的细菌有大肠埃氏杆菌（*Escherichia coli*）、枯草芽孢杆菌（*Bacillus subtilis*）、北京棒状杆菌（*Corynebacterum pekinensis*）等，其中工业发酵中常用到枯草芽孢杆菌两类，可以用来生产淀粉酶、蛋白酶等。互营联合菌种之间形成的种间氢转移现象，这种互营共生的关系在微生物中很常见，比如地杆菌和产甲烷菌可形成依赖直接电子传递的互养共生关系，地杆菌氧化有机物并将释放出的电子直接传递给产甲烷菌，产甲烷菌再利用电子将二氧化碳（CO_2）还原生成甲烷[2]。产甲烷菌属于专性厌氧菌，主要分为甲烷杆菌目、甲烷球菌目和甲烷微菌目，与产酸菌相对应又可分为食氢产甲烷菌（反应式：$CO_2+4H_2\!=\!CH_4+2H_2O$）和食乙酸产甲烷菌（反应式：$CH_3COOH\!=\!CH_4+CO_2$）两大类。厌氧消化过程中不产甲烷菌与产甲烷菌的关系如图 5-1 所示。

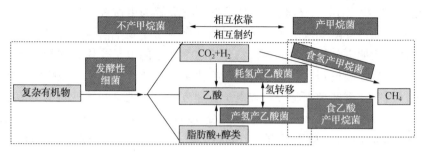

图 5-1　厌氧消化过程中不产甲烷菌与产甲烷菌的关系

二、外加酶强化剩余污泥厌氧水解

污泥成分复杂，通常含有病原体、寄生虫卵、难降解有机物和有害重金属等物质，这就需要对污泥进行科学的妥善处理，否则容易对环境造成二次污染[3]。据预测，2020 年全国城市污泥产量将突破 60000kt/a[4]。污水污泥、农业废弃物、餐厨垃圾等处理都会用到厌氧消化技术[5]。厌氧消化过程主要包括水解、发酵、产酸和产甲烷过程，其中水解是此过程的限速步骤[3]，加之剩余污泥的可生物降解性差，这些都制约了污泥的厌氧消化。所以强化剩余污泥水解是污泥处理的基础和前提，常见的方法有物理法、化学法，生物法。外加酶的污泥处理方法具有操作简单、缩短污泥水解时间、改善污泥的脱水和消化性能等优点，而且，对环境不会产生二次污染，具有较好的发展前景。

酶可以作为生物催化剂。通过外加酶生物体内的化学反应可以在温和的条件下高效地进行。在最近的几十年中，国内外才出现将酶用于污泥水解的相关研究中，并指出其在水解过程中具有重要的作用[6]。Asa Davidsson 等[7]在间歇消化试验中研究了酶法对污泥厌氧消化的促进作用。发现在预水解中添加酶可以显著提高甲烷产量。进一步的试验比较了添加新鲜污泥和循环消化污泥的区别。发现这两种方法都显著增加了甲烷产量。在连续的中试规模消化过程中，酶与新鲜污泥同时添加，产量最高。陈小粉等[8]为寻找酶水解污泥的最佳条件，通过研究水解过程中各物质的变化，考察了微好氧条件下单酶淀粉酶、复合酶(α-淀粉酶和中性蛋白酶)对剩余污泥热水解的影响，并对酶水解过程的动力学进行了分析，并通过正交试验研究各因素对污泥酶水解的影响。

但外加酶法也有缺点，比如酶不易回收，易失活等。因此，模拟酶污泥减量技术开始受到相关研究人员的关注。模拟酶污泥减量技术是将与生物酶具有相似催化作用和选择性的化合物应用于污泥厌氧水解过程，以实现污泥的减量化目的。周来丰等[9]研究了金属铁卟啉作为细胞色素 P450 单加氧酶的仿生酶强化污泥厌氧水解。他将四氨基苯基铁卟啉通过硅烷法固载到磁性四氧化三铁纳米粒子上，然后对合成的固定化仿生催化剂进行了一系列分析表征。研究固定化仿生酶的投加量、反应温度和水解时间对剩余污泥厌氧水解的影响。结果表明，该固定化仿生催化剂可以有效促进污泥的水解效率。强化污泥厌氧水解的最优化条件为：固定化仿生酶的投加量100mg、反应温度50℃、水解时间7h。他还对合成的固定化仿生催化剂进行了循环试验，经过五次重复使用后，发现还原糖和氨氮的浓度、VSS的去除率等几项关键参数指标只略微下降，证明该仿生催化剂的催化性能在使用多次后并无明显变化。污泥减量技术有望从根本上、源头上减少污泥的产量。

第二节　碳材料在厌氧中的应用

厌氧消化技术可以将有机质经微生物作用转化成生物沼气（主要成分为甲烷和二氧化碳），已成为一种具有经济吸引力的生物能源策略。除了生物沼气，厌氧消化过程还会产生具有进一步利用价值的沼渣[10]和沼液[11]。餐厨垃圾、畜禽粪便、市政污水/污泥、农业秸秆等生物质或有机废弃物也可以应用厌氧消化技术进行处理。厌氧消化技术处理有机物相比于焚烧和卫生填埋，具备更好的清洁性和经济性。

在厌氧过程当中，同型产乙酸菌和产甲烷菌将大分子有机物经过发酵和无氧呼吸协同作用，降解为甲烷和二氧化碳[12]。最初，通过发酵技术将大分子有机物转变为小分子有机物，此时厌氧微生物不需要其他外源的电子受体，通过底物水平磷酸化生成代谢产物并产生少量能量，在此过程中有机物同时进行氧化和还原，在发酵初期由分解产生的有机物作为体系的电子受体。发酵过程中大部分能量储存于产生的小分子有机物中，只有部分有机物被氧化。例如，同型产乙酸菌生成乙酸的反应为：乙酰磷酸+ADP（二磷酸腺苷）→乙酸+ATP（三磷酸腺苷），除了底物水平磷酸化产生的少量能量外，大部分能量存储于代谢的中间产物（如乙酸）中。与发酵过程不同，无氧呼吸过程需要细胞色素等电子传递介质，并在能量分级释放过程中通过氧化磷酸化作用生成ATP，大部分能量在没有充分释放前随电子传递过程传递给最终电子受体。中间产物经过产甲烷菌的无氧呼吸过程，将二氧化碳作为电子受体产生还原产物甲烷。在中间产物的甲烷化过程中，细胞外长程电子传递方式主要分为两种[13]，间接种间电子传递（mediated interspecies electron transfer，简称MIET）和直接种间电子传递（direct interspecies electron transfer，简称DIET）。相比于MIET，DIET具有更高效的电子传递效率，它可以独立地参与有机物的生物甲烷化过程，因为参与MIET的电子传递载体（氢气或甲酸）会抑制产甲烷菌的生理活性[14]。

2010 年 Summers 等[15]在金属还原地杆菌(*Geobacter metallireducens*)和硫还原地杆菌(*Geobacter sulfurreducens*)的共培养体系中观察到微生物团聚体的形成,这次发现揭示了厌氧消化微生物之间存在直接种间电子传递(DIET)的事实。Morita 等[16]发现在废水厌氧消化体系中,互营微生物电子传递途径不同于氢和甲酸作为载体的途径,并且体系中的团聚体具有导电性能。随后,Liu 等[17]和 Kato 等[18]分别发现颗粒活性炭(granular active carbon,简称 GAC)和纳米磁铁矿可以促进厌氧消化中的 DIET。Rotaru 等[19]研究乙醇生物甲烷化过程中微生物的作用,发现地杆菌(*Geobacter*)和甲烷鬃毛菌(*Methanosaeta*)协同完成 DIET,其中 *Geobacter* 将乙醇代谢产生电子,而 *Methanosaeta* 负责将乙酸盐转化为甲烷。随后,Rotaru 等[20]发现巴氏甲烷八叠球菌(*Methanosarcina barkeri*)也参与了 GAC 强化的 DIET 过程。2015 年 McGlynn 等[21]首次在单细胞层面提出 DIET 的理论模型,他们认为共培养的古菌和细菌之间的广义上的电子传递模型最符合实验数据。Holmes 等[22]提出 e-Pili 的概念以区分不参与 DIET 的菌毛。Yin 等[23]在长周期厌氧消化中不断投加纳米 Fe_3O_4,发现厌氧污泥的电导率、电子传输链的活性和胞外电子传递能力明显提高,同时厌氧消化系统的产甲烷性能也有所提升。

电子传递途径在微生物中各有不同,甚至同种的不同菌株间都可能存在差别。对于相同的菌种,在不同的生长环境下采用的电子传递策略都有可能不同。有些微生物在相同条件下会利用多种电子传递方式协同作用以完成胞外呼吸过程。目前,胞外呼吸过程的生物导电连接包括几种理论:①借助存在于厌氧菌细胞膜上的多血红素细胞色素 c 将电子传递给受体;②通过"生物纳米导线"(如菌毛 Pili 等)实现胞电子传递;③借助具有氧化还原性质的电子载体完成细胞内外的电子传递过程。虽然现阶段研究人员对于上述几种导电连接过程的探索已经做了大量的工作,但是生物导电连接对于胞外呼吸过程中直接电子传递的介导机制仍然不甚清楚。

近些年学者在厌氧消化体系中添加外源材料促进 DIET,以提高甲烷产量和甲烷产率[24-27]。外源材料包括颗粒活性炭(GAC)、生物碳、纳米零价铁、碳布、碳纤维、石墨、碳纳米管、石墨烯等,有些材料作为载体可以让互营菌和产甲烷菌附着,进而实现 DIET[18],有些是代替菌毛 Pili 和细胞色素 c 作为互营菌和产甲烷菌间 DIET 的渠道[28,29]。Liu 等[17]在乙醇和丁酸作为电子供体的甲烷八叠球菌属以及铁还原型地杆菌属的发酵体系中添加 GAC,通过实验发现 GAC 具有导电性,同时能促进 DIET。Dang 等[30]在狗粮的厌氧消化体系中添加碳布、碳毡、GAC,发现添加这些外源材料可以提高反应负荷,并且促进了 DIET。Liu 等[31]发现在导电菌毛 Pili 上附着纳米 Fe_3O_4,可以促进电子传递过程。

作为一种成本低廉、来源广泛的环保功能型材料,生物炭对于 DIET 过程的影响得到了学界广泛的关注。生物炭一般是指在无氧或少氧的环境里,生物质经一定温度制得的固体生物材料，它具有含碳量高、比表面积大的特点。当生物碳添加到厌氧消化体系中，反应后可以发现大量的微生物附着在生物碳表面[32]，同时体系的甲烷产量和速率都有明显提高[30]。在添加生物炭材料的厌氧消化体系当中，通过微生物分析可以看出，体系中富集了可能参与 DIET 过程的 *Geobacter* 和 *Methanosaeta*[30]。虽然生物碳的导电性远低于 GAC[32]，但在厌氧体系中，生物碳对底物降解、产甲烷速率和甲烷产量的影响具有同样的理想效果，学者认为生物碳参与 DIET 的方式与其他材料可能有所不同。有学者认为生物炭起到吸附剂作用，吸附了体系中对于微生物有毒有害的物质，使得厌氧微生物可以保持较高的生理活性[33]；有些学者认为因为生物碳比表面积大，可以为微生物提供良好的附着和生长环境[34]；有学者认为是生物炭的表面存在着醌基和酚基等官能团，这些官能团通过接受或者供给电子参与了 DIET 过程[35]；有学者认为生物碳材料的规则石墨结构介导了电子传递过程；还有学者认为多种因素共同影响生物碳的 DIET 过程。目前，因为生物炭存在多样性和复杂性的特点，并且难以直接表征出 DIET 过程，所以，生物碳影响厌氧消化 DIET 的机理仍然不清晰。因此，深入研究生物炭性质及其对厌氧消化的影响，对于新型生物炭基材料的设计和开发有重要意义。

近些年，越来越多学者开始研究纳米材料添加对厌氧体系的影响。Wang 等[36]和 Tian 等[37]在厌氧体系中添加纳米磁性金属及其氧化物，这些纳米材料可以有效地提升难降解物质的转化效率。但是纳米材料溶解性差，在环境中容易团聚，有的还具有生物毒性，这些因素都限制了纳米材料的应用。有学者为了提高材料的性能，将纳米材料与碳材料进行复合后添加到厌氧体系中。李叶青等首次将生物相容性好的氮、锌掺杂碳量子点加入厌氧消化系统中，发现碳量子点可能通过促进 DIET 继而促进厌氧产气[38]。Zhang 等[39]将纳米零价铁负载于 GAC 表面，可以有效提升其电化学属性，进而促进其对于厌氧消化体系当中的 COD 去除和甲烷生成。He 等[40]在碳布表面负载 MnO_2，发现材料的充放电性能得到有效提高。Yang 等[41]将 MnO_2 负载在 GAC 表面添加到厌氧消化体系中，发现复合材料有效促进了互营微生物的胞外聚合物(extracellular polymeric substance，简称 EPS)的分泌。同时，EPS 的空间分布也影响胞外电子转移效率，在 EPS 层中富集的锰离子促进了电子的流动，从而加速了胞外电子的转移。目前，将纳米材料与生物碳复合用于厌氧消化机理的研究报道较少，对复合材料结构设计、促进机制、微生物与材料间关系等关键基础问题的认识还不清楚。

第三节　腐殖质的形成过程

自然过程：在自然条件下，腐殖质的形成需要相当长的时间，涉及生物和非生物这两种反应，比如，那种通过在纸莎草和泥炭藓深层泥炭(低至20m)中分解然后形成的腐殖质可能持续长达至15000年[42]。以在黑土中形成土壤腐殖质的过程为例，在北温带地区发现的大面积黑土，由于有足够的年降水量(即相当潮湿的土壤，这是形成黑土的典型自然环境)，所以在四个不同的季节和阶段，温暖的时期有热量和丰富的降雨，而在漫长的冬季，土壤可以被深冻，这从根本上阻碍了生物过程并促进了化学作用。因此，土壤微生物活性相对较弱，导致枯叶和植物残渣的代谢较慢，经过数千年的生化过程，最终形成厚腐殖质层。

人工模拟：受自然过程的启发，可以认为在潮湿的生物质的自生压力下进行水热处理(不包括氧气)可以模拟自然的煤化过程，其加速因子最高为10^9。此外，作为非生物过程，水热处理通常可实现出色的碳收率：生物质中结合的大部分碳最终被收集并形成腐殖质。在目前的工作中，人工腐殖酸(A-HA)是通过一步一步水热技术以粗制生物质为前体成功合成的。从适当的碱性溶液开始，然后在酸性共价腐殖酸聚合物中精确生成相应数量的羧酸根。

动物或者植物最终的残留物，包括微生物和那些衍生出来的有机物质，它们的分解是土壤腐殖质的主要来源。其中，植物对土壤腐殖质的结构和成分的贡献最大。植物主要由结构性多糖和木质素以及少量脂质和蛋白质物质组成。在加速条件下对增湿过程进行真实模拟，以提供实际应用中的人工土壤有机质。因此，基于天然腐殖酸通常是水溶性的，相对低分子量的腐殖质材料，几乎没有芳香结构的事实，选择葡萄糖作为天然多糖的典型单体，作为产生A-FA的模型化合物[43]。先前的工作指出，葡萄糖可以通过碱性催化剂($C_4H_{12}O_6 \rightarrow 2C_3H_6O_3$)有效地转化为乳酸[44,45]。同时，如先前所发表的文章[46,47]，在保持弱酸性的条件下，葡萄糖可以经过脱水过程形成5-羟甲基糠醛-1-醛这一物质，其缩写为HMF。经过适当的pH处理以及后续相关程序化操作，形成的羟基酸和HMF可能重新结合并发生进一步的缩聚反应。符合所有结构数据的在水热条件下从碱性溶液中的葡萄糖中制备腐殖酸的可行方案。

从碳水化合物和植物废料中的腐殖质中提取腐殖质的设计化学途径很简单，这里进行简要说明。当在碱性介质中"蒸煮"碳水化合物及其聚合物时，即使是聚合的碳水化合物也会被"消化"(即变成无残留的液体)。在这个阶段，糖经历逆向醛醇加成和分裂成至少两个有机酸[48]，理想地为两个乳酸分子[44]。然而，对真实样品的分析表明，获得了包括琥珀酸在内的多种羟基酸和酮酸[49]。也就是说，碱性消化基本上模拟了微生物的酸解作用[46,50]。每个能中和至少两个碱基单元的糖分子，即糖是可自动中和碱性土壤或灰烬的活性物质。在完整的木质纤维素生物质中，纤维素和半纤维素都沿着相同的路径被消化，而木质素成分在水相中以酚盐的形式部分溶解，而更多的疏水性木质素冷凝物则未溶解。

因此，即使在中性条件下开始进行经典的水热碳化，也会迅速生成相同的有机酸，直到达到约 5 的 pH 值为止。在此 pH 值下，逆醛醇反应似乎停止，接下来，多糖首先水解，然后脱水成羟甲基糠醛（C_6 糖）或糠醛（C_5 糖）[47]。快速凝结成高度交联的碳质物质的单体称为水碳[44,45]。为了制备线形或微支化的腐殖质聚合物，现在很容易将酸解过程（生成具有结合水的羧基的羧基）和通过整个反应过程中的 pH 值浓缩相结合。当仅使用少于化学计量的碱（碱的量决定聚合物的酸官能度）时，反应中的 pH 值首先下降为弱酸性缩合，并且碳质骨架的缩合开始发生，这也涉及大部分形成的有机酸和酚。将该过程的改进版本命名为"水热腐殖化"（HTH）。

东北大学杨帆团队以葡萄糖为模型化合物和两种不同的粗生物质模型探索了该途径[51]，从郁金香树和山毛榉的木屑中提取了干果，干果样品每批 20kg，富含油和蜡，构成疏水生物量模型，而木屑则具有亲水性。实际上，在所有情况下，均获得了与水溶胀的固体树脂共存的深棕色液相。在强酸的 pH 值下，液相可能会完全沉淀，表现出和天然腐殖酸相似的特征。

第四节　模拟二氧化碳在自然界中循环

当下，研究人员关于大气中碳循环的科学研究主要在是通过陆地板块和其相邻的海盆的大气层，对于大气输送的过程采用了模型估计，

通常来说大气模型可以被分为两类：物理模型和数学模型。模拟一个实际小规模的大气输送过程就是所谓的物理模型，例如，在一个小的区域或者小风场中进行小范围的模拟，这对实际输送过程的模拟具有一定的局限性。而所谓的数学模型可以分为两类，一是以先前数据统计分析为基础而建立的数学统计模型；二是以描述物理化学过程在大气中的演变为基础而建立的输送模型。

最近十几年以来，中国科学院大气物理研究所在大气环境模拟研究中也取得了一定的成果，胡非等[52]总结了以下几个方面，包括大气边界层的探测过程和其结构特征、大气湍流的理论、不同区域大气污染预测预报模式研究等得到的重要结果；王自发等[53]做出的详细报告立足于对大气环境数值模拟的研究进展。所建立的全球二维条件的平均化学模型（纬向），包括了从地面到 25km 高度的大气成分，其中包括 34 种成分和 104 个光化学反应的模拟。该模型是研究全球循环经济的最有用的手段[54]。大气经过自身反应所建立的以二氧化硫、尘埃、无机盐、气溶胶等作为主要研究对象并立足于三维情况下的全球大气输送模式，不仅将上面的多种大气层化学成分的地面源排放、平流过程、扩散过程、化学转化过程以及干沉降、湿清除等过程列入了考虑，而且采用了地形追随坐标系，利用

NCEP/NCAR 再分析资料这个数据作为驱动气象场，并模拟分析了 2004 年全球二氧化硫、黑炭、尘埃、沙尘气溶胶的浓度分布和输送态势[55]。

目前世界上比较先进的全球大气模型是 GEOS-Chem（the Goddard Earth Observing System, GEOS）模型和 ATTMIP（the Atmospheric Tracer Transport Model Intercomparison Project, 大气示踪输送模式比较计划）所研究的模型。ATTMIP 源于在 Carqueiranne 召开的第四次二氧化碳国际会议。IGBP（the International Geosphere-Biosphere Programme），属于国际地圈生物圈计划的特别项目和全球分析、解释和建模项目（Global Analysis, Interpretation and Modeling, GAIM），其目标是量化和诊断由于大气输送的错误模拟而导致的全球碳预算反演计算结果的不确定性。该项目是一个更大的全球分析、解释和建模研究项目的一部分，其目的是示踪气体随着气候和较大规模的人为活动的变化而变化。GEOS-Chem 这一多功能工具是立足于三维模型，研究全球对流层化学输送过程的模型，应用于大气各种组成成分的问题研究中 Evans（2005）研究了五氧化二氮的水解对 GEOS-Chem 模型模拟气溶胶的影响，通过提高 NO_x 和臭氧的浓度参数可以提高 GEOS-Chem 模型气溶胶模拟的可靠性。目前，利用 GEOS-Chem 模型对大气二氧化碳循环的研究较少。

如果说大气层可以作为二氧化碳的存储基地，那么陆地生态系统则是全球碳循环过程中极其重要的碳源，它的复杂之处在于其中地表-地下-大气之间的相互作用，而它的重要性则体现在它可以维持自然界的平衡和发展[56]。在陆地上生长的植物利用自己的器官进行光合作用，并且通过这个作用来吸收大气中的二氧化碳，然后转化成有机碳水化合物形式储存在植物体内，并且固定为有机化合物，形成总初级生产量，而后又通过自养呼吸作用、分配光合产物和有机质的腐烂（异氧呼吸）等过程，将固定好的碳传输至大气或者植物器官的碳库和腐败物碳库等，在不同时间及空间尺度上的各种呼吸途径或（人为或自然的）扰动将二氧化碳返回大气。陆地生态系统碳循环如图 5-2 所示。

陆地生态系统碳循环模型，是用数学的方法定量的相互关系，及陆地碳循环及其与全球碳循环变化之间的关系[57]，主要分为：生物地理模型、生物地球化学模型、针对大气-陆地圈的耦合模型等。

在海平面到 100m 深的混合层内，其中一些浮游植物通过自己特有的功能进行光合作用，目的是将 CO_2 转化为颗粒有机碳（有生命），随着食物链传递，浮游植物转移至浮游动物，这些有机碳也随之传递，而随着各级动植物不同的自然过程等产生大量的非生命的颗粒态有机碳，并逐渐向下沉降与转移进入下层海水，同时浮游生物边沉降边分解，释放出二氧化碳。海洋生态系统碳循环如图 5-3 所示。

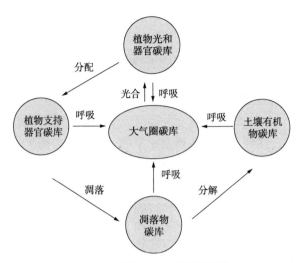

图 5-2 陆地生态系统碳循环

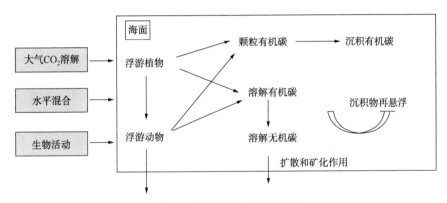

图 5-3 海洋生态系统碳循环

对于海洋碳循环的研究，除了在海洋上进行直接观察外，还可以采用数值模拟的方法。自从 20 世纪 70 年代开始，科学家利用各种模型对海洋碳循环进行研究，探讨海洋-大气的相互耦合影响，预测未来全球的气候变化[45]。海洋碳循环模型主要包括以下几种：箱式模型、海河生物化学环流模型、环流模型以及海气耦合大气环流模型等[58]。

人口数量不断增多，生命活动加快，不可再生资源用量猛增，绿地树木被严重破坏，大气中温室气体含量上升，并且各种气溶胶微粒含量也一直增加，造成了温室效应加剧，造成了全世界各地区的气温上升，是近年来国际社会最为重视的一大环境问题。与此同时，化石能源枯竭对人类发展的制约，也让人头疼。金放鸣教授——来自上海交通大学，首先提出一种新方法，即利用生物质水热原位转化二氧化碳，在实验室基础上，通过高温高压，人工模拟地质水热条件，人工

再现水热还原 CO_2 有机物的自然现象。金放鸣教授的前期研究成果表明,利用生物质原位还原 CO_2 具有可行性。

金教授提出这样的观点:我们所认识到的碳资源是不断转化的,主要通过大气、水,生物链转化,这样才能保证生态循环的一个平衡。但是人类这样不加控制地使用煤炭石油等能源,导致化石能源消耗速度非常快,远远大于生产的速度,而温室气体例如 CO_2 的排放速度也远远大于它被植物等吸收的速度,使得含碳废弃物大量积累,这样就使得地球上原来的平衡状态失衡了。然而地质研究表明,在地壳中,煤炭等化石燃料的形成也不能说慢,在高温高压水热反应场中,将自然界中的某些物质转化为燃料的速度还很快,之所以说它形成速度慢,这是因为废物沉降到反应地点这个过程很长,因此需要的时间漫长。但在生物质水热还原 CO_2 的体系中,从有机物质转化为不可再生燃料的时间可以被大幅度缩减,同时生物质氧化这一过程是放热的,这一反应——即生物质还原 CO_2,不需要外加能量,可以仅利用生物质储存的太阳能就可以实现高效快速循环碳资源的目标。在未来,当上文提到的水热氧化还原 CO_2 技术能够在全球应用,那么人类生活将进入可以自主调控碳循环的时代。

在 CO_2 还原为有机物的反应中,氢为必需元素。开发廉价、有效的氢源是 CO_2 还原的关键。水是地球上最丰富的氢源,分解水还原 CO_2 是极具潜力的研究方向,其中太阳能分解水还原 CO_2(人工光合作用)最为理想,但其效率低的瓶颈一直未突破,限制了实际应用。催化加氢转化 CO_2 为另一个重要的方向,尽管 1994 年诺贝尔化学奖得主 Olah 教授发展的 CO_2 催化氢化制备甲醇技术已经在冰岛成功地在模试装置上运转,但氢源来自不可再生的化石能源,而且存在氢气的储藏、运输、安全等问题,同时由于 CO_2 的化学稳定性,氢气还原 CO_2 一般需要贵金属的特殊催化剂。因此,如何廉价、高效分解水产氢,同时原位高效还原 CO_2 是当前全球面临的科学挑战[59]。

非生物成因有机物学说认为,在漆黑没有太阳光的深海/地球深部,高温高压水中溶解的 CO_2 转化为有机物主要涉及高含铁矿石的还原作用[$Fe(II)+H_2O+CO_2 \rightarrow Fe(III)+H_2+C_xH_yO_z$]。该自然现象预示金属铁,甚至其他金属也具有水热分解水还原 CO_2 的潜力,也即,通过模拟地质水热环境,采用金属水热产氢原位还原 CO_2 有望解决 CO_2 还原的廉价、有效氢源以及高效 CO_2 还原的长期难题,同时,可望实现地质水热还原 CO_2 自然现象的快速人工再现。

为此,金放鸣课题组开展了金属铁及其他廉价金属(Zn、Al、Mn 等)水热还原 CO_2 的探索研究,成功实现了 CO_2 及碳酸氢盐高效、快速、高选择性地转化为甲酸、甲烷、甲醇等有机物,创造了近 90% 甲酸收率,98% 甲烷收率的最高纪录。研究还发现 CO_2 如此高效快速还原的关键是由于金属氧化物的自催化作用所致，即，水热环境下金属分解水产的氢未离开水相，直接吸附在原位生成的金属氧化物（MO_x）表面，形成高活性的 MH_2 负离子中间体，该高活性负离子中间体形成是高效还原 CO_2 的关键，其直接进攻 HCO_3^- 的亲电中心生成有机物。

这些成果不仅为分解水高效还原 CO_2 开拓了新方向，而且有望开辟结合太阳能驱动的金属氧化物还原，实现金属分解水还原 CO_2 产有机物的新型高效人工光合作用的新途径，获得的经由 Zn/ZnO 循环，从太阳能到甲酸的总能量转化率可高达 5%。同时，这些结果也为解开生命起源之谜提供了重要的理论数据支撑。

第五节　瘤胃仿生反应器和仿生膜反应器

一、人工瘤胃仿生反应器

玉米秸秆作为一种废弃物，由于处理方式不当，造成了资源破坏和环境污染。厌氧发酵被认为是一种较好利用玉米秸秆的方法，具有能耗低、污染小、附加值高的优点[60]。通过使用上流式厌氧污泥床（UASB）以及膨胀颗粒污泥床（EGSB）厌氧反应器，污水厌氧处理的有机负荷（OLR）被大大提高，有的可以达到 50kg COD/（$m^3 \cdot d$）甚至 100kg COD/（$m^3 \cdot d$）以上，但是在高固含率物料方面的研究比较落后[61]。本节对人工瘤胃仿生反应器以及仿生膜反应器在厌氧消化的应用进行了介绍。

（一）反刍动物消化系统

反刍动物通常指牛羊等偶蹄目食草动物，其消化部位是由瘤胃、网胃、瓣胃和皱胃组成的。

如图 5-4 所示，通过舌、唇或门齿进食后，食物经过咀嚼、被切断、粉碎，下咽，一般仅初步咀嚼是不够的，还需要咀嚼反刍过程。

食团穿过食道进入瘤胃，其容积效率约为四个胃总容积的五分之四，瘤胃发酵通过微生物产生有机酸。

网胃主要作用是分离，将食物没有完全消化的部分返回瘤胃继续厌氧消化。瓣胃的主要作用是吸收剩余的有机酸、脱水，含水率较低的残渣再进入皱胃。瓣胃位于网膜与瘤胃交界处右侧，呈球形。

（二）人工瘤胃仿生反应器

当前反刍动物瘤胃发酵主要是利用目标动物等进行活体内瘤胃发酵试验，由于活体内试验存在实验周期长、需要动物繁多、环境因素不易操控、成本高的缺点，从而使研究受到一定限制，因此各种活体外人工瘤胃法随之出现[63]。不同动物消化系统等价图如图 5-5 所示。

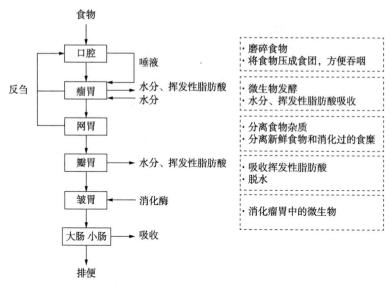

图 5-4　反刍动物消化系统的示意图[62]

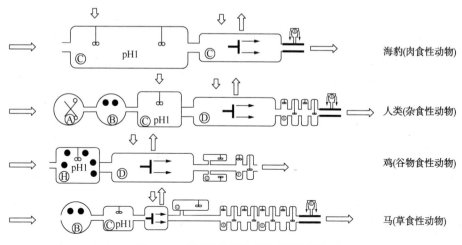

图 5-5　不同动物消化系统等价图[62]

　　Louw 等[64]使用透析袋或半透膜来模拟瘤胃吸收过程，经过改进技术开发出人工透析瘤胃系统。侯哲生[65]在以秸秆为碳源的微生物进行固态基质发酵中，研发了反刍动物瘤胃组织结构以及仿生系统，设计了蠕动式发酵罐。通过过滤器和燃料箱一体耦合膜，以实现液体培养基和发酵代谢产物连续进料的连续分离。

　　根据模拟反刍动物消化策略的仿生反应器主要有管式反应器（PFR）、序批式反应器（BR）和连续搅拌反应器（CSTR）等。由于消化液通过盲肠和结肠这一管状容器连续流动，Hume 等[66]将后肠发酵首次与 PFR 进行了比较。在典型的 PFR

中，反应物在径向瞬时连续混合，但在轴向没有明显程度的混合，而材料离开反应器的顺序与它们进入反应器的顺序相同[67]。进入大肠的原料通过管式反应器，它的浓度在从入口到出口的过程中降低。然而，大肠发酵并不是一种理想的 PFR[67]。

因此，后肠发酵可以被称为一种改进的 PFR，即几个 CSTR 串联在一起[68]。同时采用了半透膜来去除产生的挥发性脂肪酸(VFAs)。这些厌氧消化过程既与动物生理有关，又与环境生物工程有关，并且瘤胃模拟技术(RUSITEC)可改善家畜营养和瘤胃衍生厌氧消化系统(RUDAD)可提高木质纤维素废弃物沼气产量。RUSITEC 可以简单地定义为使用以瘤胃为基础的微生物接种物的厌氧消化过程，其通过反应器的分区提供了瘤胃内三种主要的微生物种群结构。其中，首先受稀释率影响较大的是游离微生物，其次是松散地附着在基质颗粒上的微生物，最后是与基质颗粒牢固结合的微生物(纤维素分解菌)。为了研究 RUSITEC 对厌氧消化的影响，将固体瘤胃内容物放入尼龙袋中，将待消化的材料放入第二个袋中，然后将两袋放入穿孔笼子中，滑入充满人工唾液的反应器中[69]。Hoover 等[70]设计了瘤胃发酵的连续流系统，通过对溢流液的过滤，提高了发酵罐中瘤胃原生动物的维持率。这延迟了固体保留时间，而不影响发酵性能。然而，出水过滤系统持续堵塞。Teather 等[71]提出了一种部分搅拌的发酵罐，使用基于瘤胃的微生物接种，在反应器的底部三分之一处有溢流口，并有一个螺旋叶片，通过切开它来轻轻地混合材料。这种反应器允许根据固体悬浮颗粒的密度分层，因为完全消化的物质往往会沉入反应器底部。因此，离开系统的材料是通过重力选择的，方式与饲料颗粒通过瘤胃的方式大致相同。这个发酵系统比前面描述的 RUSITEC 更好地模拟了瘤胃的功能。然而，和以前一样，出水系统很容易堵塞，特别是当使用富含纤维的基材时。

因此，如图 5-6 所示，Muetzel 等[69]提出了一种类似 RUSITEC 的连续装置来绕过堵塞问题。通过对溢流的改进，既可以保持先前模型中消化液的沉降，又可以保持悬浮固体颗粒的分散，从而防止了出水系统的堵塞。这一过程还允许在发酵容器内形成一个筏垫，原生动物可以在那里生存。因此，无论是最终产物还是微生物活性，该装置都能很好地代表瘤胃发酵。然而，据报道，微生物平衡发生了变化。这些基于 RUSITEC 的结果清楚地表明，在瘤胃和大肠中发生的微生物发酵是超出沼气池中通常存在的环境条件的生物过程。

长期以来，研究人员一直认为将瘤胃发酵原理应用于工业厌氧消化系统是减少和稳定木质纤维素废物，同时回收沼气作为可再生能源的一种有吸引力的策略。使用瘤胃微生物接种的最复杂的一段式厌氧消化系统是瘤胃厌氧序批式反应器(瘤胃-ASBR)[72]。

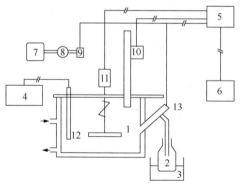

图 5-6　发酵罐的总体布局[69]

1—水套玻璃容器；2—溢流瓶；3—冷却(4℃)水浴；4—用于记录 pH 值和温度的 PC；5—控制单元；
6—用于控制搅拌、进料和缓冲剂分配的 PC；7—缓冲器；8—缓冲泵；9—用于分配缓冲剂的蝶阀；
10—进料器；11—搅拌器；12—pH/温度探头；13—齿轮电机，避免溢流堵塞

Barnes 和 Keller 以 6h 为周期操作瘤胃-ASBR[72]，可产生 210~230mg COD/L·h 的 VFAs，但瘤胃-ASBR 与瘤胃功能仍有较大差异。微生物种群可以在发酵系统和瘤胃功能之间进行联系。此外，一方面，作者没有提供关于发酵周期可能对真核生物(原生动物和厌氧真菌)保留影响的信息。另一方面，瘤胃-ASBR 需要连续的固体处理和对高固体分泥浆的过滤，设计复杂，这使得该过程成本高昂，难以放大。由 Gijzental 等[73]首先开发的两阶段 RUDAD 系统比一阶段工艺更有效。RUDAD 概念假定单个反应器不能同时为水解和产酸微生物以及产甲烷菌提供最佳条件[73]。因此，RUDAD 具有串联连接两个反应堆的功能。两阶段的工艺具有如下的优点：①增加整个过程的稳定性[74]；②为古生菌提供抵御冲击负荷的保护[75]；③去除(至少一部分)对古菌有毒的化合物[76]；④丰富沼气中的甲烷含量，因为大多数稀释剂 CO_2 将在产酸阶段产生[76]。然而，RUDAD 过程中从生产 VFAs[约 6g VFA/(L_{rumin}·d)基于 COD]测量的固体分解率仍然低于真正的瘤胃[约为 18g VFA/(L_{rumin}·d)，基于 COD][72]。因此，产酸阶段仍然是整个发酵系统的限制步骤，而且产酸废水的过滤造成了 RUDAD 工艺难以放大的问题。基于高沼气回收率的 RUDAD 发酵罐的有效性似乎与第二阶段使用的高速产甲烷反应器(UASB)有关，而与产酸反应器的有效性无关。因此，RUDAD 技术的发展仍然需要借鉴反刍动物的消化过程。

改善木质纤维素生物质厌氧消化的发展不应仅仅是对环境条件(pH 值、氧化还原、温度等)的简单模拟。改进过程如下：优化原料混合模式，以便将大的未消化的颗粒从细小的消化液中分离出来；利用原生动物和真菌种群进行生物增强；部分微生物种群的固定和微生物、固体、液体的滞留时间之间的分离。

二、仿生膜反应器

近年来，随着人们对高品质的水环境的追求，传统的生物处理工艺出水已经很难满足日益严格的污水排放标准。各种新的、改进的和有效的生物污水处理技术已经出现。但在国际范围内，目前的高性能膜组件仍然是在基本价格以上，膜容易堵塞和清洁的问题也不能得到解决。近几年来研发了能较好抗膜污染的仿生膜，它的原料易得并且廉价，制备方法比较简单，其膜价格水平低于无机膜和有机膜。

沈树宝等[77]制成了仿生膜生物反应器，他们得出，对于农药废水来说，好氧仿生膜生物技术反应器有很好的处理效果，系统具有抗负荷冲击能力强、出水水质好的优点。当废水是化学需氧量 650mg/L，流出物化学需氧量为 100mg/L 时，达到了国家排放标准（GB 8978—1988）80% 的 CODcr 去除率，降低了运营成本。除此之外，由于含水通道蛋白的仿生膜具有优越的选择渗透性能，因此已成为海水淡化及水处理领域的关键[78]。含 AQP 仿生膜在水处理技术主要有如下几方面应用：①含 AQP 仿生纳滤膜的性能。由于 AQP 的存在仅允许水分子以极快的速率通过，含 AQP 的纳滤膜达到了近 100% 的截留率。②含 AQP 仿生反渗透膜的性能。在水处理和海水淡化领域，和传统的反渗透膜的产物相比，含 AQP 的膜具有较高的水通量和盐截留率的优点。并且膜中 AQP 的含量越高，膜对于水分子运输及其他分子的截留效率也就越好。③含 AQP 仿生膜具有正渗透膜的性能。由于含 AQP 仿生正渗透膜具有优秀的膜分离性能，从而在生活中有着广泛的应用。

第六节　仿生在微生物燃料电池中的应用

1766 年动物学家 Linnaeus 将一种自身带电的鱼命名为 Electrophorus electricus。但是实际上人类对于自身可以带电的鱼的研究可以追溯至公元前 2750 年。当时的古埃及就有对尼罗河"电鲇"的记载，他们坚信此鱼造成的电击感可以使疾病痊愈。随后时间发展到 15 世纪，"lighting"成为此种鱼的代名词，这也是将生物与自然界现象联合在一起的开端。直到 16 世纪，电学领域被大量研究，人们才开始将电鳗发电现象解释为正负电荷的运动。

随着对电学研究的深入展开，科学家通过分析电鳗发电的原理，即仔细研究电鲇这种动物的身体构造，他们发现这些器官都是由许多身体内的肌肉纤维演化而来的小方块，这些小方块被叫作电板，就相当于我们熟知的电池中的锌片和铜片。这些电板被浸泡在透明的胶状液体中，它们彼此之间又由极薄的膜隔开，同时在脑神经的支配下，共同作用完成"产电"功能。电鳐体内有数以百万计的电板，其实单个电板产生的电压并不是很高，但是这么多电板串联在一起，积少成多，就产生了很高的电压。科学家根据此种构造及启示，制造出了电池，并细分出了不同种类、不同功效的特殊电池。

最近几年，一种新型燃料电池开始走进人们的视野，并在日常生活中有着越来越重要且广泛的应用，它就是——微生物燃料电池（Microbial fuel cell，简称MFC）[79]。它可以在具有产电功效的微生物菌群的催化作用下，通过微生物的氧化作用将有机物分解，并以电能的形式输出，使有机物中的资源得以再利用[80]，最重要的是，相较于传统的燃料电池，MFC 在将化学能转化成电能的过程中可大大降低能耗[81]。

微生物燃料电池主要分为两类：单室 MFC、双室 MFC。研究发现，这两种类型电池的相同之处是其皆可利用有机物作为其底物进行发电，但不同之处在于单室微生物燃料电池的有机物降解率最高只能达到 50.63%；而双室的降解率则可高达 81.8%±3%，并且在稳定性方面具有良好的表现[82]。由此我们可以分析出，在产电性能及降解性能方面，双室微生物燃料电池的优越性是要显著高于单室 MFC 的，因此近年来越来越多的工厂操作人员及实验室研究人员选择双室微生物燃料电池作为微生物燃料电池反应器[83]。我们不难发现，双室 MFC 主要由三部分构成，分别是阳极室、阴极室及膜。对阳极室进行密封处理，以此来保证其纯厌氧环境，并在阳极室内内置供微生物生长的阳极电极，阴极室内置阴极电极作为氧气与电子反应的场所，通常会利用氧气泵向阴极液内曝气，以维持充足的溶解氧浓度。这种结构的微生物燃料电池，其所依据的基本工作原理为：有机物在阳极室内通过微生物群落被分解，并在这个过程中产生了电子、质子以及代谢产物，电化学活性微生物将电子捐赠给阳极，该电子被释放出来的这个过程是通过氧化有机物而实现的。这些电子通过外部电路从阳极流向阴极，由于耦合到电子流的电势差而导致产生电能，与此同时，质子通过隔离物迁移到阴极，并与电子和电子受体反应形成水。由于电势梯度，这允许质子自由移动到阴极，又抑制氧气向阳极的扩散[84]。这种结构的微生物燃料电池，其所依据的基本工作原理为：有机物在阳极室内通过微生物群落被分解，并在这个过程中产生了电子、质子以及代谢产物，电化学活性微生物将电子捐赠给阳极，该电子被释放出来的这个过程是通过氧化有机物而实现的。这些电子通过外部电路从阳极流向阴极，由于耦合到电子流的电势差而导致产生电能，与此同时，质子通过隔离物迁移到阴极，并与电子和电子受体反应形成水。由于电势梯度，这允许质子自由移动到阴极，又抑制氧气向阳极的扩散[85]。典型的使用双室微生物燃料电池的示意图如图 5-7 所示。

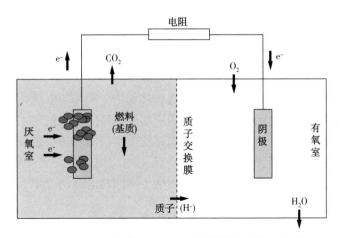

图 5-7 典型的使用双室微生物燃料电池的示意图

同时，MFC 产电能力的强弱与很多因素有关，包括电池的结构以及运行条件，其中阳极富集微生物的量及种类是影响 MFC 产电大小的关键因素之一[86]。产电微生物既是 MFC 系统的催化剂，决定着阳极的氧化反应及阴极的还原反应，又是电池中电子传递的关键介质，决定着 MFC 产电效率的高低[87]，因此，围绕产电微生物展开的科学研究，对推进 MFC 技术实际应用至关重要。研究显示，能够用于 MFC 产电的微生物种类很多，涵盖细菌、真菌及藻类等各种微生物。细菌主要包括 α-、β-、γ-、δ-变形菌门、厚壁菌门及其他个别克隆细菌；真菌主要以 *Hansenula anomala* 为主[88]；藻类则主要包括集胞藻、小球藻、微藻[89]等。目前，多数 MFC 研究以细菌类微生物为接种物，可分为纯菌及混菌两种接种方式，纯菌接种一般用于考察产电性能，而混菌体系在稳定性及抗冲击负荷方面则有着较为突出的表现。

基于微生物燃料电池可以直接将有机物中的化学能转化为电能输出并回收一部分能量的特性，将 MFC 应用于有机废弃物处理已得到了广泛的关注，其中最广泛的应用就是处理有机废水。研究表明无论高负荷或是低负荷的废水都能被 MFC 处理。以生活污水为例，利用厌氧技术和好氧技术相结合的方式来处理污水，虽然水中的有机污染物被有效地去除了，但其中的能量并没有被合理地回收利用。生活污水有机负荷小，相比于厌氧消化，MFC 在处理低浓度废水时更具优势。部分利用生活污水作为底物的 MFC 已经能够实现能量的自我供给。由于生活污水污染物组成成分相对简单，对阳极微生物抑制作用小，因此适合作为 MFC 底物。

因此，将 MFC 技术应用于厌氧领域，探索不同有机废弃物作为微生物燃料电池底物的可行性，进而分析微生物燃料电池技术作为有机废弃物处理工艺的可

147

能，既可最大限度地回收有机物降解过程中产生的能量，又可利用 MFC 阳极的厌氧环境提高废弃物的可生化性，进而有利于降解有机物的后续处理，对 MFC 技术在废弃有机物领域的应用进行有益的探索，为我国有机废弃物处理作出实质性贡献。

本章概述了厌氧消化过程中的微生物，外加仿生酶如何强化剩余污泥厌氧水解；其次，探究了碳材料在厌氧消化中的应用及腐殖质是如何形成的，模拟了二氧化碳在自然界的循环；最后，介绍了瘤胃仿生反应器和仿生膜反应器在厌氧消化中的应用进展，及仿生在微生物燃料电池中的应用进展。通过对微生物仿生、厌氧消化、二氧化碳循环、仿生反应器和微生物燃料电池的介绍，为后人研究微生物仿生等技术提供了借鉴。

参 考 文 献

[1] 唐涛涛，李江，杨钊，等. 污泥厌氧消化功能微生物群落结构的研究进展[J]. 化工进展，2020，39（1）：320-328.
[2] 钟雯，蒋永光，石良. 细菌与古菌之间的直接电子传递[J]. 微生物学报，2020：1-10.
[3] 李宵宵，吴丽杰，任瑞鹏，等. 高含固污泥厌氧消化处理技术研究进展[J]. 现代化工，2020，40(8)：21-25.
[4] 杨裕起. 城市污泥处理处置技术研究进展[J]. 化工设计通讯，2020，46(2)：223，231.
[5] 郑倩. 厌氧消化技术在农村生活污水处理中的应用[J]. 资源节约与环保，2020，(6)：89.
[6] Karam J, Nicell J. Potential Applications of Enzymes in Waste Treatment[J]. Journal of Chemical Technology and Biotechnology, 1997, 69: 141-153.
[7] Davidsson A, Wawrzynczyk J, Norrlow O, et al. Strategies for enzyme dosing to enhance anaerobic digestion of sewage sludge[J]. Journal of Residuals Science & Technology, 2007, 4(1): 1-7.
[8] 陈小粉. 外加酶促进剩余污泥热水解的研究[D]. 湖南：湖南大学，2011.
[9] 周来丰,. 金属卟啉仿生酶强化剩余污泥厌氧水解的减量技术研究[D]. 湖南：湖南大学，2014.
[10] Li Y, Park S Y, Zhu J. Solid-state anaerobic digestion for methane production from organic waste[J]. Renewable and Sustainable Energy Reviews, 2011, 15(1): 821-826.
[11] Prajapati S K, Kumar P, Malik A, et al. Bioconversion of algae to methane and subsequent utilization of digestate for algae cultivation: A closed loop bioenergy generation process[J]. Bioresource Technology, 2014, 158: 174-180.
[12] Kim J, Lim J, Lee C. Quantitative real-time PCR approaches for microbial community studies in wastewater treatment systems: Applications and considerations[J]. Biotechnology Advances, 2013, 31(8): 1358-1373.
[13] 黄玲艳，刘星，周顺桂. 微生物直接种间电子传递：机制及应用[J]. 土壤学报，2018，55(6)：1313-1324.
[14] Viggi C C, Rossetti S, Fazi S, et al. Magnetite Particles Triggering a Faster and More Robust Syntrophic Pathway of Methanogenic Propionate Degradation[J]. Environmental Science & Technology, 2014, 48(13): 7536-7543.
[15] Summers Z M, Fogarty H E, Leang C, et al. Direct exchange of electrons within aggregates of an evolved syntrophic coculture of anaerobic bacteria[J]. Ence, 2010, 330(6009): 1413-1415.
[16] Morita M, Malvankar N S, Franks A E, et al. Potential for Direct Interspecies Electron Transfer in Methanogenic Wastewater Digester Aggregates[J]. mBio, 2011, 2(4): 111-159.
[17] Liu F, Rotaru A-E, Shrestha P M, et al. Promoting direct interspecies electron transfer with activated carbon[J]. Energy & Environmental Science, 2012, 5(10): 8982-8989.
[18] Kato S, Hashimoto K, Watanabe K. Microbial interspecies electron transfer via electric currents through conductive minerals[J]. Proc Natl Acad Sci U S A, 2012, 109(25): 10042-10046.
[19] Rotaru A-E, Shrestha P M, Liu F, et al. A new model for electron flow during anaerobic digestion: direct

interspecies electron transfer to Methanosaeta for the reduction of carbon dioxide to methane[J]. Energy & Environmental Science, 2014, 7(1): 408-415.

[20] Rotaru A E, Shrestha P M, Liu F, et al. Direct Interspecies Electron Transfer between Geobacter metallireducens and Methanosarcina barkeri[J]. Applied & Environmental Microbiology, 2014, 80(15).

[21] Mcglynn S E, Chadwick G L, Kempes C P, et al. Single cell activity reveals direct electron transfer in methanotrophic consortia[J]. Nature, 2015, 526(7574): 531-535.

[22] Holmes D E, Shrestha P M, Walker D J F, et al. Metatranscriptomic Evidence for Direct Interspecies Electron Transfer between Geobacter and Methanothrix Species in Methanogenic Rice Paddy Soils[J]. Applied & Environmental Microbiology, 2017, 83(9): 217-223.

[23] Yin Q, Yang S, Wang Z, et al. Clarifying electron transfer and metagenomic analysis of microbial community in the methane production process with the addition of ferroferric oxide[J]. Chemical Engineering Journal, 2017, 333: 216-225.

[24] 张杰, 陆雅海. 互营氧化产甲烷微生物种间电子传递研究进展[J]. 微生物学通报, 2015, 42(5): 920-927.

[25] Van Steendam C, Smets I, Skerlos S, et al. Improving anaerobic digestion via direct interspecies electron transfer requires development of suitable characterization methods[J]. Current Opinion in Biotechnology, 2019, 57: 183-190.

[26] Tian T, Qiao S, Li X, et al. Nano-graphene induced positive effects on methanogenesis in anaerobic digestion[J]. Bioresource Technology, 2017, 224: 41-47.

[27] Zhao Z, Zhang Y, Yu Q, et al. Communities stimulated with ethanol to perform direct interspecies electron transfer for syntrophicmetabolism of propionate and butyrate[J]. Water Research, 2016, 102: 475-484.

[28] Malvankar N S, Vargas M, Nevin K P, et al. Tunable metallic-like conductivity in microbial nanowire networks[J]. Nat Nanotechnol, 2011, 6(9): 573-579.

[29] Reguera G, Mccarthy K D, Mehta T, et al. Extracellular electron transfer via microbial nanowires[J]. Nature, 2005, 435(7045): 1098-1101.

[30] Dang Y, Holmes D E, Zhao Z, et al. Enhancing anaerobic digestion of complex organic waste with carbon-based conductive materials[J]. Bioresource Technology, 2016, 220: 516-522.

[31] Liu F, Rotaru A, Shrestha P, et al. Magnetite compensates for the lack of a pilin-associated c-type cytochrome in extracellular electron exchange[J]. Environmental Microbiology, 2015, 17(3): 648-655.

[32] Chen S, Rotaru A E, Shrestha P M, et al. Promoting interspecies electron transfer with biochar[J]. Sci Rep, 2014, 4: 5019.

[33] Lombardi L, Carnevale E, Corti A. Greenhouse effect reduction and energy recovery from waste landfill[J]. Energy, 2006, 31(15): 3208-3219.

[34] Lü F, Hua Z, Shao L, et al. Loop bioenergy production and carbon sequestration of polymeric waste by integrating biochemical and thermochemical conversion processes: A conceptual framework and recent advances [J]. Renewable Energy, 2018, 124: 202-211.

[35] Yuan H Y, Ding L J, Zama E F, et al. Biochar Modulates Methanogenesis through Electron Syntrophy of Microorganisms with Ethanol as a Substrate[J]. Environ Sci Technol, 2018, 52(21): 12198-12207.

[36] Wang T, Zhang D, Dai L, et al. Magnetite Triggering Enhanced Direct Interspecies Electron Transfer: A Scavenger for the Blockage of Electron Transfer in Anaerobic Digestion of High-Solids Sewage Sludge[J]. Environ Sci Technol, 2018, 52(12): 7160-7169.

[37] Tian T, Qiao S, Yu C, et al. Distinct and diverse anaerobic respiration of methanogenic community in response to MnO(2) nanoparticles in anaerobic digester sludge[J]. Water Res, 2017, 123: 206-215.

[38] Zhang Z, Gao P, Cheng J, et al. Enhancing anaerobic digestion and methane production of tetracycline wastewater in EGSB reactor with GAC/NZVI mediator[J]. Water Res, 2018, 136: 54-63.

[39] He S, Chen W. Application of biomass-derived flexible carbon cloth coated with MnO2 nanosheets in supercapacitors[J]. Journal of Power Sources, 2015, 294: 150-158.

[40] Yang B, Xu H, Liu Y, et al. Role of GAC-MnO2 catalyst for triggering the extracellular electron transfer and boosting CH4 production in syntrophic methanogenesis[J]. Chemical Engineering Journal, 2020, 383: 123-211.

[41] Stevenson F, Fitch A, Brar M. Stability constants of Cu (Ⅱ)-humate complexes: Comparison of select models[J]. Soil Science-SOIL SCI, 1993, 155: 77-91.

[42] Matsuda K, Schnitzer M. Reactions between fulvic acid, a soil humic material and dialkyl phthalates[J]. Bulletin of environmental contamination and toxicology, 1971, 6(3): 200-204.

[43] Huo Z, Fang Y, Ren D, et al. Selective Conversion of Glucose into Lactic Acid with Transition Metal Ions in

149

Diluted Aqueous NaOH Solution[J]. Acs Sustainable Chemistry & Engineering, 2014, 2(12): 2765-2771.

[44] Yan X, Jin F, Tohji K, et al. Hydrothermal Conversion of Carbohydrate Biomass to Lactic Acid[J]. AIChE Journal, 2010, 56: 2727-2733.

[45] Shen S-C, Tseng K-C, Wu J S-B. An analysis of Maillard reaction products in ethanolic glucose-glycine solution[J]. Food Chemistry, 2007, 102(1): 281-287.

[46] Titirici M-M, Antonietti M, Baccile N. Hydrothermal carbon from biomass: a comparison of the local structure from poly - to monosaccharides and pentoses/hexoses[J]. Green Chemistry, 2008, 10(11): 1204 -1212.

[47] Esposito D, Antonietti M. Chemical Conversion of Sugars to Lactic Acid by Alkaline Hydrothermal Processes [J]. Chemsuschem, 2013, 6(6): 989-992.

[48] Adam Y S, Fang Y, Huo Z, et al. Production of carboxylic acids from glucose with metal oxides under hydrothermal conditions[J]. Research on Chemical Intermediates, 2015, 41(5): 3201-3211.

[49] Chen P, Tao S, Zheng P. Efficient and repeated production of succinic acid by turning sugarcane bagasse into sugar and support[J]. Bioresource Technology, 2016, 211: 406-413.

[50] Yang F, Zhang S, Cheng K, et al. A hydrothermal process to turn waste biomass into artificial fulvic and humic acids for soilremediation[J]. Science of the Total Environment, 2019, 686: 1140-1151.

[51] 胡非, 洪钟祥, 雷孝恩. 大气边界层和大气环境研究进展[J]. 大气科学, 2003, (4): 712-728.

[52] 王自发, 庞成明, 朱江, 等. 大气环境数值模拟研究新进展[J]. 大气科学, 2008, (4): 987-995.

[53] 张仁健, 王明星, 曾庆存. 全球二维大气化学模式和大气化学成分的数值模拟[J]. 气候与环境研究, 2002, (1): 30-41.

[54] 罗淦, 王自发. 全球环境大气输送模式(GEATM)的建立及其验证[J]. 大气科学, 2006, (3): 504 -518.

[55] 陶波, 葛全胜, 李克让, 等. 陆地生态系统碳循环研究进展[C]// 北京: 中国地理学会 2000~2002 年综合学术年会, 2002: 16.

[56] 朱学群, 刘音, 顾凯平. 陆地生态系统碳循环研究回顾与展望[J]. 安徽农业科学, 2008, (24): 10640-10642, 10662.

[57] 杨艳. 基于 GEOS-Chem 模型的大气二氧化碳循环模拟研究[D]. 北京: 中国地质大学(北京), 2010.

[58] Gu N, Liu J, Ye J, et al. Bioenergy, ammonia and humic substances recovery from municipal solid waste leachate: A review and process integration[J]. Bioresource Technology, 2019, 293: 122-159.

[59] Meng Y, Jost C, Mumme J, et al. An analysis of single and two stage, mesophilic and thermophilic high rate systems for anaerobic digestion of corn stalk[J]. Chemical Engineering Journal, 2016, 288: 79-86.

[60] Mata-Álvarez J. Biomethanization of the Organic Fraction of Municipal Solid Wastes[J]. Fundam. Anaerob. Dig. Process, 2002, 4.

[61] 孟尧. 玉米秸秆厌氧发酵瘤胃仿生工艺研究[D]. 北京: 清华大学, 2016.

[62] 吴宏忠, 张伟力, 胡真虎, 等. 人工瘤胃发酵调控技术研究进展[J]. 中国饲料, 2004, (11): 15-17.

[63] Louw J G, Williams H H, Maynard L A. A New Method for the Study in vitro of Rumen Digestion[J]. Science, 1949, 110(2862): 478-480.

[64] 侯哲生, 佟金. 蠕动发酵罐的仿生耦合设计[J]. 农业机械学报, 2007, (6): 100-102, 165.

[65] Hume I D, Fermentation in the hindgut of mammals[M]. Gastrointestinal microbiology, Springer, 1997: 84-115.

[66] Jumars P A. Animal Guts as Nonideal Chemical Reactors: Partial Mixing and Axial Variation in Absorption Kinetics[J]. Am Nat, 2000, 155(4): 544-555.

[67] Hume I D. Digestive strategies of mammals[J]. Acta Zoologica Sinica, 2002, 48(1): 1-19.

[68] Muetzel S, Lawrence P, Hoffmann E M, et al. Evaluation of a stratified continuous rumen incubation system [J]. Animal Feed Science and Technology, 2009, 151(1-2): 32-43.

[69] Hoover W H, Crooker B A, Sniffen C J. Effects of Differential Solid-Liquid Removal Rates on Protozoa Numbers in Continous Cultures of Rumen Contents[J]. Journal of Animal Science, 1976, 43(2): 528-534.

[70] Teather R M, Sauer F D. A naturally compartmented rumen simulation system for the continuous culture of rumen bacteria and protozoa[J]. Journal of Dairy Science, 1988, 71(3): 666-673.

[71] Barnes S P, Keller J. Cellulosic waste degradation by rumen-enhanced anaerobic digestion[J]. Water Science and Technology, 2003, 48(4): 155-162.

[72] Gijzen H J, Lubberding H J, Verhagen F J, et al. Application of rumen microorganisms for an enhanced anaerobic degradation of solid organic waste materials[J]. Biological wastes, 1987, 22(2): 81-95.

[73] Lai P Y, Tamashiro M, Fujii J K. Abundance and Distribution of the Three Species of Symbiotic Protozoa in the Hindgut of Coptotermes formosanus (Isoptera: Rhinotermitidae)[J]. Proceedings, Hawaiian

Entomological Society, 1983, 24(2): 271-276.

[74] Poirot C C, Van Alebeek G J, Keltjens J T, et al. Identification of para-Cresol as a Growth Factor for Methanoplanus endosymbiosus[J]. Applied and environmental microbiology, 1991, 57(4): 976-980.

[75] Kivaisi A K, Eliapenda S. Application of rumen microorganisms for enhanced anaerobic degradation of bagasse and maize bran[J]. Biomass and Bioenergy, 1995, 8(1): 45-50.

[76] 沈树宝, 陈英文, 夏明芳, 等. 仿生膜生物反应器处理高浓度有机农药废水的研究[J]. 工业水处理, 2003, (3): 40-43.

[77] 于致源, 丁万德, 王志宁. 含 AQP 仿生膜在水处理中的应用[J]. 化学进展, 2015, 27(7): 953-962.

看配套视频，划课件重点
掌握能源仿生学知识

第六章 仿生硬度结构和氢气运输

随着人类技术的进步，各个方面对材料提出了更高的要求，制造合成一种更高性能材料是人们研究的方向。目前已知的单一化材料不太容易满足人们的需要，可以通过加入并改变组分来满足性能的要求。天然生物材料具有人工合成材料不能拥有的多种优良性能，能以奇特的结构形式来适应特殊的生存环境。技术手段与自然过程相结合，促进新兴技术的仿生化发展就成为一个很好趋势。事实上，人类的很多发明灵感都源于仿生思维，如模仿鸟类翅膀的剖面改进了飞机的翼形，红外成像源于响尾蛇红外感知，从自然纤维延伸到人造纤维，层状复合材料，等等。

仿生学最初被定义为：通过模仿生物系统的原理搭建技术系统，或使人造技术系统具有类似于生物系统特征的科学。材料研究者们想要探究天然生物材料的结构和形成，从而用于现代材料的设计和制备，最后应用到材料中去。生物的复合特征和多功能性、功能适应性、自愈合性等生物材料的优良特征，在材料制造技术下进入了分子级的准确程度，材料合成技术要精确到纳米级程度时被模仿。仿生材料学即隶属于仿生学，是从微观水平上研究生物材料的结构和相互之间关系的一门学科。仿生材料研究的相关内容是材料的结构、过程和功能仿生等，人们在早些时候就研究出了一些仿照生物温度制定出的可以较好控制温度的一些材料。材料的过程仿生就是受到蜘蛛可以在常温下制造出在高温高压下才能制造的相关材料行为的启发而进行的仿生温度和制备过程材料的过程。生物传感器，生物芯片和化学-力学一体化功能属于材料的功能仿生方面。国内在生物的结构仿生方面也进行了一些研究，包括仿竹纤维的螺旋增韧的研究，仿昆虫结构的有关的复合材料等。

竹材具有生长周期短、高强度、高韧性的特点，经济性较好，竹子的强度、刚度与重量比的有效结合，可以承受住自身的重量和风荷载。它具有自然优化的抵抗弯曲和扭转的强度结构。竹子外表面的强度最高，而沿内表面的强度最低。在竹子整体性分析探究中，发现离地面较近的部分强度最高，是因为竹子纵向和径向上呈现渐变的结构层次，所以竹子也成为自然界天然功能梯度材料的典型代表。竹在汽车、航空航天结构和电极的结构部件中具有巨大的潜力。在过去的几十年中，人们已经对竹的梯度结构进行了深入的系统性研究，并且解析了其层次结构将对各方面性能产生的影响。众所周知，具有出色性能的轻质结构在工程应用中有重要作用。所以人们对竹材进行改造进而更好发挥竹子相关性能的优越之处。竹材在使用过程中也面临着许多问题：竹材表面有诸多亲水性基团和孔结构，在较潮湿的环境中很容易吸收水分，就会产生易吸湿变形；此外也存在发霉、易菌变和燃烧的高风险，因而在阻燃、耐老化和装饰等方面都不能适应特殊要求。尽管如此，模仿竹子天然梯度结构的复合材料，已经被开发并广泛应用于许多领域。

很多学者对竹材以及其他木材的处理做了大量研究，采用过热处理、表面涂饰、纳米修饰等物理化学方法对其进行改造，在很多性能提高方面取得了显著的成效，提高了竹材表面的润湿性、防霉性、阻燃性等。如今许多的基于木材性能的仿生方法逐渐被发掘出来，甚至在生活及生产上有很好的应用。在将来，随着仿生理论的发展，关于竹材的仿生材料及形式也越来越多，涉及诸多新兴领域，越来越多的木材仿生理论和具有独特性能的新型结构设计会被后来人开发出来，展现到大众面前。

本章全面概述用于仿生竹材料在梯度结构方面的测试手段。展示了仿生竹材料在微观纤维方向、弯曲、抗冲击、加载、断裂研究成果，并建立了这些材料的结构和性能之间的关系，重点是梯度结构在仿生领域的应用，总结了得到广泛应用的仿竹材料。同时，将仿生竹材料和氢的运输管道结合起来，讨论运输管道的设计。

第一节　仿生材料研究

在木材仿生的研究领域，最为重要的两种结构得到广泛的应用：梯度结构与纤维结构。竹材是天然梯度结构的典型。在横向结构上，竹材外壁的细胞呈现梯度生长；在纵向结构上，为保持自身稳定性，每个竹节从下至上呈梯度式变化。竹子纤维由细胞的定向排列构成，由于细胞排列的细长结构，即使没有稳定的根系，竹子依然可以抵抗风雪不倒。基于此，我们从梯度结构与纤维结构两个方面对仿生竹材料进行探究。

一、梯度结构

自然界中，竹子内部含有丰富的纤维素和半纤维素，当人们将竹子从内部剖开，在电子纤维镜下观察竹子的剖面，发现随着竹子的半径增加，内部维管束也从内到外密度增加，是典型的天然功能梯度材料。从竹子等天然功能梯度材料受到启发，人们开始进一步对梯度功能材料进行研究。

功能梯度材料是将两种或两种以上材料通过复合，制备成成分和结构梯度变化的新型复合材料。从材料的组成上，梯度功能材料不同于广泛的均一化复合材料，它能根据材料内部组分和结构，使各组分间界面消失，形成各种性能随着组分和结构的变化发生缓慢变化的功能梯度材料。

将功能梯度材料按照组合方式可分为：金属/金属，金属/非金属，金属/陶瓷，非金属/陶瓷，陶瓷/陶瓷等；从材料的组成变化可分为：梯度功能涂覆型（基体上合成渐变组分的涂层），梯度功能连接型（基体间呈梯度变化连接）以及功能梯度整体型（材料整体从一侧到另一侧梯度渐变）；根据梯度性质变化可分为密度功能梯度材料，成分功能梯度材料，光学功能梯度材料，精细功能梯度材料等；根据应用领域可分为耐热功能梯度材料，耐冲蚀功能梯度材料，生物功能梯度材料，化学工程功能梯度材料，电子工程功能梯度材料等。

在过去的几十年里，人们对金属、陶瓷、聚合物等材料都进行过梯度研究和复合，但是随着近几年研究的深入和发展，梯度功能材料在高分子合成中也有重要应用，制备新型功能梯度材料的方法也应运而生。图 6-1(a)、(i)是胡良兵教授等[1]以氢键拓扑网络作为设计原则，构建了一种基于纤维素、离子液体和水的离子凝胶材料（Cel-IL 动态凝胶）。一种只含有纤维素、离子和水的拓扑可调谐动态凝胶材料系统，拓扑 I 型 H 键拓扑网络具有 H 键少（H 键低）、拓扑网络相对弱（纤维素相互作用有限）和束缚离子迁移率低的特点。随着 H 的持续吸附和扩散，H 键拓扑网络变得更加复杂，进入拓扑 II 模式（具有丰富的 H）。拓扑 II 模式下的拓扑网络呈现出更多的 H 键（高 H 键）、拓扑网络强（密集的纤维素相互作用）和丰富的水化离子具有高迁移率的特点。通过将环境相对湿度（RH）从高到低进行改变，可以实现上述过程的可逆可操作性，在拓扑 II 和拓扑 I 之间发生变化。

首先以梯度水凝胶为例，简单介绍几种梯度高分子材料的合成方法。水凝胶（hydrogel）是亲水性极好的三维网状结构高分子凝胶，将水凝胶与梯度结构结合制成的梯度水凝胶，在保持三维网络结构不变的情况下，同时具有了梯度材料的功能，由此，梯度水凝胶比普通水凝胶更能适应复杂的应用环境。

梯度水凝胶的制备基于传统的普通水凝胶的制备方法，如电泳法、离心沉积法等。此外还有微流体技术、梯度制备器法、密度梯度法等特殊的梯度结构制备方法。电泳法是利用水凝胶中带电的离子型粒子在外电场的作用下发生定向移动，即电泳现象。通过控制外电场就可以使水凝胶带电粒子沿外电场形成组分分布梯度的梯度水凝胶。电泳法操作简单，但是要求水凝胶中的梯度组分带电，可以在外电场的作用下发生向阴极或阳极的定向移动，从而产生有序的梯度结构。

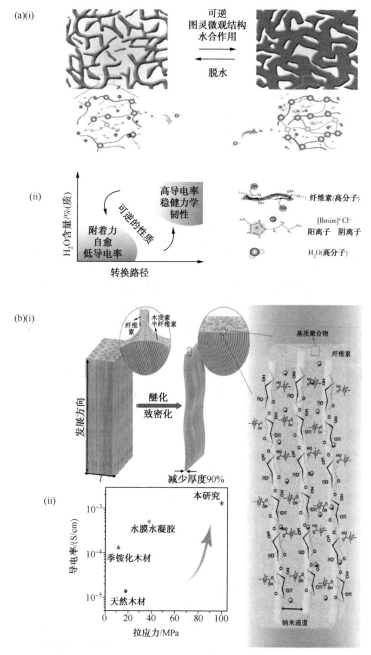

图 6-1 （a）水凝胶示意图：（i）可调谐和可逆的图灵图案微结构；（ii）高可调谐性能和可逆特性的 Cel-IL 动态凝胶[1]；（b）阳离子木膜示意图：（i）细胞壁与季铵盐基团接枝后结构图解；（ii）阳离子木膜与其他纳米流体材料（壳聚糖基膜）对比图[2]

微流体技术是通过在泵的作用下将流体按比例分级，在特定的方向上形成组分浓度梯度，最后在模具里聚合，形成梯度水凝胶。微流体技术可以在微观水平控制、操作流体，甚至达到精确调控材料的组分和含量，因此微流体技术不仅在制备梯度水凝胶上受到人们的青睐，在生物工程、纳米技术以及微机械等领域都有应用。

密度梯度法是利用水凝胶预聚溶液的密度不同，受重力的作用有不同的沉降速度，不同结构、化学组分的预聚溶液可以在反应器中合成具有递变密度的梯度水凝胶。通过在凝胶预聚液中添加不同浓度的密度改性剂可以调控凝胶的层次结构。密度梯度法简单易行，但是不能精准地控制水凝胶各组分的浓度和结构，有时甚至存在相界面。

2019 年，胡良兵等[2]提出一种从天然木材中通过化学处理（醚化）和致密化制备一种高导电性的阳离子木膜的方法。在以往的研究中，人们更多地关注阴离子交换膜制备的技术，如海水淡化。胡良兵等制备的木材膜是一种绿色环保、低成本、具有良好的机械强度和优异离子传输的纳米结构阳离子膜，一定程度上再次推动了人们对未来两性离子膜的制备与研究的积极性。如图 6-1（b）、（i）所示，该方法将阳离子官能团 $[-(CH_3)_3N^+Cl^5]$ 经过醚化结合到纤维素主链上，使木材由表面带负电荷转变成为带正电荷，此外，季铵盐之间还存在显著的氢键。在实验中通过使用 CHPTAC 作醚化剂处理 10h，将天然木材转化成四元化木材（具有相同化学基团的阳离子木材膜）。而采用致密化的方法是为了消除木材中天然形成的大孔，从而使定向纤维素纳米纤维形成高强度层压结构。致密化的操作方法是用热压机在 100℃将湿四元化木压制三天，当膜厚度不再发生改变时，就达到了实验中的最优致密状态。在纤维素纳米纤维间存在的纳米级缝隙可以成为离子转移的通道，有助于离子的快速传输。在此实验中，对阳离子木膜的电导率测量，将木膜切成矩形，嵌入环氧树脂中，并在膜的两侧接入钛电极，进行电化学实验测试，图 6-2（a）（i）~（iii）是通过扫描电镜拍摄的阳离子木膜结构照片，图 6-2（a）（iv）~（vi）使用了计算机控制分析仪对阳离子木膜进行了机械性能分析。

下面讨论一种具有梯度结构的耐火结构涂层。木材与钢铁、混凝土一起被人们用来建造房屋、桥梁等建筑，木材环保清洁，让人们亲近自然，虽然木材优点突出，但是也面临挑战：木材建筑有极高的火灾风险。为了降低木材建筑的消防危险，人们展开了大量的研究并取得一定成果。随着灭火系统的改进，现代社会快速有效的灭火能力大大提高，通过提高结构材料的点火温度和延迟时间，为进一步改善现代建筑消防安全问题的提供了一个很有前途的方向。大多数以前的研究主要集中在降低木材在燃烧过程中的热释放速率（HRR），比如在木材中添加

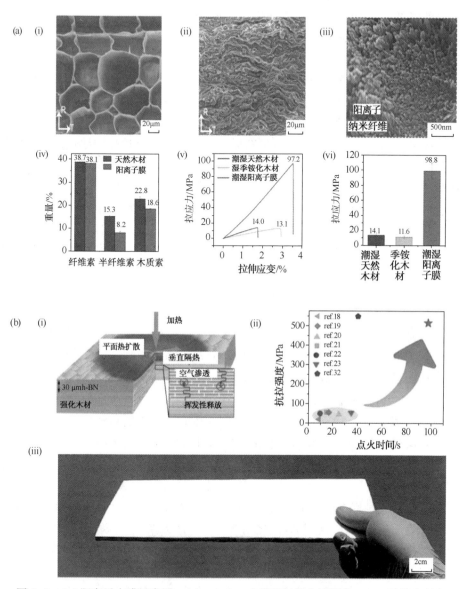

图 6-2 （a）阳离子木膜示意图：（i）~（iii）：木膜的扫描电镜图像；（iv）天然木材和阳离子木材膜的组成；（v）阳离子木膜、季铵化木材和天然木材的拉伸应力-应变曲线；（vi）阳离子木膜与天然木材的强度比较[2]；（b）耐火结构涂层：（i）BN 涂层原理展示图；（ii）BN 致密木材的抗拉强度和点火延迟时间与其他地方报告的耐火木材的比较；（iii）实验制备的 BN 致密木材[3]

各种阻燃剂来提高木材的耐火性能，其中人们最先关注的是卤素和磷有机阻燃剂，虽然降低了 HRR，但是有毒卤素产品同样让人们头疼。之后的研究中，人们意识到大多数无机物作为阻燃剂更加环保，更能满足持续应用的需求。无机物阻燃剂具有优异的气体阻隔功能，包括黏土、黏土纳米粒子、二氧化硅、二氧化钛、碳酸钙和氢氧化镁。它们通过绝缘表面和延缓木材材料的热分解来降低木材的 HRR。然而，传统的无机阻燃剂由于其各向同性隔热行为（即热不能有效地扩散到木材表面）在火灾附近的集中热通量，通常在改善点火性能方面效果有限。理想情况下，耐火木材的无机阻燃剂在涂层平面上应具有较高的导热系数和较低的导热系数。而在胡良兵课题组[3]的努力研究下，展示了一种超强耐火的纳米六方氮化硼（BN）木材如图 6-2（b）（i）所示，这种木材克服了传统的无机阻燃剂由于其各向同性隔热行为（即热不能有效地扩散到木材表面）导致的集中热通量，通常在改善点火性能方面效果有限的弊端，图 6-2（b）（ii）为 BN 致密木材的抗拉强度和点火延迟时间与其他耐火木材的比较；将 BN 作为涂层镀在木材的表面上，使其具有超高的耐火性能。

二、纤维结构

仿竹材料主要是对竹子具有的梯度性来进行仿生，已经有很多学者进行过研究。在碳纤维上镀双金属层来控制材料间的相互作用，并采用连续电镀法，以获得单向的复合材料制备双镀层碳纤维。采用 CVI 工艺均热法共沉积技术，通过 C 和 SiC 制备所需材料，两者从相应的原料中制取，通过控制原料气体的成分配比获得 C-SiC 梯度基复合材料。在宏观上，制备的材料属于均质，在微观上，纤维的基体壳层都呈梯度变化，这两种方法作为较早的方法，可以在一定程度上得到纤维的结构，制备过程较为复杂且不严谨，在性能提高的方法上有限。

在干法纺丝过程中会发生有机溶剂的扩散，纤维表面会产生一个个突起的结构，使比表面积变大，纤维和基质之间的相互作用力增大，获得的碳纤维拉伸强度有所提高，但这种方法制备出来的强度较差，稳定性较低，竞争力差，进而相应的研究和生产停止不前。湿纺纺丝主要的工序包括制备纺丝原液、将原液从喷丝孔压出形成细流、原液细流凝固成初生纤维和初生纤维卷装或直接进行后处理。Shixin 课题组[4]湿法纺丝流体运动参数仿真湿法纺丝原理图及仿真模型分别如图 6-3 所示。图 6-3（a）为在压缩氮气的挤压力下，一定量的芳砜纶溶液可以从单针喷丝头中挤出，在凝固浴（水溶液）中固化成型以形成芳砜纶纤维。湿纺参数可在 COMSOL 中设定，实现对变压吸附纤维挤出、凝固和成型的模拟。如图 6-3（a）（ii）所示，图像的左侧是高压区，右侧是低压区。干法和湿法纺丝制备的碳纤维原丝始终不能去除皮芯结构和打孔两大致命隐患，由此发展了其他纺丝技术。

　　静电纺丝聚合物溶液或熔体在强电场中进行喷射纺丝，在电场作用下，针头处的液滴会由球形变为圆锥形，并从圆锥尖端延展得到纤维细丝。这种方式可以生产出纳米级直径的聚合物细丝。Fang Xudong 课题组[5]利用自制的静电纺丝装置制备了静电纺丝压敏胶纳米纤维，静电纺丝的电场模拟图和静电纺丝过程的模拟模型分别如图 6-3(b) 所示，在高压静电作用下，聚合物溶液/熔体可以从泰勒锥加速到接收器，纤维被静电场拉伸。当施加的静电场力足够大时，聚合物可以克服其表面张力形成细长的射流。对于静电纺丝，溶剂在注射过程中蒸发。将电势边界条件应用于喷嘴和接收装置，将电势加到喷嘴位置，将接收装置接地，并将射流周围的空气边界设置为零电势。在纤维沉积在接收器上之后，最终可以获得无纺织物。静电纺丝参数可在 COMSOL 中设置，以实现电场模拟，如图 6-3 (b)(ⅱ) 所示。由其制得的纤维直径一般在数十纳米到数微米之间，在拉伸强度、导电性、透气性、孔隙率等方面有了极大的提高。

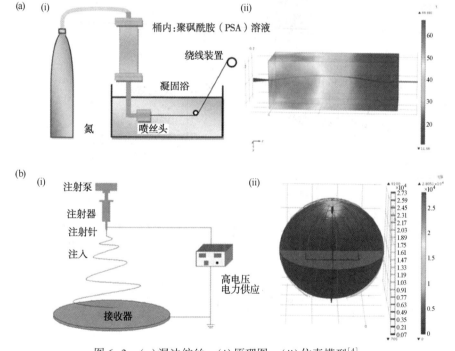

图 6-3　(a)湿法纺丝：(ⅰ)原理图；(ⅱ)仿真模型[4]；
(b)静电纺丝：(ⅰ)电场模拟图；(ⅱ)纺丝过程的模拟模型[5]

　　熔融纺丝是生产低碳纳米管复合纤维的常用方法，以聚合物熔体为原料(类似塑料的挤出)，采用熔融纺丝机进行的一种成型方法。采用熔融纺丝法生产聚乙烯醇纤维的示意图如图 6-4(a) 所示。在 65℃ 的真空烘箱中干燥 48h 以除去水分，以制备伪离子液体。以最佳塑化体系制备聚乙烯醇原丝，经过乙醇提取、干燥和热牵伸，得到聚乙烯醇纤维。

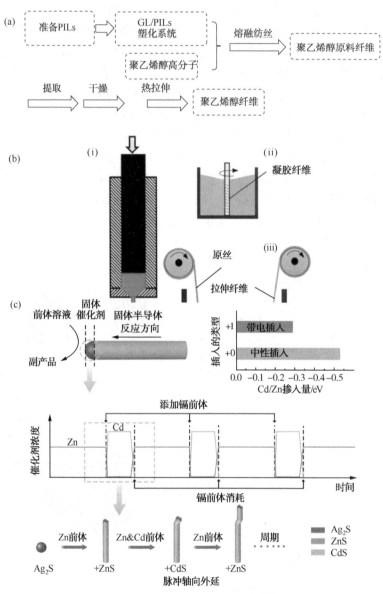

图 6-4　(a) 熔融纺丝法流程图[5]；

(b) 聚乙烯纤维凝胶纺丝工艺流程图：(i) 凝胶纺丝；(ii) 溶剂萃取；(iii) 热拉伸[5]；

(c) 脉冲轴向外延一锅法生长胶体量子点[6]

溶胶方法主要过程是将浓度很高的聚合物溶液或塑化的凝胶从喷丝头细孔中挤出到某气体介质中，细流冷却，伴随溶剂蒸发、聚合物固化而得到纤维。Fang Xudong 课题组的聚乙烯纤维凝胶纺丝过程示意图如图 6-4(b) 所示。该过程通过联合活塞挤出机挤出，将均质化的铅/UHMWPE 溶液快速转移到挤出机的孔中，并使其平衡 20min。然后将溶液通过模口挤出，保持温度为 150℃。将 UHMWPE 纤维溶液自由挤出到气隙中，并在乙醇中进行淬火，骤冷的凝胶丝从乙醇浴转移到环境条件下储存。

俞书宏教授课题组与其他团队合作设计了一种"脉冲式轴向外延生长"方法[6]，图 6-4(c) 所示为催化剂中半导体原子的浓度演化示意图，脉冲轴向为外延期间的反应时间。添加镉前体导致大量的镉结合到银硫主体催化剂中。与锌相比，在每个循环中，Cd 量子点在引入 Cd 前体后立即外延堆叠在纳米线中，随后再生长硫化锌片段，能够在纳米线中原位轴向外延量子点。

仿照人造纳米"竹子"的竹节和竹茎，两部分分别由硫化镉和硫化锌两种不同的半导体材料组成，二者交替生长，在纳米线中外延堆叠胶体量子点提供了选择性钝化缺陷面的途径，同时能够将电荷转移到分子吸附物特征，前体的动态切换来交替生长量子点和纳米线，依赖于将这些半导体原子结合到主催化剂中的能量差异，这决定了催化剂-纳米线界面处的成核顺序。这种灵活的合成策略允许量子点大小、数量、间距和晶体相位的精确调制。这种独特生长方式可以精确控制每根人造纳米"竹子"的粗细、节数以及每个竹节的间距。此类人造纳米"竹子"中不同组分之间存在协同效应，二者的取向结合极大地提升了单一材料所具有的性能。纳米"竹子"的太阳能制氢效率提高了一个数量级，这也为今后设计开发新型高效太阳能制氢材料提供了新途径。

第二节　仿生竹材料的性能

一、仿生竹细胞及其生物纤维

竹子是一种在宏观和微观结构上呈各向异性的天然纤维复合材料。在宏观尺度上，竹子本身是细胞组成的天然多孔材料，不同的竹种，其表皮细胞的大小、形状、分布、壁厚及孔纹均存在差异。微观尺度上，细胞壁是以木质素和半纤维素为基质，纤维素用于增强的天然纤维复合材料[7]。纳米尺度上，每个细胞壁亚层都可以看作直径为几纳米到几十纳米的刚性纤维素，镶嵌在木质素、半纤维素薄壁基体组织中，从而构成具有分级结构的细胞壁。因而作为主要承载对象的竹纤维的细胞壁，其内部结构、化学成分及纤维强度决定了材料自身的力学性能。

天然生物纤维复合材料其结构复杂，从仿生纤维到复合材料的研究（见图6-5），想要提高强度和韧性，人们主要关注改变纤维的缠绕方式、纤维分布以及缠绕角度、纤维界面结构特征等方法。李世红等提出了一种只局限于微观尺度的纤维排布模型[8]，纤维采用碳纤维，基体为塑性较好的 Sn，模具使用高强石墨，采用压铸法制作复合材料。压铸法是将一束纤维先以左旋方式缠绕，再将两束这样的纤维以右旋方式缠绕。为比较两个模型做出如下假设：①基体与纤维结合的界面相同，并且均匀分布；②比较弹性模量，纤维比基体高得多，纤维总在弹性阶段，不发生塑性变形。

在上面提到的由一束纤维以左旋方式缠绕，再将两束这种纤维右旋缠绕的仿生螺旋模型中，从基体中拔出纤维的受力情况比较复杂，在二维情况下，螺旋曲线包络在一圆柱上，螺旋线的轴就是圆柱的轴。螺旋缠绕的纤维二维剖面是两根相反的正弦曲线组合而成，而其中的凸起阻碍纤维在基体中运动。又因为二者弹性模量差异很大，如果纤维想要在基体中滑动，就要挤压基体凸起，使其发生塑性变形，为此需要比均布模型消耗更多的弹塑性变形能，增加滑出的阻力。实验结果表明，用螺旋缠绕模型制备的材料比纤维均布模型的抗拉强度有明显提高，将仿生学运用到复合材料中会有更好的性能提升。

单纤维螺旋模型只是简单复制了植物纤维的排列方式，是多层螺旋纤维结构的基本单元，双纤维螺旋中空圆柱体表现出优异的综合力学性能。纤维复合材料的组织状态由力学性能决定，而纤维的分布特征及其体积分数是它的重要组织参数。在分析纤维增强型高分子复合材料时则用到了计算机组成的图像分析系统，将 IBM-PC、XT 或 AT 转换成图像分析单元，使其他部件一起构成一个可以进行图像处理、分析和编辑的完整系统。

根据基体中纤维分布的不均匀性制作纤维复合材料最为常见。一般纤维体积分数的确定采用基体溶解法和显微照片法，但由于技术难度大，工作量大，不方便操作，往往耗费时间而结果又不准确。一般在普通实验室运用计算机软件，如通过 IBM-PC 支持的图像系统迅速、准确地处理有关纤维分布的信息。观察材料组织组成相互之间明显的灰度差即可为实验分析提供依据（见图6-5）。

二、仿生竹的弯曲行为

在自然界中，竹子是一种天然的存在，它独具特色的样式能在风雨飘摇中依旧挺拔，是一种具有优秀抗弯能力的天然材料。通过早先的观察，人们意识到它中通外直的特点，在进一步的研究中，从宏观形状因子、微观形状因子以及属性梯度因子三个方面着手[9]，来对薄壁组织和壁厚组织细胞进行三维表征分析研究，用于探索三个结构层次对竹材弯曲效率的影响（见图6-6）。

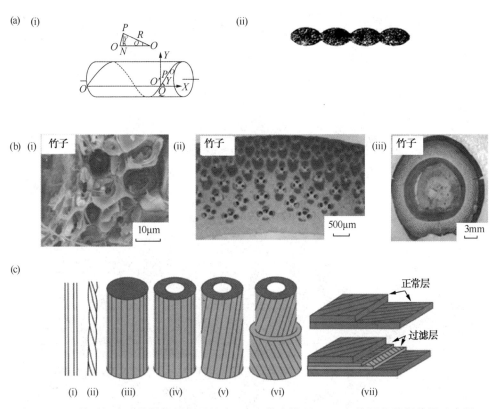

图 6-5　(a)竹子细胞壁从微观到宏观尺度；(b)仿生模型：(i)包络圆柱的螺旋线示意图；(ii)仿生模型二维示意图；(iii)用碳纤维/Sn 复合材料检验仿生模型的实验结果；(c)仿生纤维复合材料结构示意图：(i)均布模型；(ii)仿生螺旋模型；(iii)圆柱体，纤维沿轴向排列；(iv)空心圆柱体，纤维沿轴向排列；(v)单纤维螺旋中空圆柱体，单层且纤维角度为15°；(vi)双纤维螺旋中空圆柱体，80%的纤维以 15°角右螺旋，20%的纤维以 30°角左螺旋；(vii)模拟纤维界面仿生模型[8]

　　常用的研究材料的弯曲行为的测试方法，按照加载的方式有三点弯曲和四点弯曲，对于仿竹材料的研究也不例外。在张涛川等的实验中[10]，在满足轻量化的前提下设计的仿生竹梁，应用响应面法提出仿生竹梁的优化设计(中空但是具有竹节似的隔膜)，采取三点弯曲的测试实验方法验证不同内部隔膜数的优化梁以及空心梁的弯曲参数。实验结果表明，仿生竹梁的优化梁比空心梁的综合性能更加优异。如图 6-7 所示，三点弯曲测试时，在管材的管节处施加作用载荷，采用电测法将电阻片粘在管材的表面，测量管材表面每一处的线应变。原理是管材弯曲变形时，电阻片也会发生微小变形且阻值发生变化，相应的测量的电压(或者电流)发生改变，根据测量阻值与电压(或者电流)的变化关系，就能转化成应

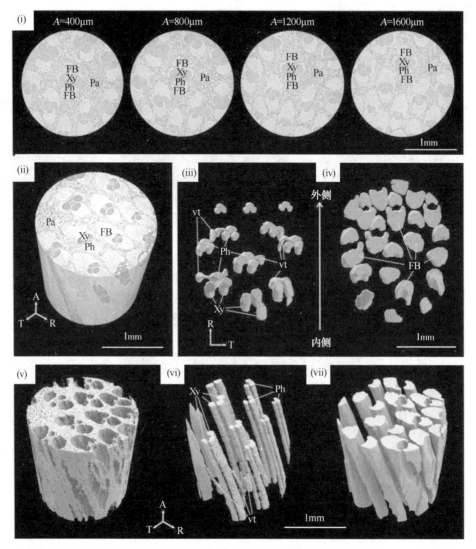

图 6-6　高分辨率 X 射线显微摄影技术(μCT)下的 3D 模型图：(i)采用 μCT 收集竹材的微观图像；(ⅱ-ⅶ)通过堆叠图像搭建出 3D 图像[9]

变或应力与电压(或者电流)的变化关系。通过选取相同直径尼龙节上不同跨度进行多组实验测量，并与相同直径的普通管材进行相同跨度的弯曲实验，把结果进行比较，证明了具有尼龙节的复合管材的强度和刚度获得了提高。将竹材的属性梯度结合弹性模量进行研究[11]，得出结论：特性梯度增加了单位质量的弹性刚度，进一步提出，具有性能梯度的工程材料弯曲效率能得到大大的提升。

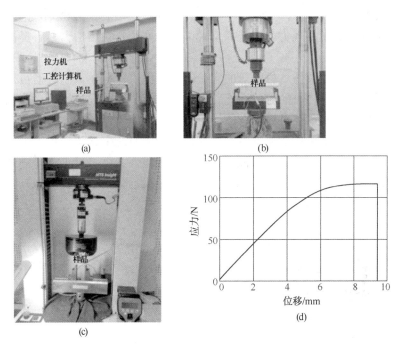

图 6-7　三点加载弯曲实验[10]

　　对于梁等简单规则的刚性结构，采用三点弯曲实验或四点弯曲实验可以得到可靠的数据结果，但是对于复杂的、不规则的刚性结构，单单把作用力施加在几个受力点，是不够精确的。在小型无人机的设计制造过程中，存在着许许多多不规则的结构件，对于评价这种材料抗弯曲变形的能力，我们可以采用拓扑优化的方法。拓扑优化(topology optimization)是一种根据给定的负载情况、约束条件和性能指标，在给定的区域内对材料分布进行优化的数学方法，是结构优化的一种。小型无人机翼肋的研究中，研究者们对翼肋进行了拓扑优化设计：研究目标选取平直机翼布局的小型无人机机翼结构，通过利用 CATIA 软件建立含有翼肋、翼梁和蒙皮结构的机翼模型。再应用 ANSYS WORKBENCH 集成软件平台，将气动载荷作为边界条件载荷施加在蒙皮表面，采用单向流固耦合的计算方法来获得机翼结构的准确受力数据，在确定翼肋减重孔的位置和形状时，采用拓扑优化，既保证了减轻机翼的整体质量，又能保证具有可靠的结构强度。拓扑优化后的翼肋的总质量减轻，最大应力和最大变形量也相应降低。

　　在以往的材料研究中，管状结构是最常见、最易制造的高能量吸收结构，具有高强度、高刚度。设计中空的管状结构，则可以提高管材的刚度质量比。竹子是最具特色的中空管状结构。此外，竹子的内部隔膜和突出的竹节进一步增强了竹子的横向抗风载能力。模仿竹子的横隔膜、外部脊以及多细胞脉管结构来进行仿生管状设计[12]，制造出一种仿生多细胞管材，以达到高效吸收能量的目标，这种多细胞管材宏观表现为类似于蜂窝式多室的嵌套管状结构，具有提高能量吸收的作用。

随着研究竹子以及仿竹材料弯曲实验的步步深入，科学家们已经可以触及从微观水平层面上探究竹材的弯曲性能，比如微观因子的探究过程，更能从细胞水平的组织变形过程来描述竹材的弯曲，将其与宏观因子以及梯度因子相结合，使得竹材弯曲研究的结果更加逼近事实。在仿生梁的研究中，张涛川等采用有限元分析法以及响应面法通过实验验证了仿生梁的优化性，可是只进行了静载荷的实验，并未进行动载荷的实验，也就无法说明仿生梁承受动载的性能与其他梁如空心梁的区别(见图6-8)。

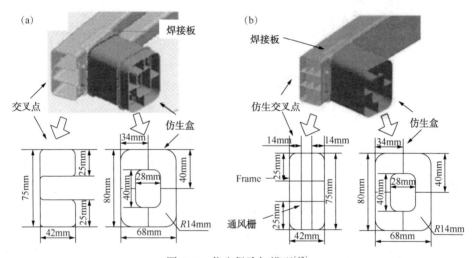

图6-8　仿生保险杠模型[12]

三、仿生竹的冲击加载性能

竹子的单取向纤维有连续分级的性质，其中连续梯度的特性是生长时成分的不均匀分布引起空间结构的微小变化造成的，而单向纤维则提供了竹子沿轴向高强度、横向低强度的正交各向异性。茎秆横截面的20%~30%之间是由纵向纤维组成的，这些纵向纤维在壁厚范围内分布不均匀，其浓度在外部附近最为密集[13]。竹节增加了防止竹在纵向和横向压缩载荷下开裂所需的弯曲强度和抗压强度。这样的特性在材料应用中体现出的是，增强材料和基体材料以连续的方式相互作用，特性的平滑变化为连续性提供优势，功能分级分层结构带来的卓越机械性能，内部的薄壁结构在受到冲击过程中吸收能量。相比实心结构，空心结构更加轻量化。

因此，仿生竹子材料成为最具探索性的功能梯度复合材料。Emílio 等[13] 为了观察竹子在外加载荷下的行为，在多种考虑下进行了模拟，建立了竹细胞的三维模型，并在拉伸、扭转和弯曲载荷情况下对其进行了仿真。陈等通过竹子的横截面和节的梯度特点[14]，通过三种防竹管进行了实验，比较圆柱形金属管的耐撞性和吸能性。竹仿生材料大量用于车辆工程、箱梁结构中。为了研究仿竹材料在受载荷时的应力应变以及变形情况，现代科学有许多的模拟测试方法，通过计算机的数据处理以及大量的计算分析，可以快速有效得到对比的数据，以量化性能指标。

轴向破碎测试是最为基本的测试方法，通过对材料施加轴向动态载荷，测定冲撞性能指标（包括应用吸收能、初始峰值载荷、破碎力效率和平均载荷等）。常用的测试手段为落锤实验，具体的方法是使用高速相机系统获得样品的压缩变形的图像数据。使用两个加速度计，一个电荷放大器，一个 A/D 转换器和数据采集设备来记录样品变形过程中的轴向动态载荷。通过仪器测得数据绘制载荷-位移曲线，其所围成的面积用以表示吸收能量的大小。将仿生管测试的多种变形模式和记录数据与相应圆柱管的数据进行比较来分析材料性能。

准静态压缩实验也可以用于测定仿生竹的性能。刘旺玉等通过准静态压缩测试最大限度地提高管状材料比吸收能量的值[15]。先设置实验材料，所有管件有效长度需相同，同时长度不能过长以防横向错动造成实验偏差。处理后的材料管通过过盈配合，将底部固定在基板上，如图 6-9 所示。准静态压缩测试通常在万能材料实验机上进行测试。机器垂直向下移动用以压缩试样，设定合适的匀速加载，电脑通过收集在特定变形程度下所加载的应力大小，绘制力-位移曲线，曲线"求和"得到不同分量的挤压力之和。图像之间的阴影区域就是相互作用效应而增加的能量吸收，可以非常直观地看到比吸收能量值的增加。

在大量的仿生竹材料的冲击和加载荷测试中，通常会预先进行数值模拟，有限元法是常用的模拟测试方法。有限元法是通过计算机的计算，将材料分成了多个小的区域，对单个区域的模拟分析进行整合优化，实现材料整体性精准的模拟，且不受限于材料的复杂性。

傅杰等[16] 使用有限元代码 LSDYNA 来分析以铝合金为材料制作的新型仿生竹纤维管（BBT）的能量吸收。采用准静态轴向压缩测试的实验进行模拟数值分析，首先设定了网格尺寸，用于平衡精确度和计算量；再通过接触方式的不同，分别模拟了材料与仪器之间的界面、材料压缩过程其表面的变化情况；最后用实际实验对有限元模拟进行验证，比较载荷-位移曲线的数据与真实情况，偏差较低。利用此模拟技术对比普通材料与仿竹材料，在载荷-位移曲线中，BBT 屈服点明显更高，特有的连接结构提供了更好的承载能力；在塑性变形中，对折叠区

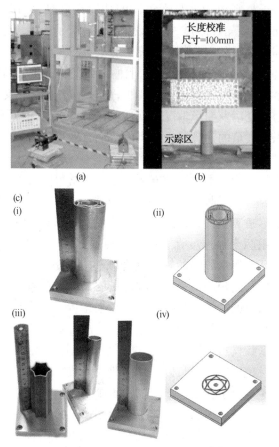

图6-9 (a)落垂冲击测试设备[15]；
(b)安装的样品[15]；(c)实验的标准高度[14]

域清晰的模拟，胁数 6~12 的 BBT 的连接如图 6-10(a)~(b)所示，吸能比最优
且均优于普通材料。同时通过有限元模拟的细化加载过程，进一步研究连接结构
的厚度和中心距的变化，如图 6-10(c)所示，这与竹壁的纤维梯度有着很好的
呼应。

对于有限元模拟方法，考虑到限制调节越多时所需要设计的函数越复杂，因
此人们对此进行优化。响应面测试法，是对于现实存在的不确定因素对实验的影
响，通过多个简单函数进行表达，再采用统计学方式选取适合的响应值。

四、仿生竹的断裂测试

竹材同木材一样为正交各向异性材料，其裂纹扩展与裂纹平面位置和裂纹扩
展方向有关。断裂过程包括裂纹的形成和裂纹的扩展。

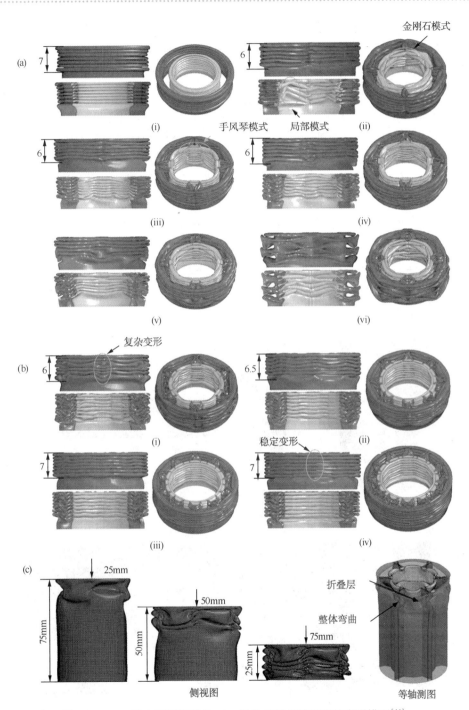

图 6-10 （a）具有不同肋形的 BBT 结构在轴向挤压下的变形模型[16]；
（b）肋数从 6 到 12 的 BBT 的变形模式[16]；（c）当地弯曲变形模式的仿生管[16]

　　竹材同木材一样是一种具有优异力学性能的纤维增强生物复合材料。其成分的复杂排列赋予竹子优异的整体性能，优于其单独成分的总和，为正交各向异性材料，其裂纹扩展与裂纹平面位置和裂纹扩展方向有关。断裂过程包括裂纹的形成和裂纹的扩展。

　　裂纹在三点弯曲过程中以曲折的方式扩展。Liu Huanrong 课题组在扫描电镜室中进行了竹秆的原位拉伸和三点弯曲试验[17]。从图 6-11(a)(i)中可以看到加载前试样的边缘。加载期间，裂纹尖端没有向前移动，除了在裂纹尾迹处有轻微的加宽。一旦达到裂纹进一步扩展的临界条件，裂纹就在薄壁组织中扩展，直到它到达密集的纤维束，阻止了裂纹向前扩展。因此，裂纹偏离了初始方向，并通过纤维束和薄壁组织之间相对较弱的界面区域传播，[见图 6-11(a)(ii)]，导致在点 B 处试样的承载能力开始有小的下降。裂纹开始后尖端就沿着纤维束迅速向前移动，这里的高应力集中。界面区域导致显著的界面延迟和纤维束的最终失效，[如图 6-11(a)(iii)]所示，显示了横向和纵向裂纹扩展的组合。载荷-位移

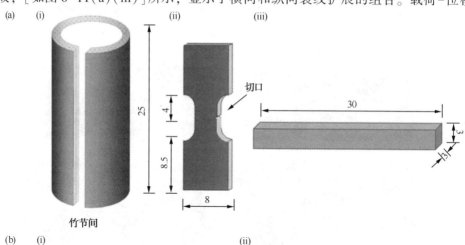

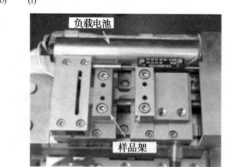

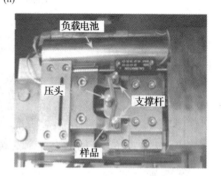

图 6-11　(a)：(i)竹竿的纵向截面制备；(ii)拉伸；(iii)弯曲试样；
(b)：(i)拉伸的实验装置；(ii)三点弯曲的实验装置[17]

行为和裂纹扩展的相互关系见图 6-11(b)。然而，试样整体上没有断裂，剩余的未断裂纤维束仍能承受拉伸载荷。随着进一步的加载，新的裂纹首先在薄壁组织中形成，而纤维束在整个裂纹尾流中保持完整，起到桥梁的作用，并抑制裂纹张开，直到它们因界面脱层而最终失效。竹子的断裂无论是拉伸还是弯曲都不是灾难性的，裂纹以曲折的方式扩展，带有大量界面分层。裂纹偏转、裂纹桥接和界面脱粘的协同作用被认为是竹子显著的断裂韧性的原因。

基于扫描电镜对竹纤维螺旋微结构的观察(见图 6-12)，制备了一种具有纤维螺旋结构的仿生复合材料[18]。仿生复合材料的断裂韧性明显大于传统复合材料。用于制造仿生复合材料的组件是玻璃纤维织物和环氧树脂，它们在民用和工业中有广泛应用。具有纤维螺旋结构的复合材料通过以下步骤制造：将玻璃纤维织物浸入环氧树脂中，将织物以与前一个方向大约 20°的方向放置在模具中，重复上述两个步骤，直到所有设计的层都被放置，总共使用了 12 种纤维织物。纤维螺旋结构复合材料完成后，在固化温度 100℃、压力 120MPa 下热压 14h。仿生复合材料获得后，传统的纤维平行结构复合材料也可用相同的成分和工艺制造，但所有的织物层方向相同。然后将这两种复合材料切割成试样进行断裂韧性测

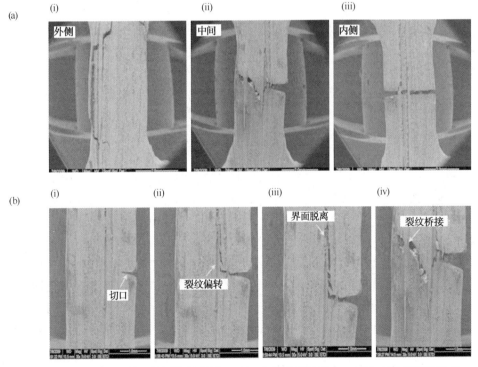

图 6-12 （a）：（i）扫描电镜图像的外部；（ii）中部的秆壁样本；（iii）内部的秆壁样本；
（b）扫描电镜图像秆壁中部的样品的拉伸断裂过程[18]

试，其中用线锯在这些试样的中心切割出裂纹。最后，使用 Instron1342 材料测试系统测试两种复合材料试样的断裂韧性，每种复合材料有五个试样。在测试中，样品首先在夹具中对齐并紧固到位，然后以 0.02cm/min 的速率单调加载，直到断裂。最后计算从五个试样获得的破坏应力的平均值。

断裂韧性实验的计算结果表明，具有纤维螺旋和纤维平行结构的复合材料的平均断裂韧性分别为 31.4MPa/m 和 24.5MPa/m，标准偏差分别为 2.6MPa/m 和 1.9MPa/m。从这些结果可以看出，与具有纤维平行结构的复合材料相比，具有纤维螺旋结构的仿生复合材料的断裂韧性显著增加。

五、仿生竹三层抗振结构

竹子纵向可以分为三层：外皮、中间皮和内层皮。外皮具有高的弹性模量和抗拉强度，可以承受自然界中的风荷载；中间皮作为一个过渡层，在连接外皮和内皮方面起着重要作用，同时耗散部分能量；内层皮也可以作为自由阻尼层耗散部分能量。Jie Meng 等根据竹的三层结构[19]，[见图 6-13（a）]提出一种新型阻尼结构，以叶片为基层，一层过渡层和一个自由阻尼层来形成新的阻尼结构叶片振动。由振动微分方程推导出结构损耗因子，然后结合公式，建立了翼型颤振和阻尼振动模型抑制及相关数据，利用 Matlab/Simulink 软件进行了数值仿真。仿生三层竹结构叶片的风力发电机组叶片振动性能有显著改善。zhang 某课题组对竹结构的关键性能进行了一系列的测试[20]：振动台试验、梁柱节点抗震性能的低周反复加载试验。实验得出竹结构具有高抗振性能，但较易发生侧移；以振动台试验模型中十字形梁柱节点[图 6-13（b）]为基点，通过 ANSYS 软件逐步分析，3 个优化连接节点用钢量得到降低，同时承载力最高，耗能性能好。

叶片的经典振动是一种强烈的气动弹性不稳定现象，它的主要元件是叶片扭转-弯曲-耦合振动。模拟试验选用了 600kW 的风力发电机组（见图 6-14），其叶片形状采用 FX-77-153 航空翼型，材料为与竹子有相似结构的玻璃纤维。随着风速的增加，普通叶片和阻尼叶片的摆动和振幅都在增加，但普通叶片的摆动位移明显增加，阻尼叶片在较小范围内增加；当启动速度上升到机器停止速度时，叶片摆动和波动幅度都缓慢增加；当超过停机速度时，普通叶片振动幅值迅速显著增加，而阻尼叶片振动幅值的增加显著减缓；当达到危险速度时，普通叶片因其振幅超过允许值而开裂甚至断裂，而阻尼叶片因其振幅值较大，不发生开裂或断裂。

模仿三层竹结构，提出了应用于风力发电机叶片的新结构（基础层、过渡层和自由阻尼层）。推导出阻尼梁重心中心线与基层表面之间的距离，由振动微分

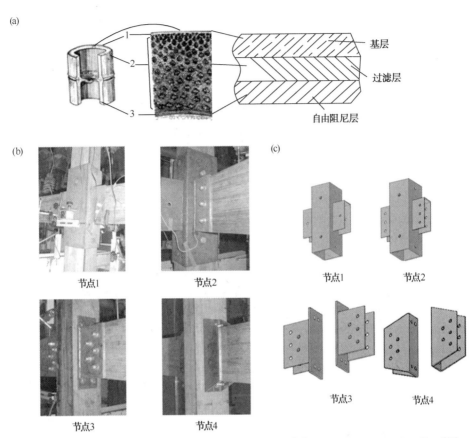

图 6-13　(a)竹子内部结构[19]；(b)金属节点实物图[20]；(c)金属连接节点立体图[20]

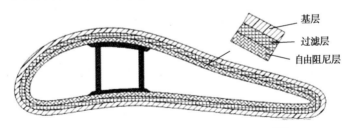

图 6-14　翼型颤振和阻尼振动抑制模型[19]

方程推导出阻尼梁的复合弯曲刚度公式，以及结构损耗因子公式。基于翼型颤振和阻尼减振模型，利用 Matlab/Simulink 软件对 600kW 风力发电机组进行了数值仿真实验，从而得到了有无新阻尼结构情况下的摇摆和波速响应及其位移响应的对比图(见图 6-15)。以上结果表明，阻尼叶片的振动幅度在一定的振动周期内急剧减小，可以有效延缓疲劳损伤过程，并显著提高新型阻尼结构对风力机叶片的减振性能。

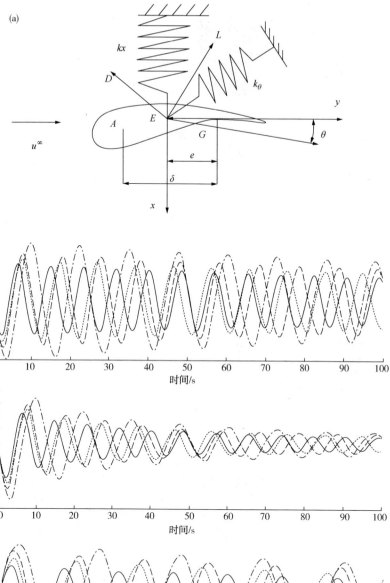

图 6-15

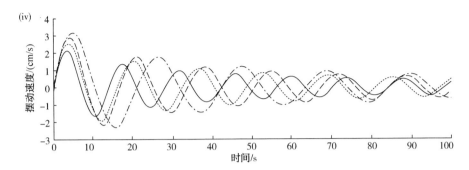

图6-15(续) （a）翼型弹性支撑结构和坐标系，x代表垂直轴和叶片部分的位移，y代表水平轴，θ代表扭转叶片截面角度，D承受着升力，L代表阻力，叶片由扭转弹簧和位于扭转中心的拉压弹簧支撑，扭曲的中心是e，空气动力学中心A；（b）普通和阻尼叶片位移响应。与普通刀片相比，摆动位移分别下降了37.9%、34.8%、30.8%和25.2%；波浪位移分别下降了51.1%、48.1%、43.6%和37.1%[19]

六、仿竹材料的其他性能

竹材料除了典型的性能外，还常常用于其他结构的制作之中。

当竹材料被使用进行拼接处理时，往往需要一定的黏合性，但容易发生许多黏合问题，环境温度不同膨胀比例不同，表面光滑易脆断，潮湿的环境容易吸水涨缩，会降低其机械性能，等等。因此，为改善其黏合性，何谦等采用一种特殊手段对竹进行处理，采用了高压静电场(HVEF)进行处理。测试了三种黏合类型，包括竹皮与竹皮、竹皮与竹皮髓和竹皮与竹皮髓。主要通过能谱、光谱、荧光显微镜和垂直密度分布分析了处理后的竹复合材料的表面特性与机械性能。高压静电场处理对热压过程中的表面活性和粘结性能具有积极影响，其机理方面，在高压静电场下加速的自由电子打破了化学键使得木材表面极化[21]。极化表面使得黏合剂更有利于附着且具有较长的停留时间，处理后可以触发竹皮和竹皮髓中的化学键，不同的竹子表面极化性能不同。

竹纤维用于增强复合材料时，它的梯度分布依旧可以增强复合材料的机械性能。同时作为生物材料最大的优势就是可再生性与可降解性。与其他材料的复合制造对环境也有着重要影响。杨飞文等研究了竹纤维用于增强淀粉/聚丙烯可生物降解的复合材料的机械和生物降解性能[22]。实验主要测定了常规的机械性能与吸水性，进行机械测试时，唯一区别点在于先将样品在80℃加热3h消除潜在的内应力，再用通用机械试验机对复合材料试样进行拉伸试验和弯曲试验。测定材料吸水率是将不同比例的高炉样品浸入特定温度的蒸馏水中24h，之后为进行测量将样品从水中取出，擦干表面水分，通过精确度高的电子天平称重以监测质量，再通过公式计算吸收水的百分比。生物降解特性是通过土壤掩埋测试和微生物培养基进行的，主要测定材料的重量损失，再配合显微镜研究其降解的不同阶段。重量损失和机械性能的明显降低表示微生物引起了降解作用。添加适当含量的竹纤维可以改善复合材料的热稳定性和生物降解性。随着竹纤维含量的增加，复合材料的拉伸性能有所降低，但弯曲性能和吸水率提高。高炉复合材料在自然环境中表现出一定程度的生物降解性。高炉淀粉树脂与聚丙烯的比例，可以根据实际应用进行调整，以达到机械性能和生物降解之间的平衡。因此，高炉增强淀粉树脂/聚丙烯复合材料将具有广泛的应用前景。

竹的梯度结构也被用于介导材料载体，梯度结构很明显的特点是不均一性，内层与外层的疏密变化，使得外侧防止了物质的进入，而过渡内层减少了物质作用时的能量消耗。Navin Chand 等专门测试了竹子梯度对交流电导率的性能[23]，主要研究了温度和频率变化对竹子交流电导率的影响，通过多功能LCR 测量仪来测定其电介质。研究发现随着竹子外表面到内表面侧的距离的增加，交流电导率值也随之增加，并判断交流电导率行为的等级。竹子中存在水分，对频率影响最大，为研发竹导电材料提供了依据，例如仿生材料中含水性需要降低，同时竹截面的深度需要控制在临界深度内，否则导电率会有所降低。

七、仿竹材料的应用

基于以上的研究机理与测试手段，人们依照特定的仿生结构，发明了许许多多的产品，应用在各个领域均体现出了优于传统材料的性能特点。

根据自然界中的木材基材，胡良兵课题组研制了一种太阳能蒸发器[24]，通过后续实验对比，人为改善排列结构，制备出具有出色防污性能的自再生太阳能蒸发器。其整体用天然木材制作，在其生长方向上按一定排列规律钻孔（作为通道），上表层经过碳化处理裸露于水面阳光下。整体循环装置通过碳化处理的表面[见图6-16（a）]吸热，使得水分蒸发盐浓度升高，与下表面的木材通道形成盐浓度梯度[见图6-16（b）]。盐通过微米级孔径的界面张力作用自发交换形成梯度，而天然木材制作的下层，本身具有微小间隙，加快了自交换的效率，防止盐堵塞通道，同时可以保证长期的稳定性。对比于早先研究的柔性薄膜蒸发器[25]，不同点在于下层的亲水性聚丙烯层，盐分不能导通，仅是作为储存，同时高分子材料的环境影响程度较大。为将其更好地应用于实际生活中，之后还对其在海水淡化、抗脂肪酸和防污能力做出测试，表现出了优异的性能。

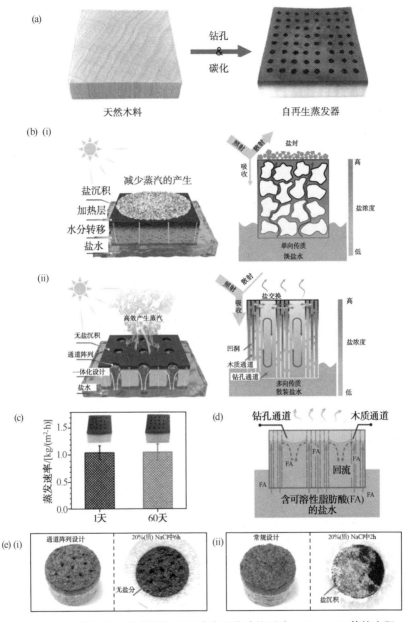

图6-16 （a）蒸发器的集成结构和通道阵列设计的照片；（b）：（i）传统太阳能蒸发器的整体结构和传质原理；（ii）新型太阳能蒸发器的整体结构和传质原理；（c）蒸发器水下测试的稳定性对比；（d）图解说明蒸发器的抗脂肪酸机理；（e）典型海绵状太阳能蒸发器防污性能对比：（i）具有通道阵列设计；（ii）不具有通道阵列设计[24]

胡良兵课题组[26]的这个系统在运输行为上与传统 $Li-O_2$ 电池系统有许多相似之处[见图6-17(a)]。通过脱木素处理和碳纳米管表面涂层处理，可以将刚性的电绝缘的木茎横切片在保留结构的基础上转变为柔性的导电材料。不仅将横切片变得柔软易弯曲，还能除去原空隙中的杂物[见图6-17(b)]。实验后发现其具有超长的循环寿命，以及出色的电化学性和机械稳定性。通过自然灵感设计出具有出色的电化学性能、机械柔韧性和可再生且经济高效的电池，为今后开发便携式储能设备提供了新的途径。

通过纤维特性，还可以制作超级电容器，张等通过对木材的特殊处理和直接应用发明了全木质结构的超级电容器[27]。该电容器是目前较为先进的储能设备之一，用于电动车辆和固定式能量的存储[28]，面临不少机遇与挑战。笔者所设计的电容器在常规问题上取得了一些突破性的进展。该电容器采用天然木块制备的活性炭作为阳极，木片本身作为隔板，MnO_2 处理后的活性炭作为阴极[见图6-17(c)]，进行叠加放入电解质溶液浸润。之后进行的实验验证了该电容器性能的优良性。通过利用木材独特结构优势所制备的电容器具有多通道、低曲折度、高离子、高电子电导率以及结构稳定性、较长的循环寿命。这种设计理念非常先进，是高性能储能装置未来可能的一种发展方向。

在高温条件下的化学反应，反应容器的选择是至关重要的，为改善反应容器的受热不均一性、受热时升温速度慢、高成本低效率等问题。乔等通过木头制备的活性炭构型[29]，发明了一种可以用于瞬态高温环境的微型反应装置。采用最新的增材制3D打印技术[见图6-17(d)、(i)]，结构为密集的多格式设计[见图6-17(d)(ii)]。新型反应器不仅改善了受热的均一性，使活性炭在高温下表现出优异的稳定性，更为纳米催化剂的合成反应提供了非常好的平台，为增材制造领域的应用提供了新思路。

近些年，人们的环保意识越来越高，二氧化碳是温室效应的罪魁祸首，我国为了遏制全球变暖采取了众多举措，比如节能减排、低碳出行、开发使用清洁能源等。而今，有权威专家指出，除了生产和使用清洁能源减少二氧化碳的方法之外，房屋也可以成为二氧化碳的储存库。这种房屋的建筑资源是生物基材料，如木材、秸秆、大麻等，它们充当了"碳封闭剂"。植物在阳光下进行光合作用，将二氧化碳分解，将碳原子摄取用于合成自身的有机糖类，将氧原子释放回大气之中。植物死亡时，地面会吸收其体内存储的二氧化碳，并释放到环境中。如果在建筑中使用生物基材料，二氧化碳将会被"封存"在建筑物中。

提出这一思路的专家White进一步指出，这些生物基房屋能够封存的二氧化碳量取决于所使用材料的可再生程度，以典型的 $80m^2$ 的房屋为例，二氧化碳当量储存的总量高达55t。通常这种住宅墙壁和地板使用木质结构，屋顶使用秸秆来绝缘，包层和表面处理使用木材，其余地方使用其他生物基材料。White 以及他背后的布里斯托尔的绿色技术公司 Modcell 致力于使用稻草建设房屋，他们声称这是世界上第一个用稻草建造的商业房屋。他们还与欧洲 Isobio 项目合作，开发出一些新产品，包括可替代石膏板的压缩草板，可制造门芯等部件与生物聚合物结合的谷物纤维。

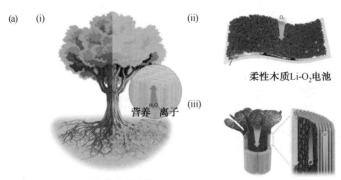

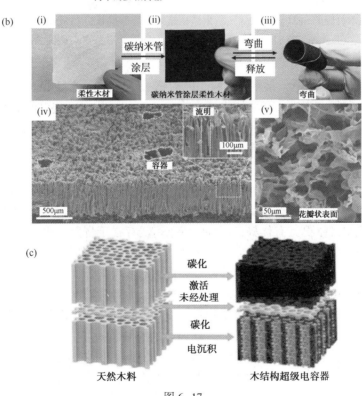

图 6-17

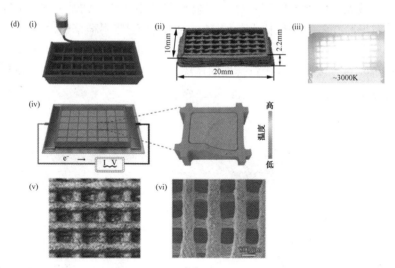

图6-17(续) (a)Li-O$_2$电池的研究过程[26];(b)柔性木材膜的制作过程:(i)原始木材膜;(ii)碳纳米管表面涂层处理;(iii)弯曲的柔性木材膜的照片;(iv)~(v)碳纳米管包覆的木材膜的SEM图像[26];(c)木结构超级电容器的设计与成品图示[27];(d)微型反应器:(i)~(ii)3D打印微型反应器的照片;(iii)反应器在高达约3000K的超高温下的照片;(iv)反应器中样品温度分布[29]

在3D打印领域中,常用的材料是丙烯腈-丁二烯-苯乙烯(ABS)树脂和聚乳酸(PLA)。美国麻省理工学院博士后Sebastian Pattinson首次将纤维素作为3D打印材料[30],他们选择使用醋酸纤维(醋酸基团会减少纤维素中的氢键数量),醋酸在丙酮中溶解后通过喷嘴挤出,将挤出的产品放在薄丝带上使其表面积最大化或者吹热空气加速丙酮挥发,丙酮挥发后剩余下的醋酸纤维产生固化,随后进行选择性替代醋酸基团使其强度增加,经过氢氧化钠处理会恢复纤维素的氢键网络,使材料整体的强度、硬度有所提高(见图6-18)。纤维素在价格上比3D打印使用的典型单纤维更具有优势,而且纤维素广泛存在于自然界中,易于功能化加工,具有极大的商业化应用潜力。

智能家居的实现依靠多种计算设备和传感器密切配合,一般传感器由电缆供电或是移动供电,前者部署成本高,灵活性差,后者移动电池寿命有限,废电池会对环境产生严重污染;依靠金属和聚合物的传感器网络难回收降解,对环境产生威胁。木质摩擦电纳米发电机(W-TENG)是一种低成本、可再生、可持续的环境友好型的机械能发电技术(见图6-19)。木材是自然界中纯天然可降解的装饰材料,常被人们用来做室内设计。基于此,木质摩擦电纳米发电机可作为智能家居照明灯具的开关传感器。在北京科技大学曹霞团队[31]的研究中,将W-TENG制作成木质地板的开关传感器。W-TENG转子和定子中的扇形铜电极和聚四氟

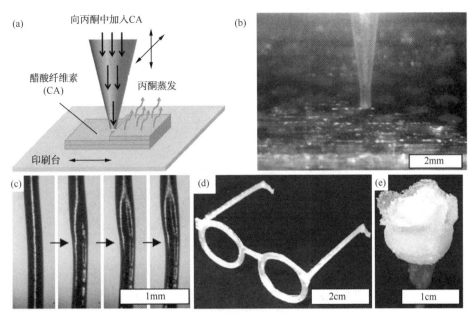

图 6-18 (a)醋酸纤维素(CA)添加剂制造工艺原理图；(b)印刷过程的光学图像；
(c)显示丙酮蒸发的光学图像间尺度；(d)微型眼镜框；(e)一朵玫瑰[30]

乙烯膜分别构成摩擦电对。为了实现单向电流特性，在每个扇形 PIFE 膜的两端放置了设计成悬臂的特殊导电触点。最初，整个装置处于静电中性状态。在相对滑动摩擦之后，在聚四氟乙烯薄膜和铝铜电极的界面上产生了净电荷。由于损失和捕获电子的能力不同，聚四氟乙烯膜捕获呈现负电位的电子，而铜电极损失呈现负电位的电子。当转子开始旋转时，聚四氟乙烯薄膜在铜电极上相对滑动，电致发光电极表面的正电荷通过左悬臂转移到 E2 电极表面。因此，由于静电感应，电流通过负载从右悬臂流向左悬臂。随着连续旋转，聚四氟乙烯薄膜移动到完全覆盖 E2 电极，然后它们保持静电平衡状态。随后，聚四氟乙烯膜与 E2 电极分离，并在下一个 E1 电极的表面上相对滑动，并且电流从右悬臂向左悬臂以相同的方向流动。因此，随着旋转循环的继续，可获得周期性的单向电流。W-TENG 装置采用一种纯天然可降解无污染材料作为摩擦电层，即木材，不依靠外部动力，仅凭借将人在地板上行走产生的机械能收集起来转化为电能，这种设计为纳米发电机的研究带来新的机遇。

在分析方法上，传统领域将一些其他的测试处理手段应用于仿竹材料中，例如，Dehghan 等采取了热处理工艺对聚乳酸竹纤维塑料复合材料的物理[32]、力学和生物性能进行评估时，将复合材料的物理机械性能和生物降解性的影响作为分析的评价指标。结果显示，复合材料在所有检查的机械性能中均显示出高强度，

181

对担子菌和子囊菌均具有高度抗性。然而，褐腐真菌在由不同含量的竹粉组成的复合物中产生了大量的质量损失。

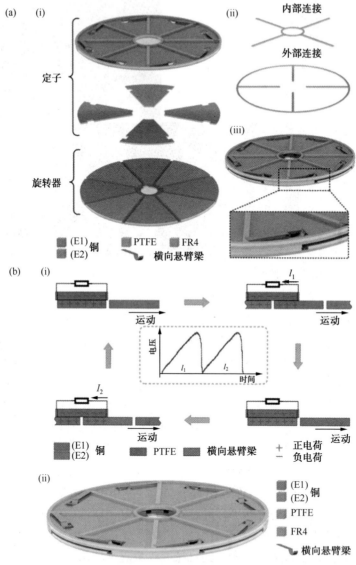

图 6-19 （a）单向电流摩擦电纳米发电机示意图[31]；
（b）研制的 UC-TENG 的工作原理图[31]

　　传统的实验已经不能满足实验者对于全面性的追求，数值模拟成为新的趋势，对有限元分析法、响应面测试法等模拟优化手段的应用越来越多。随着计算技术的充分发展，数值模拟的方法同样越来越多样化，可以将一些处于理论阶段的模型，非常便捷地投入到研究和生产中。Heydarpour 等利用二维非局部弹性理论和壳的一阶剪切变形理论[33]，研究了圆柱纳米壳在周期性轴向力作用下的动态稳定性。通过有限元模拟裂纹尖端周围的应力轮廓，计算断裂时的裂纹驱动力，通过拓扑结构、多目标粒子群优化算法的辅助以解决众多耐撞性优化问题。通过使用计算机进行辅助，即使没有非常高的数学基础，也能很快地掌握并应用大多数的模拟测试方法。

仿生研究的过程起初是单纯的模仿生物体结构外形，做到与之相近（竹子—中空结构）。随着对其机理研究的加深，人们不再受限于形状的模仿，更多的是对其结构形态的利用（飞机机翼、人造纤维）。而更加深刻的理解、日益成熟的技术，使得人们对其有了深入的认识，返璞归真回到了对天然材料的改性。保留其特有的组织形态，增强人们所需的性能。演变为了对天然材料的再制作、再加工（硬脆变得柔韧，绝缘变得导电），新形势下的仿生有了好的突破。

对于性能研究的汇总，涉及竹子功能梯度的特性、其结构对各方面性能的影响、测试分析方法采用的计算机辅助手段。对仿生材料的研究方法进行总结：受到生物出色的结构启发，明确了我们制备的材料所需要的功能，例如能量吸收、高韧性或高抗爆性等，提出了仿生概念，从仿生研究中进行仿生材料设计。例如一般的仿生竹材料的探究步骤历程，第一步首先对竹子本身进行分析，通过竹子的性能数据，得出适宜所研究材料的使用性能。下一步深入研究生物结构的生物学策略和机制，用专业性的概念对此进行解析，使每一层结构与性能之间相互呼应，达到逻辑自洽。接下来建立材料的模型，选取合适的材料以及制造方法，来制备性能优异的仿生材料。最后进行数值评估，总结实验和理论方法的设计概念，利用模拟优化手段，将获得的结果与初始设计目标进行比较，得出结论。

依照竹子的性能特点进行分析：

① 在仿竹纤维方面，天然竹自身纤维细胞具有生长各异性，实验研究多归纳从内到外的梯度变化，纤维呈现一定的定向性，等等。对应设计制造的仿生结构主要为简化后的竹模型。大多数的实验结果表明，竹子的刚度和强度主要归因于纤维的压缩，而竹子的延展性是由薄壁组织的细胞基质提供的。对于竹纤维仿生方面，纤维机理的研究存在不足，没有系统性的纤维梯度理论，各个研究所提出的模型也各有优缺点。因此可以预见，仿竹纤维基础理论的系统性研究还有很长的一段路要走，更加统一的模型也需要更精细更全面的数字模拟。竹子的微观层面深入探索将为仿生竹材的发展提供强有力的帮助。

② 对于仿竹材料的抗冲击加载性能，常用的方法为落槌（冲击）法与静态压缩法，是非常传统的常规的实验测试方法，在此基础上，通过数值模拟来进行优

化，弥补了实验中可能会出现的不足。比如静态压缩法由于纵向进行，对材料纵向长度有严格的要求，而对于整体完整结构的大型部件可能会出现的冲击，难以进行实验测试。落槌法在加载时有一定上限的限制，同时实验设备与空气之间所损失能量难以计算。数值模拟在一定程度上改善了这些问题，在实验后期还可以进行优化计算，使研究更深入。

③ 依据竹子以及仿竹材料弯曲的研究结果，人们利用仿竹材料更趋向于其节能和高效，例如仿生梁的优化或者是仿生管材，怎样让轻便的设计却能得到更优力学性能的效果也是科学家们继续研究和追逐的目标。在航空航天领域中这个目的更为明确，比如无人机的设计，哪种方法倘若能使其机体总质量低，而机身又坚固可靠，那么无人机的性能就能非常优异，翼肋的设计优化成为我们思考的一个方向。对于仿竹材料未来的研究和应用必将追求更加的节能且高效。

④ 选中对仿竹材料的断裂测试方法进行详细分析，原因是对应的竹子的抗断裂研究很多也很广泛，在仿生的使用性理论上来说是最为成熟的。由于竹结构具有各向异性，其沿水平方向（竹黄）不易发生开裂，而沿着垂直方向（竹青）易发生开裂，竹结构整体呈现较为脆弱的形式，制约了断裂测试性能在仿生材料中的应用。同时，仿生竹材料在制作过程中不能完美还原竹子的整体性，使得其存在应力集中，更容易发生开裂。

⑤ 仿竹材料的抗振结构是非常独特且新颖的设计，它模仿了竹子的三层结构，突出研究其对声波的共振效果。在现实生活中声波共振所造成的损害非常多，比如桥梁共振、铁轨共振甚至高速公路旁的玻璃共振。竹仿生材料常作为主梁、轴建（构）筑物、设备等的重要部件，考虑其共振特性非常必要。通过查找参考文献得知在该领域的研究非常少，对竹子抗振动原因的研究还不够透彻，探究不够明显。

⑥ 许多的材料设计通常会结合多种生物形态特点进行模拟与整合，将仿生竹材的梯度结构结合并应用到其他领域。结合仿生竹材其他性能的表现以及对于导电性、黏合性进行分析，竹纤维应用领域不仅仅局限于此，其自身复合、仿生应用依旧非常广泛。与金属高分子甚至无机非金属等传统分支相融合的研究，也是非常有前景的研究领域。这些归根结底都离不开竹子自身所具有的优良结构与梯度特性。回归本质，竹子性能理论的完善可以激发更多新型综合性研究。

在应用部分，纤维梯度结构大放异彩，大大改善了原有的传统制造的材料性能。环境友好是仿生材料很大的优势。在未来的研究和发展中，研究者们应该继往开来，为批量生产做出努力。

至今为止，仿生纤维的研究已经处于成熟阶段，理论体系有了整体的框架，需要继续弥补或改善的，其一在于应结合到实际生产方面，改进设计思路，优化制备方法。其二是理论解读的思维突破性，因为结构用途的相似可以较为容易联想到仿生材料，在对应的体系进行关联性研究，但跨领域的研究较少，缺少突破性的进展。因此对于较成熟的仿生领域，还有很大的空间去探索、去发掘。

第三节　氢气输运

氢能源是一直被看好的清洁能源之一，可以有效地限制温室效应并满足世界人民日益增长的能源需求。新能源汽车中氢燃料电池汽车（HFCV）已经占有一席之地，氢燃料电池汽车不仅对环境友好无污染还有较长的续航能力，续航里程一般超过了 700km，补足了普通电池汽车的短板。氢资源的短缺和氢供应系统的低普及率是氢燃料电池大规模应用的障碍。

生产氢气所需的设施众多，将氢气集中生产再分别运输的方法更为经济。因此，氢运输是氢能利用的重要部分。如何合理选择降低运输成本的氢气运输方式一直是行业关注的焦点。目前，气态氢的运输是相对普遍的，并且通常通过配备有高压容器的车辆、船舶和管道网来运输。随着氢燃料电池汽车的普及，氢气需求的潜力是巨大的。在这种情况下管道的运输成本具有明显优势，虽然管道运输前期投资建设成本较高，但是管道运输更适合长距离大量运输。

氢供应系统中存在的主要问题包括氢生产、运输和存储设备的开发不足以及缺乏氢供应基础设施，例如用于填充和分配的产品。上述国家已经计划了氢能高速公路以缓解氢供应基础设施短缺的问题。氢能高速公路，即高速公路上建有数座加氢站的氢能高速公路，已被氢站的供应范围完全覆盖，因此可以保证 HFCV 的巡航能力。但是，即使基础设施得到了足够的改善，但如果氢的价格仍远高于同等能量的汽油和柴油，则 HFCV 在市场上的定位将仍然是具有一定购买力的有环保意识的消费者。为了拥有更多的 HFCV 接收器，因此有必要优化氢气供应系统，增加氢气供应基础设施并降低消费者使用氢气的成本。

到 2050 年，氢气传输管道的长度可能会在世界范围内达到 15000km 至 35000km[34]。如今，全球约有 3000km 的氢气管道在 10MPa 的最大压力下运行，为化学或石油工业提供氢气。随着氢气需求的增长，管道设计应进行调整以使氢气输送量更大。由于氢的能量密度低，管道应承受 15~20MPa 的高压。经济的解决方案是使用高强度的钢管，以减少管道的厚度，从而降低钢的成本。然而，钢都会有氢脆现象[35]，高强度钢比低强度钢对氢脆更敏感。

使用金属管道很难避免氢脆现象，而仿生复合材料制成的管道可以很好地避免这一现象。竹子有高强度、高韧性的特点，它具有自然优化的抵抗弯曲和扭转的强度结构。竹子外表面的强度最高，而沿内表面的强度最低。竹子本身有很好的弯曲韧性，因此其弯曲参数的测试方法众多，但在弯曲的极限情况下，其内部是如何损伤断裂的微观研究却很少。作为多尺度的纤维竹，其微观结构对机械性能的影响不容忽视。竹的梯度结构也有多种用途，梯度结构很明显的特点是不均一性，内层与外层的疏密变化，使得外侧可以防止物质的进入，研究竹的梯度纤维结构，也对其弯曲性能产生很大的影响。陈等研究了具有梯度分层的纤维结构、含水量的竹子的挠曲变形和断裂行为（见图6-20）[36]。声发射（AE）已广泛应用于纤维复合材料内部损伤的非破坏性检测，声发射在断裂过程中可以记录微观变形和断裂行为。研究者将声发射用于检测梯度分层竹内的实时弯曲断裂行为，用来研究竹子内部的弯曲变形和断裂行为，讨论了梯度分层结构和含水量对弯曲性能和断裂行为的影响。声发射转换后的电信号的能量可以指示断裂行为释放的弹性波能量。高能量的信号可能来自较大的裂缝体积，试样在应力最大点附近释放的能量最高。有关断裂行为，借助傅里叶变换（FFT）分析声发射信号波形，断裂过程所收集的声发射信号的纤维增强复合材料可以被划分为三个频带。通过细微的纤维拉出和桥接的梯度层状竹纤维内的增韧作用，更多的层状和微纤维脱黏以及明显的局部屈曲而得以增强。

传统的材料由于制作的工艺以及材料本身的实体特性，常在局部承受载荷，由于应力集中导致整体材料的破坏。在近几年的研究中发现，高承载效率是生物结构的明显优势之一，对自然界进行仿生可为轻量化以及优良性能的设计提供潜力。马建峰等根据竹子的结构特征，设计了仿生圆柱结构来改善圆柱壳的弹性屈曲。实验主要通过研究竹纤维梯度同时模拟血管束和实质细胞的梯度分布，采用数学模拟，将仿生结构的屈曲阻力与等质量的传统壳体在轴向压力下的屈曲阻力进行了比较。结果表明，因为仿生结构的屈曲模式是整体屈曲，而常规壳体的屈曲模式是局部屈曲，由此，仿生壳的承载能力提高了124.8%。通过传统的力学结构件进行拆分或重构，不仅减少了材料用量，同时改善了力学性能，足以证明仿生在其中的作用举足轻重。

在近几年的研究中，人们受竹纤维的很多启发对高分子的结构制造有了很多改进。Shi等研制一种新的供水应用产品：竹缠绕复合管，将其作为聚氯乙烯管的高质量替代品进行了研究[37]，该复合管不仅在性能与使用寿命上优于聚氯乙烯管，同时环境影响指数与可降解性能也大大降低，减少了对环境的负面影响，体现出非常优异的环境友好性。

根据之前关于竹子的研究，可以看出仿生竹管道在氢气运输上的潜在发展能力。竹子的高强度高韧性和抗压力都是管道所需的特性，它的梯度性质和较轻的质量可以减轻管道布置的难度，降低管道的被腐蚀程度。

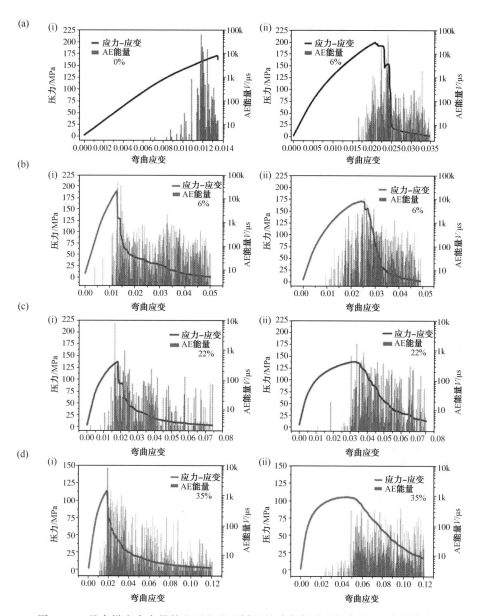

图6-20 具有梯度水含量的 I 型和 II 型样品的动态断裂过程中的 AE 能量分布:
(a)0%; (b)6%; (c)22%; (d)35%[25]

参 考 文 献

[1] Dawei Z, Zhu Y, et al. A Dynamic Gel with Reversible and Tunable Topological Networks and Performances [J]. Matter, 2019, 2(2): 390-403.

［2］ Chen G, Li T, et al. A Highly Conductive Cationic Wood Membrane［J］. Advanced Functional Materials, 2019, 29(44): 1902772.

［3］ Gan W, Chen C, et al. Fire-Resistant Structural Material Enabled by an Anisotropic Thermally Conductive Hexagonal Boron Nitride Coating［J］. Advanced Functional Materials, 2020, 30(10): 190-196.

［4］ Jin S, Chen Z, et al. An investigation on the comparison of wet spinning and electrospinning: Experimentation and simulation［J］. Fibers and Polymers, 2017, 18(6): 1160-1170.

［5］ Fang X, Wyatt T, et al. Gel spinning of UHMWPE fibers with polybutene as a new spin solvent［J］. Polymer Engineering and Science, 2016, 56(6): 697-706.

［6］ Li Y, et al. Pulsed axial epitaxy of colloidal quantum dots in nanowires enables facet-selective passivation［J］. Nature Communications, 2018, 9(1): 1-8.

［7］ Somerville C, et al. Toward a systems approach to understanding plant-cell walls［J］. Science, 2004, 306 (5705): 2206-2211.

［8］ Shihong L. I, Zeng Q. A Fine-Scale Bionic Model For Composite Materials［J］. Chinese Journal of Materials Research, 1991.

［9］ Palombini F. L, Kindlein W, et al. Bionics and design: 3D microstructural characterization and numerical analysis of bamboo based on X-ray microtomography［J］. Materials Characterization, 2016, 120: 357-368.

［10］ Zhang T, Wang A, et al. Bending characteristics analysis and lightweight design of a bionic beam inspired by bamboo structures［J］. Thin-Walled Structures, 2019, 142: 476-498.

［11］ Habibi M. K, Samaei A. T, et al. Asymmetric flexural behavior from bamboo's functionally graded hierarchical structure: Underlying mechanisms［J］. Acta Biomaterialia, 2015, 16: 178-186.

［12］ Ha N. S, et al. Energy absorption of a bio-inspired honeycomb sandwich panel［J］. Journal of Materials Science, 2019, 54(8): 6286-6300.

［13］ Silva E. C. N, Walters M. C, Paulino G. H. Modeling bamboo as a functionally graded material: lessons for the analysis of affordable materials［J］. Journal of Materials Science, 2006, 41(21): 6991-7004.

［14］ Chen B. C, et al. Experimental study on energy absorption of bionic tubes inspired by bamboo structures under axial crushing［J］. International Journal of Impact Engineering, 2018, 115: 48-57.

［15］ Liu W, et al. Crushing behavior and multi-objective optimization on the crashworthiness of sandwich structure with star-shaped tube in the center［J］. Thin-walled Structures, 2016, 108: 205-214.

［16］ Fu J, Liu Q, et al. Design of bionic-bamboo thin-walled structures for energy absorption［J］. Thin-walled Structures, 2019, 135: 400-413.

［17］ Liu H, Wang X, et al. In situ detection of the fracture behaviour of moso bamboo (Phyllostachys pubescens) by scanning electron microscopy［J］. Holzforschung, 2016, 70(12): 1183-1190.

［18］ Chen B, Yuan Q, Luo J. Fiber-Spiral Microstructures of Bamboo and Biomimetic Research［J］. Key Engineering Materials, 2010, 447-448: 657-660.

［19］ Meng J, Sun D. Research on vibration suppression of wind turbine blade based on bamboo wall three-layer damping structure［J］. Journal of Vibroengineering, 2017, 19(1): 87-99.

［20］ Zhang C, Lu Q, Cao X. Experimental study for the key performance of the bamboo structure［J］. Building Structure, 2017, 47(17): 1-8.

［21］ Kemp B A, Nikolayev I, Sheppard C J. Coupled electrostatic and material surface stresses yield anomalous particle interactions and deformation［J］. Journal of Applied Physics, 2016, 119(14): 145105.

［22］ Yang F, et al. Mechanical and biodegradation properties of bamboo fiber-reinforced starch/polypropylene biodegradable composites［J］. Journal of Applied Polymer Science, 2020, 137(20): 48694.

［23］ Chand N, Jain D, Nigrawal A. Investigations on gradient a. c. conductivity characteristics of bamboo (Dendrocalamus strictus)［J］. Bulletin of Materials Science, 2006, 29(2): 193-196.

［24］ Kuang Y, et al. A High-Performance Self-Regenerating Solar Evaporator for Continuous Water Desalination ［J］. Advanced Materials, 2019, 31(23): 1900498.

［25］ Xu W, Hu X, et al. Flexible and Salt Resistant Janus Absorbers by Electrospinning for Stable and Efficient Solar Desalination［J］. Advanced Energy Materials, 2018, 8(14): 1702884.

［26］ Chen C, Xu S, et al. Nature-Inspired Tri-Pathway Design Enabling High-Performance Flexible Li-O$_2$ Batteries［J］. Advanced Energy Materials, 2019, 9(9): 1802964.

［27］ Chen C, Zhang Y, et al. All-wood, low tortuosity, aqueous, biodegradable supercapacitors with ultra-high capacitance［J］. Energy and Environmental Science, 2017, 10(2): 538-545.

［28］ Patrice S. Materials for electrochemical capacitors［J］. Nature materials, 2008, 11(7): 845-854.

［29］ Qiao Y, Yao Y, et al. Thermal Shock Synthesis of Nanocatalyst by 3D-Printed Miniaturized Reactors［J］. Small, 2020, 16(22): 2000509.

［30］ Pattinson S W, Hart AJ. Additive Manufacturing of Cellulosic Materials with Robust Mechanics and Antimicrobial Functionality［J］. Advanced Materials Technologies, 2017, 2(4)：1600084.

［31］ Liu D, et al. Unidirectional-current triboelectric nanogenerator based on periodical lateral-cantilevers［J］. Nano Energy, 2020, 74：104770.

［32］ Dehghan M, Faezipour M, et al. Assessment of Physical, Mechanical, and Biological Properties of Bamboo Plastic Composite made with Poly(lactic Acid)［J］. Maderas：Ciencia y Tecnología, 2019, 21(4)：599-619.

［33］ Heydarpour Y, Malekzadeh P. Dynamic stability of cylindrical nanoshells under combined static and periodic axial loads［J］. Journal of The Brazilian Society of Mechanical Sciences and Engineering, 2019, 41(4)：1-14.

［34］ Castello P, Tzimas E, Moretto P. Techno-economic assessment of hydrogen transmission & distribution systems in Europe in the medium and long term［J］. Agricultural Water Management, 104(2)：53-58.

［35］ Zhou C, et al. Effects of internal hydrogen and surface-absorbed hydrogen on the hydrogen embrittlement of X80 pipeline steel［J］. International Journal of Hydrogen Energy, 2019, 44(40)：22547-22558.

［36］ Chen G, et al. Flexural deformation and fracture behaviors of bamboo with gradient hierarchical fibrous structure and water content［J］. Composites Science and Technology, 2018, 157：126-133.

［37］ Shi S. Q, Cai L, et al. Comparative life-cycle assessment of water supply pipes made from bamboo vs. polyvinyl chloride［J］. Journal of Cleaner Production, 2019, 240：118172.

看配套视频，划课件重点
掌握能源仿生学知识
微信扫一扫，学习没烦恼

第七章　仿贻贝钻井液与支撑剂

第一节　贻贝湿黏附介绍

贻贝是一种普遍存在于沿岸和近海，尤其是冷水海域的甲壳类动物。海洋贻贝具有通过分泌的贻贝足蛋白(Mfps)牢固黏附在海洋中各种异物表面的能力，例如岩石和船的表面。就算是在波涛汹涌的巨浪冲刷下它们仍能紧紧附着于轮船底材。不仅如此，它们可以将自己极其牢固地黏附在金属、玻璃、聚合物及矿物表面等任何材料上。

贻贝的超防水黏合性和通用黏合性非常吸引人。研究发现，贻贝通过足丝腺分泌出一种非常特殊的黏液。当黏液遇到海水时，立即固化形成黏合盘紧紧附着在基材上。黏液的主要成分是贻贝黏附蛋白(MAP)，其最独特的结构特征之一是它含有氨基酸多巴(DOPA，二羟基苯丙氨酸)。多巴中的邻苯二酚基团(也称为邻苯二酚)具有化学多功能性和亲和力多样性，这是贻贝具有超强附着力的关键。

多巴是一种氨基酸，其侧基为邻苯二酚(儿茶酚)。由于邻苯二酚官能团的化学多功能性和亲和力多样性，多巴具有独特的化学性质。像这样，多巴不仅可以增加贻贝黏附蛋白的黏附力，而且可以增加贻贝黏附蛋白的内聚力。在体外实验中还发现，贻贝黏附蛋白的神奇黏附作用与多巴取代酪氨酸残基和随后多巴醌基团的氧化有关。研究表明，优异的防水黏合性能归因于多巴中还原态的儿茶酚，并且多巴氧化后形成分子间交联也改善了黏合性能。人工合成的蛋白质类似物证明，多巴含量越高，黏附能力越强。同时，研究发现具有邻苯二酚官能团的多巴胺也具有相似的黏附特性[7]。通过其化学多功能性，多巴可以经历不同的反应以实现黏合和交联固化。在某些条件下，多巴被氧化为多巴醌。然后，多巴醌可以通过重排和脱氢形成脱氢多巴，进一步形成交联。多巴醌还可以与氨基和巯基进行迈克尔加成反应和席夫碱反应；它也可以通过分子内环化反应形成羧化二羟基吲哚，最后形成交联键。同时，多巴醌和多巴也可发生歧化反应形成自由基，并最终偶联为单宁化合物。

一、贻贝黏附原理

贻贝的吸附系统如图7-1(a)所示。足丝有很多条足丝线，成年贻贝每条足丝线长2~6cm，并包含三个部分：匙形的黏合盘，坚硬的远端部分和顺应性近端部分。足丝线可能是从细胞外基质演化而来的。

贻贝脚[见图7-1(b)]具有出色的合成和触觉能力，它在其腹沟中生产整个足丝[图7-1(c)][1]。根据贻贝的年龄，足丝线制造时间为30s~8min，幼年贻贝造丝速度最快。足丝的形成让人想起微流体装置控制的递送：三个主要的腺体贮藏库-苯酚，胶原蛋白和附属腺体-将特定含量的内含物送入腹沟。这些腺体负责合成和储存黏合盘、足丝线芯和角质层的分子成分。足丝线的形成发生在腹沟中，类似于胶原液晶的注射成型，而远端的黏合盘的注射成型则形成多孔固体。在足丝线形成过程中，足丝蛋白沿远端至近端轨迹逐渐分泌。黏合盘蛋白首先沉积在足尖和基质之间的末端，然后沉积黏合盘和线芯成分。最后，在足丝线从腹沟中脱出之前，已组装的结构被约5μm厚的角质层覆盖，随后新足丝重新到承重状态[见图7-1(c)]。

尽管尚未完全表征，足丝有多达20种不同的已知蛋白质成分，大多数具有高度局部化的分布。足丝蛋白，尤其是足蛋白Mfp-2、Mfp-3、Mfp-4和Mfp-5来自酚腺，并最终会形成黏合盘[见图7-1(d)]。Mfp-2和Mfp-3的酚腺定位的证据是基于原位核酸杂交，这表明酚腺的不同部分表达不同的蛋白质。根据转录分析，Mfp-1已定位于附属腺。胶原蛋白，例如预聚合胶原蛋白(preCOLs)在远侧，近端非梯度分布，足丝基质蛋白TMP和近端TMP(PTMP)对应足丝芯的不同部分。对贻贝脚的转录学分析表明，虽然存在已知的Mfps的阳离子、芳香族和甘氨酸丰富的特征，但仍存在其他足丝前体蛋白，尚未完全分离和鉴定。尽管Mfps确实表现出某些化学多样性，但大多数都富含甘氨酸并含有多巴(二羟基苯丙氨酸)，并且全部为中等至强阳离子性[见图7-1(e)，(f)]。已知的足丝蛋白序列的完整汇编已在其他地方报道[2]。考虑到阳离子Mfps之间可能存在排斥，已经做出了特别的努力，从足丝中发现并分离出潜在的中和性聚阴离子蛋白。但是，这些都没有成功。

Mfps和preCOL的翻译后修饰也是多种多样的，影响Mfp-1中有所有氨基酸的60%，表明酶依赖性共翻译或翻译后加工。

大多数黏合盘蛋白开始时都具有内在的无序性。Mfp-3，Mfp-5和Mfp-4在pH值=3的情况下几乎没有可检测到的溶液结构。Mfp-1和Mfp-2都具有局部结构，例如聚脯氨酸Ⅱ和表皮生长因子样基序，它们分别由无序序列连接。preCOLs是三聚体，在preCOL-D中具有超二级三层螺旋胶原蛋白核心，两侧是

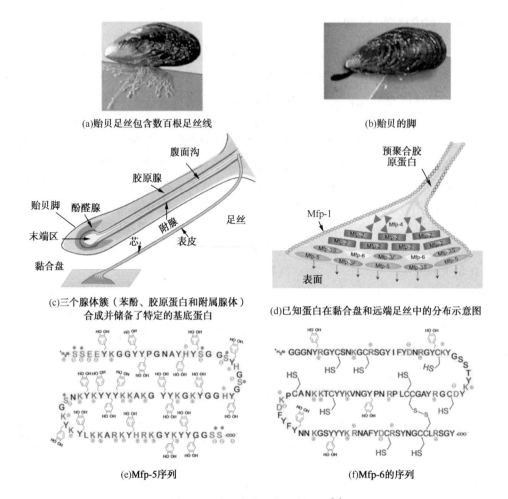

(a)贻贝足丝包含数百根足丝线

(b)贻贝的脚

(c)三个腺体簇（苯酚、胶原蛋白和附属腺体）合成并储备了特定的基底蛋白

(d)已知蛋白在黏合盘和远端足丝中的分布示意图

(e)Mfp-5序列

(f)Mfp-6的序列

图7-1　贻贝附着于表面的过程[1]

丝绸状的 β-折叠层，在 preCOL-P 和 preCOL-NG 中具有无弹性的弹性蛋白。作为 Mfp-3 的变体，很可能能在 pH 诱导的沉淀中获得不同的结构，将 pH 值由 3 滴定至 7.5 获得 β-折叠结构。

贻贝表面接触时足丝蛋白沉积[见图7-2(a)]。首先其将脚的远侧部分压在表面上以确保接触的周长，然后通过抬高高度产生负压[见图7-2(b)]。吸力可以暂时使其附着在表面，但也可以通过远侧顶部六个或多个孔从传导小管中吸取黏附蛋白，从而使其吸附到目标表面上。贻贝在空气中可支撑成熟贻贝的 150g 的质量。

鉴于贻贝已完全适应海水生境，人们普遍认为附着化学会在海水条件下发生，即 pH 值＝8 和离子强度 0.7mol⁻¹。实际上，贻贝在底物制备过程中会在黏附蛋白分泌之前施加不同的条件[见图 7-2(c)]。使用微电极和染料监测的 pH 值和离子强度(电导率)结果不同。在黏合盘蛋白分泌过程中,将微电极插入其脚的足底凹陷处,pH 值平均为 5.5,离子强度为 0.15mol^{-1},这是细胞和体液的常见值。在后来的研究中,通过将对 pH 敏感的荧光染料涂在幼年贻贝的表面上来制备 pH 敏感表面[3],然后使用共聚焦显微镜测量荧光和 pH 值,平均最低 pH 值约为 2.5。

两种方法的差异可能反映了时间和位置等因素的影响。所测量的结果染料测的 pH 是界面性的,并且在脚放置后 2~5s 后检测到 pH 值的变化,而电极 pH 值提供了分泌后 1min 时体积约 20μL 的平均值。有报道说,软体动物足组织中的酸性分泌物与硫酸根阴离子结合在一起。但是,酸度的实际功能仍然模糊不清。

含 O_2 的海水在+0.6~+0.8V(标准氢电极)之间高度氧化。活细胞通过建立还原性储库并利用 O_2 还原释放的有利自由能来制造 ATP 来避免这种情况。包含巯基(Cys)和邻苯二酚(Dopa)的 Mfps 在其细胞存储过程中被保护免受氧化,但它们在分泌时变得易感。尽管曾经认为 Dopa 氧化为 Dopa-醌对于蛋白质在交配中的交联和凝聚是必不可少的,但是现在已知未氧化的 Dopa 对于黏附也同样重要。为了维持还原形式和氧化形式,必须进行严格的,针对特定位置的氧化还原控制。在沉积新黏合盘期间,贻贝在脚下施加了强烈的还原条件[见图 7-2(d)]。假设在沉积过程中排除了 O_2,并且儿茶酚和硫醇的含量比其相应的氧化形式(分别为醌和二硫化物)丰富得多,则最初的分泌量估计比海水的还原量至少高 200mV[见图 7-2(f)]。这种差异持续多长时间,尤其是当贻贝的脚离开表面后,斑块与周围的海水 O_2 达到平衡,这是一个令人关注的问题。

Mfp-6 主要负责黏合盘的还原活性,在 pH 值=3 时每分子 Mfp-6 至少具有 17 个电子的容量。九个半胱氨酸硫醇和四个多巴残基有助于还原电子的存储,但对涉及的反应顺序(尤其是电子流)知之甚少。许多 Mfp-6 硫醇和多巴残基分别具有约-0.22V 和+0.25V 的还原氧化还原电势,能够还原 O_2 或多巴醌。在图 7-2(f)中总结了维持还原性环境的总体效果。①足分泌富含多巴的黏附蛋白;②一定比例的多巴吸收后与表面形成双齿络合物;③由于微量的 O_2 或 Fe^{3+} 存在,未吸附的多巴经历了多巴醌的一电子或二电子氧化;为减少多巴醌的氧化趋势,贻贝进化了两种拯救途径:多巴醌互变异构成脱水多巴,或 Mfp-6 中的硫醇盐捐赠电子以使多巴从醌中还原。

Mfp-多巴-醌的独特互变异构本质上是一种"自我还原"行为[见图 7-2(f)]。在 pH 值为 6~8、存在路易斯碱的情况下,侧链中的电子被吸收到环中,以将醌还原回邻苯二酚。然而,新的邻苯二酚不再是多巴,而是乙烯基邻苯二酚,被称为 α,β-脱氢(Δ)-多巴。由于氧化部分已被还原,因此有多巴的许多特性(如金属络合、再氧化、氢键），可再次使用。但是，Δ-多巴的氧化电位比 Dopa 的阴极电位高 100mV（更容易氧化），乙烯基双键的形成对蛋白质构象有影响。可能的情况是，Δ-多巴的氧化作用是将电子添加到 Mfp-6 的还原性储库中，以延长界面邻苯二酚和黏附的寿命，此后黏合盘废弃。关于黏合盘氧化还原的重要问题是，是否与海水平衡，如果不是，则如何在黏合盘中保持独特的氧化还原环境？由于许多黏附化学是在非平衡条件下发生的，因此斑块中的氧化还原可能是由动力学而非热力学控制的。

贻贝每条新的足丝线都是从富含蛋白质的液体开始的，该液体由脚沿着从远端到近端的轨迹进行反应注射成型。通过时移质谱法研究了蛋白质在黏合盘远端的初始沉积顺序。远端酸化后，Mfp-3 变体，Mfp-5 和 Mfp-6 彼此之间在几秒钟内被分泌出来。这些蛋白质无疑会以溶质的形式吸附到表面，但也会以流体-流体相分离的形式发生凝结[见图 7-2(g)]。凝结会导致有序或本质上无序的流体（液晶或分别凝聚）释放水和微离子。

复杂凝聚是一种常见的流体-流体相分离，是在一定 pH 值下将两种聚电解质相互电中和的情况下发生的。例如，将富含赖氨酸的蛋白质（例如组蛋白）与带负电荷的磷蛋白混合在一起，在一定 pH 值和浓度下，其中一个正电荷与另一个负电荷恰好相反，导致它们的流体相分离。从平衡溶液开始，最初是微滴，它们彼此结合，最终形成致密的本体相[见图 7-2(g)]。

凝聚层是亚稳态的，但具有出色的瞬态物理性能，可用于水下黏附：①它们比水致密，因此可以直接施用于表面，而无需通过扩散稀释；②它们具有低（<1mJ/m^2）的界面能，使它们能够散布在潮湿的表面上；③它们具有较高的内部扩散系数，因此可以很好地混合诸如酶（例如儿茶酚氧化酶）之类的药品；④它们的剪切稀化黏度比相同浓度下未冷凝分子的黏度稀疏度低一个数量级，这将改善通过狭窄导管的流动性。

贻贝黏附蛋白的凝聚作用涉及单组分而不是成对带相反电荷的分子，并且不一定带电荷为中性。研究最深入的是 Mfp-3S 单组分凝聚层。Mfp-3S 中带相反电荷的位点的耦合建立了额外的氢键和疏水相互作用，导致流体-流体相分离，但是随后的相行为需要更多的研究。显然，大分子离子的电荷中性对于某些类型的聚电解质的凝聚不是必需的。实际上，Kim 等最近报道说，贻贝胶黏剂激发的芳香族聚阳离子的凝聚可以克服由于阳离子-π 相互作用而引起的远距离排斥。

凝聚层是液体，不是固体多孔材料黏合盘[见图 7-2(g)~(j)]。可以想象，凝聚层通过蛋白质交联而固化，但是多孔微体系结构的形成更多是拉伸。许多合成聚合物能够发生另一种相变：相转化[见图 7-2(h)]。凝聚层微滴不是在水中分散的（即水是连续相，凝聚层是不连续的），同相转化是，水滴分散在内部连续凝聚。相转化在聚合物膜的制造中很常见，并且通常是由相之间的界面能、黏度和表面积的变化驱动的。最近对贻贝附着力激发的凝聚层模型系统的研究表明，复杂的凝聚层可以进行相转化以形成结构化流体，然后连续的反向液相硬化并形成承重的多孔材料。时机特别受关注：贻贝脚抬起之前或期间是否发生了相转化[见图 7-2(h)]和凝固[见图 7-2(j)]。

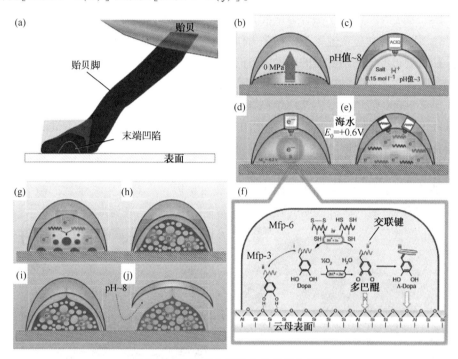

图 7-2　贻贝脚上的黏合盘的蛋白沉积

(a)足丝黏附的 2D 截面图；(b)脚与表面之间产生负压；(c)酸分泌至 pH 值 = 2；(d)氧化还原；(e)释放黏附蛋白并吸附到目标表面；(f)黏合盘中高 pH 值和 O_2 浓度与低 pH 值和电子供体之间的差异驱动氧化还原活性；(g)凝聚：蛋白质经历流体-流体相分离；(h)凝聚层/水相转化；(i)完成黏合盘组装并在黏合盘上添加保护性表皮；(j)流体的凝固

贻贝脚脱离时暴露在海水中导致新的足丝线和黏合盘固化。凝固足丝的结构成分的范围从微米到厘米不等，并以通常不依赖于化学的方式促进黏附(见图 7-3)。在厘米尺度上，相对于静态载荷，每个贻贝底径向分布从刚到柔的足丝线[见图 7-3(a)]，相对于静态载荷而言，其韧性提高了 900 倍。在毫米级，每条成年足丝线的匙形形态[见图 7-3(b)]增加了附着力，因为与相同的界面接触面积的无锥度圆柱相比，匙形形态的附着力强 20 倍。成熟的黏合盘还具有广泛的微观结构，很可能是通过脚脱离过程中的相转化和蛋白质沉淀获得的。一个成熟的黏合盘是覆盖有阿斯金的纤维增强多孔固体，其孔尺寸为两个长度尺度

(100nm 和 1000nm)[见图 7-3(c)]。黏合盘纤维是足丝线中 preCOL 束的展开，外皮部分由与 Fe^{3+} 复合的 Mfp-1 组成。黏合盘的微观结构对胶黏剂性能的贡献尚未确定，但大量证据表明，多孔或"多孔"固体常常通过止裂而使结构胶黏剂增韧，从而可逆变形并增加了能量耗散。它们也更经济，因为只需少量的聚合物即可填充给定的体积。

Desmond 等[4]第一个结合力学视频，对成熟的黏合盘进行了黏合拉伸测试，记录了在不同角度和应变速率下，在张力作用下，斑块变形到断裂点的视频。结果揭示了黏合盘和分子黏附之间的出乎意料的巨大差异。例如，将 Mfp-5 的最佳界面黏合能与附着在玻璃上的单缺口板的最佳实际断裂能进行比较[见图 7-3(d)]，可以发现相差 10000 倍。当然，这两个测试并不是测量完全相同的能量，但是重要的是这些能量是不同的。Desmond 等使用专门设计的张力计研究了 Mytilus 黏合盘的两种破坏模式：黏附和内聚模式，它们都与破坏前的广泛变形有关。黏附模式始于黏合盘-基质界面的分离，并沿径向剥离状分离[见图 7-3(d)]。相比之下，内聚破坏始于内部奇异点，例如大的孔或裂纹扩展，直到发生灾难性的破裂。数个循环应力-应变的研究表明，在一定的应变作用下，基底变形是可逆的。

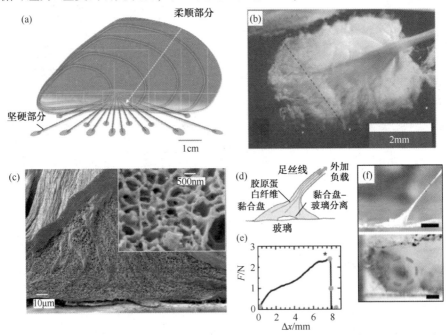

图 7-3 (a)足丝线的径向分布；(b)足丝线和黏合盘的匙形几何形状，虚线显示(c)所示的 SEM 的截面方向；(c)黏合盘结构的 SEM；(d)单个黏合盘在张力下的横截面示意图；(e)单个黏合盘的拉伸力-变形图；(f)在(e)中标记的黏合盘变形的侧视图和底视图(底视图)，比例尺：1mm

徐泉课题组对足丝线进行了深入的研究。足丝线可分为芯部和角质层，角质层主要由重复序列富含 π 的蛋白质组成，主要由铁-多巴复合物组成，并统称为贻贝脚蛋白质(Mfp-1)。为了检查表皮中铁离子的氧化态，对足丝线通过近边缘光谱法(XANES)和 XPS(X 射线光电子能谱)的 CK 边缘 X 射线吸收进行了分析。在距离表皮分别 20nm、40nm 和 60nm 的深度分析了 Fe^{3+} 和 Fe^{2+} 的深度分布[见图 7-4(a)]，并测量了 Fe^{3+} 和 Fe^{2+} 的比例分布[见图 7-4(c)]，蚀刻深度由 AFM 确认。已发现，与表面轮廓相比，深度为 40nm 的 Fe 峰(709eV)偏移了较低的能量。这意味着贻贝线的内层中存在 Fe^{2+} 等低氧化态的 Fe 离子，而 Fe^{3+} 等高氧化态的 Fe 离子则倾向于在线表面富集。XPS 实验进一步证实了这种现象，如图7-4(b)所示，$Fe2P_{1/2}$ 和 $Fe2P_{3/2}$ 的 XPS 清楚地证明了 Fe^{3+} 和 Fe^{2+} 在表面到 40nm 深度之间的转变。此外，实验结果表明，Fe^{3+} 离子在足丝线表面上富集，尤其是在旧的上，这表明 Fe 氧化过程在每根足丝线的使用过程中持续进行。这些证据有力地支持了表皮是功能渐变材料的假说，这一特征可能会大大增强足丝线的性能。

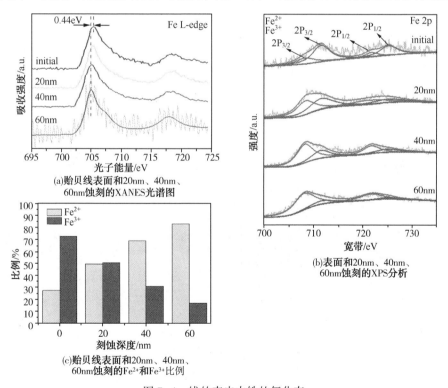

(a)贻贝线表面和20nm、40nm、60nm蚀刻的XANES光谱图

(b)表面和20nm、40nm、60nm蚀刻的XPS分析

(c)贻贝线表面和20nm、40nm、60nm蚀刻的 Fe^{2+} 和 Fe^{3+} 比例

图 7-4　线的表皮中铁的氧化态

为了了解贻贝足丝线的降解和自愈机理，在氧气、空气和氮气环境中进行了单线拉伸试验。在环境中还添加了水蒸气以保持 100%的相对湿度(RH)，以便在

所有情况下都以不同的氧气含量在潮湿状态下对贻贝线进行测试。与其他生物材料一样，曲线在强度和可扩展性上也有很大的差异，但平均应力-应变曲线[见图7-5(a)]清楚地表明了这种差异。如图7-5(a)所示，该线在氮气环境中具有最高的应变，最高可达115%，但在空气和纯氧中分别仅达到91%和70%。图7-5(b)显示出了它们机械性能的变化。另外，角质层的强度也与环境有关，强度随氧气含量的增加而降低——证明足丝线因与氧气反应而降解。拉伸试验结果还表明，近端足丝线的模量与应变率之间的关系不大，与先前的实验一致。进一步测试了线及其胶原蛋白核心的应力应变行为。完整足丝线的应力可以高达229MPa，而仅胶原蛋白核表现出最大应力19.2MPa。

图7-5(c)显示了在30%应变下的表皮的SEM图像。在颗粒和基质之间的表皮表面清楚地观察到裂纹，其中颗粒从基质上撕下。当应变增加到50%时，裂纹开始沿着基体和颗粒之间的撕裂部分扩展。如图7-5(d)所示，清楚地观察到基质结合或颗粒之间的桥接。由于在加载过程中存在颗粒和基质之间的桥接，因此界面结合牢固。拉伸过程中的基体桥接是复合材料中典型的增韧机制。

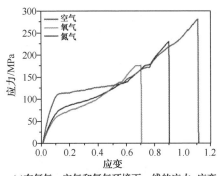

(a)在氧气、空气和氮气环境下，线的应力-应变曲线，此处所有测试的湿度均保持在100%

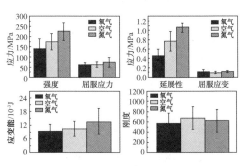

(b)在不同屈服应力、硬度、延伸率下的数值比较

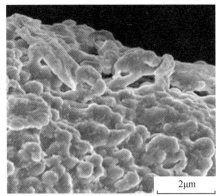

(c)拉伸应变为90%的线的SEM图像

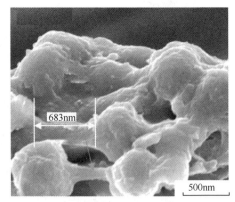

(d)颗粒之间间隙的SEM图像

图7-5 不同环境下测量的足丝线的应力-应变曲线和断裂面

为了了解表皮的基质-颗粒桥接行为,使用原子力显微镜(AFM)测量了颗粒与基质之间过渡区域的机械性能。图7-6(a)显示了在聚合物基质中包括亚微米级颗粒的角质层横截面的AFM图像。使用原子力显微镜测量了单个颗粒和基质以及它们的界面的杨氏模量和硬度。在测量中,用AFM探针(直径约10nm)在海水下对颗粒和基质进行纳米压痕[见图7-6(b)]。对于界面测量,通过在角质层颗粒和基质之间的界面上移动探头,在海水下测试足丝线的横截面。从图7-6(c)、(d)中可以看出,颗粒的硬度为(195±5)MPa,比基质的硬度[(120±5)MPa]高62.5%。颗粒的杨氏模量为1.56GPa,比基质的高32%。这些结果与以前在加洛省普利茅斯角质层的AFM测量结果一致[硬度为(133±17.4)MPa,杨氏模量为(1.7±0.1)GPa]。在SEM图像下进一步测量了样品的表面,未观察到明显的变形。界面牢固,在压痕过程中未观察到基质与颗粒之间的分离。这种牢固的界面,加上基体桥接,可能有助于贻贝角质层的高强度和韧性。

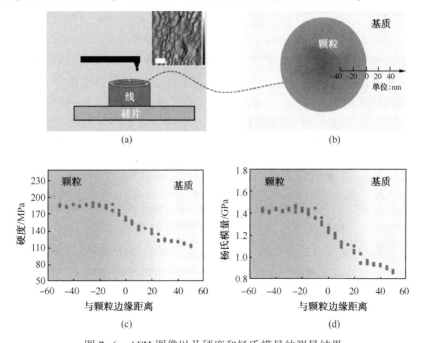

图7-6 AFM图像以及硬度和杨氏模量的测量结果

(a)、(b)在角质层和基质上进行AFM压痕测试的设置,比例尺:500nm;(c)硬度;
(d)杨氏模量

在拉伸试验中,胶原蛋白芯承担了大部分负载,而表皮在确定整个线的强度方面起着重要作用。模拟表明,一方面,由于硬质角质层中的裂纹引起的应力集中,在角质层中的全厚度裂纹会降低20%足丝线延伸率(强度)。另一方面,完整的表皮可以通过阻止芯子中预先存在的裂纹来保护芯子。因此,由于角质层在含氧环境中劣化，足丝线的机械特性可能降低。此外，氧可扩散通过表皮的受损区域并与胶原蛋白核心相互作用以进一步损坏表皮。相反，在惰性环境（例如 N_2）中，通过除去吸附的氧气来治愈受损的氧化角质层，并且很好地保护了芯免受角质层中裂纹的侵蚀。

为了解角质层和胶原蛋白核心在含氧环境中如何在分子尺度上降解，使用密度泛函理论（DFT）方法进一步进行了第一性原理计算，并确定了不同条件下的电子结构和化学反应途径。尽管足丝大约含有 25～30 种不同的蛋白质，但只有一种蛋白质 Mfp-1 与确定的表皮角质有关。因此，排除了内部氧化还原调节剂（例如硫醇）在氧化/还原反应中的作用。氧化还原在各种环境下从"破坏"到恢复的反应周期如图 7-7（a）所示，在这些过程中表皮中的键形成和断裂如图 7-7（b）所示。首先，分析了氧气和贻贝角质层暴露于含氧环境中时的反应。在这样的环境中，氧气可能会吸收角质层中的铁并与之发生反应，从而削弱甚至破坏铁与 DOPA 之间的键。如图 7-7（a）（ii）所示，O_2 可能吸附在（双-）Fe-DOPA 配位络合物（$Fe^{2+}DOPA_2$）上，从而削弱了 Fe-DOPA 键。计算了氧气吸附的吉布斯自由能的变化，在中性和弱酸性介质中分别产生 0.056eV 和 -0.06eV 的能量。几乎为零的自由能变化表明该反应在热力学上是可能的。O_2 的吸收会改变 Fe^{2+}-$DOPA_2$ 的电子/键结构［见图 7-7（c）］。Fe-DOPA 键的测量结果表明，键长的增加是由于 O_2 在 Fe^{2+} 上的吸附，这会削弱 Fe-DOPA 交联，从而降低贻贝丝的机械性能。除了氧在 Fe 离子上的吸附外，还计算了氧可能在 DOPA 链上的吸附（例如碳，氧），但结果表明氧分子无法吸附在 DOPA 的表面上。因此，DOPA 链将在含氧环境中保持完整。

在含氧环境中，有可能通过氧化还原反应（ORR）将（三-）Fe-DOPA 配位化合物（$Fe^{3+}DOPA_3$）转化为 $Fe^{2+}DOPA_2$。在该转化中［见图 7-7（a）中的反应（i）］，自由基氧偶联 O_2 会吸附在多巴链上，并通过存在于足丝线中的儿茶酚双加氧酶催化的价互变异构体与铁键断裂。反应后，$Fe^{3+}DOPA_3$ 转化为 $Fe^{2+}DOPA_2$。随着 Fe-DOPA 键断裂，三维（3D）$Fe^{3+}DOPA_3$ 交联结构现在在表皮表面变成二维（2D）$Fe^{2+}DOPA_2$ 线性结构。但是，降解过程只能在自由基氧偶合 O_2 时发生，例如光辐射产生。

在水性环境中，表皮的受损区域可通过放氧反应（OER）进行治疗［见图 7-7（a）中的反应（iii）和（iv）］。氧分子将从 Fe-DOPA 络合物中的铁离子解吸形成 $Fe^{2+}DOPA_2$，因为海水中（pH 值=8.1）的氧离解的吉布斯自由能变化为 -0.14eV。此外，DOPA 将与 $Fe^{2+}DOPA_2$ 反应形成 $Fe^{3+}DOPA_3$，海水中吉布斯自由能的变化为 -0.47eV，这表明该反应可以自发发生。该反应后，受损的聚合物链得以修复。因此，由于愈合，贻贝线的机械性能得以恢复。应当指出的是，第一步反应是修复过程中的关键步骤，因为海水不仅降低了反应能量，而且还促进了铁离子与海水中离子之间的电子转移。因此，海水可以有效地保护贻贝线免受氧气侵袭，或促进损害的愈合。

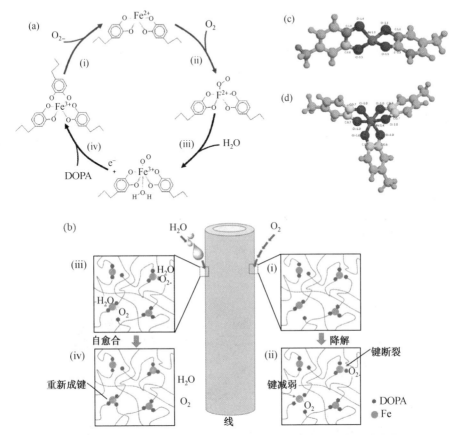

图 7-7　角质层降解和自我修复过程中的分子反应机理和配位变化

(a) 贻贝的降解和自我修复周期；(b) 在降解和自我修复过程中的微观结构变化；(c) Fe^{2+} DOPA$_2$ 和 (d) Fe^{3+} DOPA$_3$ 的有效电荷分布较差

第一性原理计算也可以解释实验结果，即 Fe^{3+} 在足丝表面富集 (见图 7-4)。底线形成后，富集 Fe^{2+} 的足丝线组织与海水反应，进一步聚合成富集 Fe^{3+} 的表皮，使外层更加坚硬。根据 DFT 计算，这些反应在水存在下自发发生。通过反应形成致密的硬壳后，它会减少离子渗透到表皮内部的情况，从而形成表皮内部具有更多 Fe^{2+} 的结构。由于 Fe^{3+} DOPA$_3$ 和 Fe^{2+} DOPA$_2$ 配合物的机械性能不同，Fe^{2+} 在整个表皮厚度上的梯度分布会导致功能梯度机械性能。如前所述，贻贝足丝线中的这种功能梯度结构可能在增强强度和可扩展性方面起着重要作用，这在各种生物结构 (如竹子和牙齿) 中已经观察到。

二、贻贝仿生研究

Lee 等[5]研发了一种由仿贻贝和壁虎的混合黏合剂，该黏合剂由一系列纳米加工的聚合物微柱组成，这些聚合物柱上覆盖有一层薄薄的合成聚合物，该聚合物模仿了贻贝的湿黏合剂蛋白。当用贻贝模拟聚合物涂覆时，纳米结构聚合物柱阵列的湿黏附力增加了近 15 倍。该系统在干燥和潮湿环境下均能保持一千多次接触循环的黏合性能。这种混合黏合剂结合了壁虎和贻贝黏合剂的显著设计元素，在任何环境下都可逆地附着到各种表面上。

根据壁虎黏附设计纳米尺度的支柱阵列，这些支柱上覆盖着一层薄贻贝模拟聚合物薄膜（见图 7-8）。制成直径为 200nm、400nm 和 600nm，中心距为 1～3μm，高度为 600～700nm 的聚二甲基硅氧烷（PDMS）柱阵列（见图 7-8）。每个 PDMS 支柱代表在壁虎脚表面发现的单个铲状触须[见图 7-9（a），（b）]。测试了直径为 400nm 高度为 600nm 的柱阵列的黏附力。

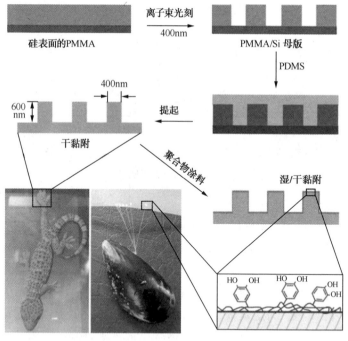

图 7-8　干/湿混合纳米黏合剂的设计和制造[5]

对贻贝黏附蛋白成分的检测可以深入了解贻贝模拟聚合物的合理设计。首先，合成聚合物应具有较高的儿茶酚含量，因为在贻贝黏合盘和其基底之间的界面中，DOPA 占黏合蛋白中氨基酸的 27%之多。其次，持久的防水附着力要求水溶性低的聚合物以防止其在水性介质中有损失。因此，通过自由基聚合反应合成了聚(多巴胺甲基丙烯酰胺-丙烯酸甲氧基乙酯共聚物)[p(DMA-co-MEA)，见图 7-9(c)]，其中黏合剂单体 DMA 占该共聚物质量的 17%，p(DMA-co-MEA)相对分子质量高，不溶于水。

在 p(DMA-co-MEA)的乙醇溶液中浸涂。将 p(DMA-co-MEA)涂覆在 PDMS柱阵列之上。涂层基材的 X 射线光电子能谱分析表明涂层很薄(<20nm)。薄涂层可以减少涂覆过程中柱尺寸的变化，实验表明用 p(DMA-co-MEA)涂层后尺寸的变化并不明显[见图 7-9(d)]。

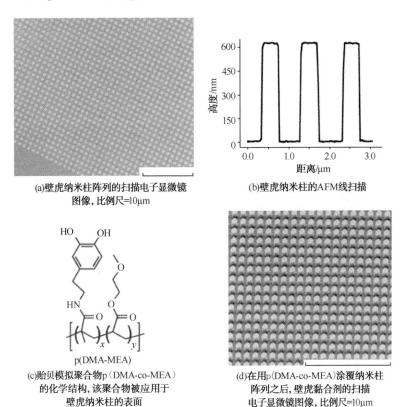

(a)壁虎纳米柱阵列的扫描电子显微镜图像，比例尺=10μm

(b)壁虎纳米柱的AFM线扫描

(c)贻贝模拟聚合物p(DMA-co-MEA)的化学结构，该聚合物被应用于壁虎纳米柱的表面

(d)在用p(DMA-co-MEA)涂覆纳米柱阵列之后，壁虎黏合剂的扫描电子显微镜图像，比例尺=10μm

图 7-9　人造的壁虎黏合剂[5]

使用原子力显微镜(AFM)系统评估了壁虎黏合剂的性能，该系统可以同时测量黏合剂的接触力，并清晰地观察到纳米级的接触面积，精确到单个纳米柱子。在典型的附着力实验(见图 7-10)中，使用无尖探针悬臂梁(Si_3N_4)与纳米柱阵列接触，测量了将悬臂梁与柱阵列分离所需的力。此外，独立地改变支柱之间的间距 d($d=1\mu m$、$2\mu m$ 和 $3\mu m$)以及支柱阵列和悬臂轴线之间的角度 θ[见图 7-10(b)]，能够精确地控制与悬臂接触的支柱数量(1~6)。例如，$d=3\mu m$ 和 $\theta=45°$

会使得单根柱接触[见图 7-10(c)] , 而 $d = 1\mu m$ 和 $\theta = 0°$ 会导致六个柱同时与悬臂相互作用[见图 7-10(d)]。

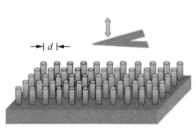
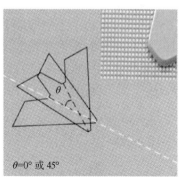

(a)通过使无尖AFM悬臂梁与
纳米柱阵列接触,测量黏附力

(b)通过悬臂之间的距离d以及悬臂与
阵列的轴线之间的角度θ来控制
与悬臂接触的悬臂的数量

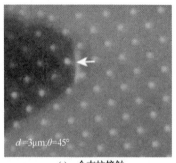
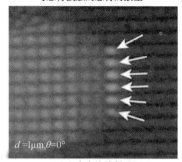

(c)一个支柱接触

(d)六个支柱接触

图 7-10　AFM 在柱子上进行黏附力测量和接触面积成像

在空气和水下均进行了未涂覆和 p(DMA-co-MEA) 涂覆柱阵列的黏合实验 (见图 7-11)。支柱力测量结果显示,当悬臂从柱子表面拉开时,附着力很强。图 7-11(a)、(b)显示了典型的力-距离曲线,每条曲线代表与悬臂梁表面相互作用的特定数量(1~6)的 400nm 直径的支柱。根据每条力-距离曲线和图 7-11 (d)中绘制的多个实验的平均值,确定黏附力是接触柱数的函数。所观察到的力随柱数的线性增加表明了力的积累,即各个柱同时从悬臂上脱离。每个支柱的附着力[见图 7-11(e)]是根据各个斜率计算得出的:(39.8±2)nN(空气中的壁虎),(5.9±0.2)nN(水中的壁虎),(120±6)nN(空气中的人工黏合剂)和(86.3±5)nN(水中的人工黏合剂)。

尽管在支柱上添加 p(DMA-co-MEA) 涂层可显著提高干附着力,但湿附着力的增强尤为明显,因为每个支柱的湿附着力增加了近 15 倍。当在其他表面上进行测试时,其湿黏合强度也很高:氧化钛[每根柱子为(130.7±14.3)nnN],金

[每根柱子为(74.3±4.13)nN]。鉴于单分子力实验显示了DOPA与有机和无机表面均能强烈相互作用的能力，因此，仿生黏合剂的多功能性不足为奇。这些相互作用以多种形式存在，包括金属配位键，π电子相互作用和共价键。黏合剂对金的较低黏合强度表明，DOPA与金的相互作用比与二氧化钛的相互作用要弱。

此外，DOPA和金属氧化物表面之间的牢固结合键在拉动时会破裂，然后在与表面接触时重新形成，纳米黏合剂到基底的黏附力可逆。重复的AFM力测量表明，在许多次黏附循环中，黏合剂的湿黏附力和干黏附力仅略有降低，在1100次接触循环后，在潮湿和干燥条件下保持了原来黏附力的85%[见图7-11(f)]。对照实验用无儿茶酚聚合物p(MEA)涂覆的柱阵列，其黏合强度较低(在第一次接触循环中，每根柱26nN)，并且在循环测试下黏合性能迅速下降，强调了模拟贻贝的邻苯二酚基团在增强湿附着力以及将p(DMA-co-MEA)聚合物涂覆在柱阵列上的重要性。同时，纳米结构的表面对于黏合剂是必不可少的。在涂有p(DMA-co-MEA)的平坦基材上进行的力测量表明，在低黏合强度下会启动复杂的剥离行为[见图7-11(c)]，这与黏合剂剂所表现出的线性力累积行为相反[见图7-11(d)]。

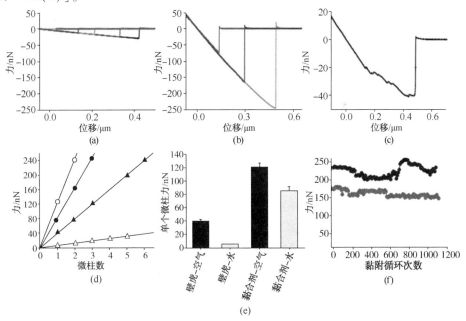

图7-11　黏合剂的力-距离曲线和黏合强度

水中未涂覆(a)和p(DMA-co-MEA)涂覆(b)的立柱的力-距离曲线；(c)悬臂与扁平的涂覆p(DMA-co-MEA)的PDMS之间接触的力-距离曲线(接触面积=5.3μm²)；(d)在水和空气中，壁虎(三角形)和黏合剂(圆形)的平均分离力值与柱数的关系；(e)每个支柱的附着力；(f)在水和空气中多次接触循环过程中，黏合剂的性能

事实证明，该纳米黏合剂可有效地将其可逆地黏附在水下表面上，其功能性能类似于便笺。尽管由于在保持大量支柱之间均分负载方面面临的挑战，扩大黏合剂的尺寸还有一定的挑战。支柱几何形状和间距，支柱材料和贻贝模拟聚合物的进一步细化可以导致这种纳米结构黏合剂的性能得到更大的改善。这项研究的结果应该与用于医疗、工业、消费和军事环境的湿黏合剂的设计有关。

第二节　钻井液使用原理

石油天然气是全球至关重要的能源，与国民经济建设的发展密切关联。成功的钻井作业在很大程度上取决于所用钻井液的有效性。石油和天然气钻井涉及从地表到储层的可伸缩孔的钻探，该可伸缩孔可距地表数公里。通过使用连接到长条钻杆上的钻头来完成钻孔。在钻头上施加重量和旋转，钻头将岩石压碎成小碎片，即碎屑。钻井液从地面循环，通过钻杆到达钻头面，将产生的钻屑提起并带到地面，分离设备将钻屑从钻井液中清除，钻屑在强大的泵的帮助下循环到井眼。

钻井液也有其他功能，主要是控制地下压力，稳定裸露的岩石，防止地下岩层烃流体受到污染，为碎屑提供浮力以及冷却润滑钻头。需要对此类流体进行工程设计，以使其能够在恶劣的环境中高效运行，并且必须确保它们不会损坏正在钻探的地层。

随着我国经济的快速发展，石油和天然气的勘探开发出现了不同的发展，开采的情况越来越复杂。深井和超深井的复杂性一直是勘探开发的重点。随着国内外勘探开发向深层和超深层油气藏发展，适应高温高压和复杂井下条件的钻井液系统和关键处理剂已成为保证钻井的关键技术之一。

一、钻井液增黏剂

为了确保井壁清洁和安全钻井，必须将钻井液的黏度和剪切力保持在适当的范围内。当黏度太低时，可以添加黏度增强剂以获得低固相并增加钻速。

自20世纪70年代以来，有机黏土就一直是钻井液配方中的增黏添加剂。有机黏土是通过阳离子黏土和季铵盐之间的离子交换反应而产生的。所得的亲有机黏土可以轻松地分散在钻井液介质中，从而为钻井液赋予黏性。在20世纪80年代初期，将原油提炼成化学品和聚合物，使改性聚合物领域得到了进一步发展，这也可以在基础流体介质中产生黏度。然而，聚合物的高成本和热降解限制了它们在钻井液配方中作的大规模应用。当前常用的钻井液增黏剂包括改性纤维素、瓜尔胶、黄原胶和合成丙烯酰胺聚合物等。

韩谨[6]研发了稳定易溶的反相乳液。使用丙烯酰胺和丙烯酸作为原料，过硫酸铵-亚硫酸氢钠作为氧化还原引发体系，Span60/Tween80 作为复合乳化剂，在白油中反相乳液聚合以制备稳定的"油包水"乳液。结果表明，随着淡水、盐水和饱和盐水钻井液中质量分数的增加，乳液具有的增黏性能会更加明显。相对分子质量的增加使大分子链在水基钻井液中更容易形成网络结构，吸附基团的增加会增加膨润土颗粒表面上由聚合物分子链形成的吸附层的厚度，聚合物的增加将有助于聚合物更好地溶解和分散在水中，并在膨润土颗粒的表面上形成水合膜。在反相乳液聚合中，单体质量分数的增加会增加自由基之间发生碰撞的概率，分子链的生长速度加快，所得到的聚合物的相对分子质量也相应增加，因此，相对分子质量较高，吸附基团较多的样品的黏度也较高。但在高温下会有老化性能，抗温值不能超过 120℃。

Patel 等开发了新型增黏剂——有机改性的硅酸镁（MSil-OH，MSil-C16 和 MSil-Ph）[7]。其中有机官能团通过 Si—C 键直接连接，这与工业上具有静电连接作用的传统增黏剂有机黏土不同。X 射线衍射（XRD）、傅里叶变换红外（FTIR）光谱和热重分析（TGA）证实了共价连接的十六烷基和苯基官能化的硅酸镁（MSil-C16 和 MSil-Ph）的成功形成。他们设计了相同的钻井液配方，以便使用改性的硅酸镁和商用增黏剂进行比较。在环境条件以及高温（高达 150℃）和高压（70MPa）下测量流体的流变特性。由于牢固的共价键，与普通硅酸镁相比，用改性的硅酸镁配制的钻井液在 150℃ 和 70MPa 压力下的动切力（YP）提高了 19.3%，表观黏度（AV）降低了 31%。用传统有机黏土配制而成。已知较高的屈服点和较低的表观黏度有助于提高流体的渗透速率，并提高有效的油气井钻井程序的等效循环密度，动态密度条件。

叶艳课题组研发了新型抗温抗盐聚合物增黏剂 SYS，其中聚丙烯酰胺、除氧剂、交联剂的质量份数比为 100∶25∶12.5。

将研制的 SYS 增黏剂与 HE300 增黏剂进行比较，如图 7-12（a）所示。SYS 的增黏性更好，因为 SYS 中含有交联剂，形成交联的骨架网状结构，所以增黏剂 SYS 表现出了更高的黏度。相同质量分数的 SYS 和 HE300 在饱和 NaCl 水溶液中的热稳定性如图 7-12（b）所示。经过高温 16h 的老化后，SYS 黏度保持率均在 50% 以上，HE300 在温度高于 180℃ 后降解现象明显，黏度在 200℃ 时仅为之前的 10%，而 SYS 的表观黏度保持率为 64.5%。

利用高温高压滤失仪对添加新型抗高温抗盐增黏剂 SYS 后的聚合物水基钻井液进行模拟地层中 150~220℃、3.5MPa 下降滤失性能的评价实验，产生的泥饼如图 7-13 所示。在不同温度下老化后，聚合物水基钻井液系统的整体性能稳定，滤失量小，滤饼薄。尽管该体系的表观黏度、塑性黏度和动切力都降低了，但是它仍然具有相对较高的表观黏度保持率。它充分体现了新型增黏剂 SYS 的良好耐高温和耐盐性，以及与水性钻井液系统的兼容性。

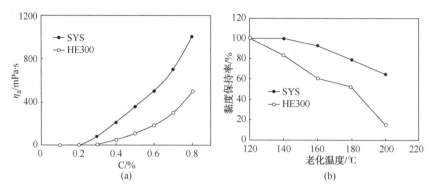

图7-12　（a）新型增黏剂 SYS 与 HE300 的增黏性曲线；
（b）新型增黏剂 SYS 与 HE300 盐水溶液的热稳定性

150℃热滚16h(薄)　　　80℃热滚16h(薄)

200℃热滚16h(薄)　　　220℃热滚16h(无法成形)

图7-13　添加增黏剂 SYS 后的高温高压滤失后泥饼

二、钻井液润滑剂

在地下浅层石油储量日益减少的背景下，复杂钻探工艺越来越多地被应用在工程实践中，复杂的工况使得减小钻具和井壁的组里成为必须要解决的问题。作为常用的两大类钻井液，水基钻井液成本低、毒性低、更为环保，但是润滑性能较差；而油基钻井液抗高温，润滑性好。将润滑剂添加到钻井液中，可以降低钻井工具的流动阻力还有滤饼摩阻系数，实现降低摩擦与磨损的目的。这些润滑剂于水基润滑剂尤为重要。

润滑剂的种类有很多，按照其形态，可以分成固体类和液体类这两大类。前者的一大类为惰性材料制成的球体，如不溶于水和油的塑料或者玻璃制成的小球，其中常用的塑料为苯乙烯与二乙烯苯制成的共聚物，它性能好但是成本较高；作为替代品的玻璃小球受冲击则容易变形、碎裂。另一大类固体润滑剂是天然的片状固体，如石墨和二硫化钼。Rayborn 等[8]设计了一种由乙二醇和尺寸在 $2\sim40\mu m$ 的石墨组成的、用于水基钻井液的润滑剂，相对单纯的石墨粉润滑性能提升了 20%。他们[9]还设计了一种由 $2\sim10\mu m$ 滑石、直径在 $100\sim900\mu m$ 的苯乙烯-二乙烯苯共聚物小球以及湿润剂乙二醇组成的水基钻井液润滑剂。共聚物小球在该润滑剂中起主要作用，具有层状结构的滑石会形成胶体，降低滤饼厚度，降低失水率，稳定井壁。此种润滑剂能使体系的摩阻系数降低 50%。

目前液体类润滑油大致分为精制矿物油类、醇醚类、聚 α-烯烃（PAO）类、酯类、植物油类。传统的液体类润滑剂以粗制矿物油、沥青为主要成分，消耗量大，不仅影响录井，还容易对环境（尤其在海洋油田上）造成污染，因此经常用加氢的方式对其精制。加氢的作用体现在两方面，一方面是去掉毒性大的芳烃成分，另一方面是提高饱和度使其抗氧化变质。Epergne 等[10]加氢制备的润滑剂，芳烃含量少于 100mg/L，28 天生物降解率高达 77%。但是加氢并不是一个十全十美的方案，据 2005 年 Knothe 等[11]的研究，加氢会降低矿物油中的 S、N 基团，这些极性基团的去除会降低其润滑性能。总的来说，植物油因为其具有易降解、黏温性能好、成本低等优势，逐渐地在工程中替代矿物油。

聚 α-烯烃（PAO）类润滑剂是合成油，稳定性好，不易燃不易爆，但是极性差，因此润滑性能较差，且难以降解（几乎低于 1/3），因此并不是当下的主要研究方向。

酯类的润滑剂大致有脂肪酸酯和磷酸酯两类，其中前者又可以按照来源分为天然的和合成的。脂肪酸酯中的羟基极性很强，可以使其吸附在金属钻杆表面，使其具有比矿物油和合成油更好的润滑性能。此外，脂肪酸酯也具有很好的环境相容性和优异的物理性质，因此成为当下的研究热点。天然的脂肪酸酯具有广泛的来源，甚至可以利用大量的废弃植物油脂，如刘娜娜 等[12]制备的润滑剂 RH-B 的原料是地沟油和二乙二醇，二者的酯化产物经硫化形成的网状产物具有很好的润滑性能。天然的脂肪酸酯在电解质溶液中容易析出，这限制了其使用范围。而且它们成分复杂，性能不够稳定，因此合成脂肪酸酯更受人们注意——它们同样可以使用废料中的脂肪酸作为原料。合成脂肪酸酯中，多元醇与单元酸形成的酯类润滑性能更好，稳定性更强。但是合成脂肪酸酯同样面临容易在碱性环境下水解，进而皂化、起泡的问题，针对此，Mueller 等[13]利用不易起泡的高级脂肪醇作为原料实现了较好的效果。

总的来说，固体润滑剂难以降解，污染较大，其应用潜力不及液体润滑剂。液体润滑剂中，合成脂肪酸酯因为其优异性能具有最大的潜力，但是成本较高，将其与低成本的润滑剂如精制矿物油配合使用，是工程实践中一种常用的方法。

第三节　仿生钻井液应用

井眼的稳定性是一个困扰世界各地钻井工程师的难题。井眼不稳定造成的事故每年平均造成 10×10^8 美元的经济损失[14]。由于中国的油气勘探和开发目标进一步针对埋藏在非常复杂的地质条件中的深层油气资源和非常规资源(如煤层气和页岩气)，钻井过程中遇到的困难(例如井筒稳定性和狭窄的密度窗)导致复杂化深井和水平页岩气井钻井速度慢，事故多，钻井周期长，成本高，严重影响了中国油气资源重要替代区的勘探开发过程。

为了克服这个问题，以前的大多数研究都集中在如何减少钻井液对井眼稳定性的不利影响以及可以防止井眼不稳定性的钻井液中。但是，由于这些钻井液不能完全防止自由水渗透到地层中，因此只能在一定程度上减轻由于井眼不稳定而造成的损害。因此，大多数传统的抑制性钻井液在钻井高度不稳定的页岩地层中的作用很差。为了完全避免因井眼不稳定而造成的井眼收缩、钻杆卡死、井眼塌陷等事故，研究人员近几年研究了一种称为井眼强固化的新方法，通过该方法可以提高井眼岩石的机械强度，在钻孔过程中井壁得到实质性增强。然而，由于页岩地层中的井眼岩石是亲水性的，因此很难找到合适的钻井液添加剂。该添加剂可以黏附在井眼岩石上并在含水环境下通过使其强化，井眼加固技术仍处于起步阶段。

仿生技术是一种新兴技术，用于通过研究和模仿生物的结构、功能和工作原理来解决工程问题。仿生技术可以在钻井液领域中得到应用，在仿生技术的基础上开发一种新型钻井液，通过模拟海洋贻贝分泌的黏附蛋白的结构和功能，可以有效地加固井下含水条件下的井眼岩石。

一、仿生钻井液的作用机理

海洋贻贝分泌的具有超高黏附能力的足丝蛋白可以与水性环境中的几乎所有无机和有机基底牢固结合，包括金属、高分子、岩石等。贻贝蛋白的独特黏附能力主要归因于关键功能基团的存在。根据其机理合成两种仿生钻井液添加剂，即井眼增强剂和页岩抑制剂，两者均含有黏附基团。这两种"仿生添加剂"确实在一定程度上显示了贻贝蛋白的某些黏附特性。

（1）仿生固壁剂的作用机理

通过接枝共聚反应，将黏附官能团接枝到长链聚合物上。水溶性聚合具有类似于贻贝黏附蛋白的强而通用的黏附力，将其称为仿生固壁剂。浸入增强剂的溶液中的页岩碎片的形态变化如图 1 所示。在实验开始时，浸泡在溶液中的碎片表面没有其他物质。一天后，岩石碎片表面形成了一种淡黄色的胶状物，碎片有一定的胶黏现象。三天后，在表面可以观察到更多的黄色胶类物质，并且附着力更强，溶液开始出现黄色浑浊。一周后，绝大部分的岩石碎片黏附在一起，溶液中的大部分水分蒸发，胶黏物形成的范围更广，具有巨大的内聚力。

以上现象说明了井眼增强剂的井眼加固机理。岩石与固化剂自发地在岩石表面发生固化，形成一层致密且有黏附性的硬壳。这种硬壳将其覆盖的井眼岩石，并通过黏附和内聚作用在宏观上增强岩石。当井眼与钻井液中的自由水接触时，硬壳的内聚力会减弱甚至完全抵消施加在其上的水合溶胀力，因此，可以保持较大的井眼稳定性。由于固壁剂只能在黏土的催化下固化，因此远离岩石的钻井液的流变特性不会受到固化反应的影响。

（2）仿生页岩抑制剂的作用机理

仿生固壁剂效果的形成通常需要一段时间，在此期间，由于页岩水合膨胀，井眼仍可能失去稳定性。因此，为了在仿生壳形成之前保持良好的稳定性，设计并合成了仿生页岩抑制剂。页岩抑制剂也是包含黏附官能团的有机物，具有强大的页岩抑制能力。

蒙脱石上面吸附了不同数量的抑制剂分子。随着抑制剂吸附量的增加，蒙脱土层间间距的数值逐渐增加。当抑制剂溶液的浓度为 1.0%（质）时，层间距高度达到最大，表明夹层中抑制剂分子的吸附饱和。尽管抑制剂分子的插入导致蒙脱石层间间距的溶胀，但是溶胀度远低于吸附有大量水分子的蒙脱石的溶胀度。此外，抑制剂分子嵌入黏土层后，可以自聚合成双层石墨烯状聚合物。两个相邻的蒙脱土层通过在蒙脱土-长石的聚合物和硅羟基之间形成的超强氢键（在 150℃ 的高温下不会断裂）固定在一起。在某种程度上，抑制剂的功能可以看作是微观井眼加固。

二、仿生钻井液的研究成果

蒋官澄课题组合成了仿生固壁剂 GBFS-1 和仿生页岩抑制剂 YZFS-1[15]。GBFS-1 可以显著减少游离水进入地层，防止井眼在形成仿生硬壳之前失去稳定性。通过搭接剪切强度实验评估了仿生外壳的黏合强度，并与三种常用黏合剂进行了比较（见表 7-1）。在干燥环境下，仿生硬壳的黏合强度略低于其他黏合剂。在水性环境中，仿生外壳的黏合力比其他三种强得多，黏合强度为 0.18MPa，环氧树脂的强度仅为 0.07MPa，另外两种黏合剂的强度甚至更差。GBFS-1 形成的仿生胶壳能很好地在水基钻井液黏结岩石的过程中发挥作用。

表 7-1　GBFS-1 和其他胶黏剂的搭接抗剪强度实验结果[15]

样品	搭接抗剪强度/MPa	
	干燥环境	水环境
GBFS-1	3.8±0.5	0.18±0.04
聚醋酸乙烯酯	4.0±1.0	≈0
氰基丙烯酸乙酯	7.0±1.0	≈0
环氧树脂	11.0±2.0	0.07±0.03

由于牢固的黏附力和内聚力，由 GBFS-1 形成的仿生硬壳应能抑制岩石的水化分散和脱落。通过实验评价了不同浓度的 GBFS-1 溶液的页岩碎片分散能力。在水中，粒径范围为 1.70mm（10 目）至 3.35mm（6 目）的页岩碎片的回收率为43.05%。在不同浓度的 GBFS-1 解决方案中，页岩碎片的回收率均高于75.00%。在浓度为 5% 的 GBFS-1 溶液中，回收率甚至达到了 90.17%。因此，初步得出结论，在井壁上形成的仿生硬壳可以有效地阻止页岩的分散和脱落。

结合页岩线性溶胀试验、页岩回收试验和泥浆抑制试验等综合方法对 YZFS-1 的抑菌性能进行了评价，并与国内几种常用的抑制剂进行了比较。线性溶胀实验中使用的页岩切屑取自美国旧金山区块，深度为 3917m，热轧弥散测试中的页岩切屑取自美国哥伦比亚的 Villeta 区块，深度为 4673m。

YZFS-1 溶液和其他不同抑制剂中的页岩碎片的线性溶胀曲线如图 7-14 所示。在最初的时间内，抑制剂溶液中的页岩碎片几乎停止了溶胀，但在淡水中，甚至在溶胀后仍溶胀了。240min 后 YZFS-1 溶液中的页岩溶胀高度明显低于水和其他抑制剂溶液中的溶胀高度。因此，YZFS-1 的页岩抑制性能相当好，优于国内几种常用的抑制剂。

从不同抑制剂溶液对页岩碎片的滚动回收测试中可以清楚地看到，在 1%（质）的 KCl 溶液和 1%（质）的 EPTAC（2，3-环氧丙基三甲基氯化铵）中，粒度为1.70～3.35mm 的页岩碎片的回收率均约为 50.00%，没有明显高于淡水的43.05%。然而，YZFS-1 溶液中 1%（质）的碎片的回收率高达 84.04%，比 1%（质）聚胺（聚醚二胺）溶液中的碎片的回收率高 6.42%，这表明 YZFS-1 具有出色的页岩抑制能力，优于几种中国使用的最广泛的抑制剂。

通过泥浆抑制试验评价对膨润土造浆的抑制作用。在 YZFS-1 和其他不同的抑制剂溶液中添加膨润土，测量并比较随膨润土含量变化的泥浆动切力，如图 7-15 所示。在不同的膨润土含量下，含 YZFS-1 的泥浆的切动力均低于基础泥浆和含有其他抑制剂的泥浆，表明 YZFS-1 在制浆抑制方面比中国几种常用的抑制剂表现更好。

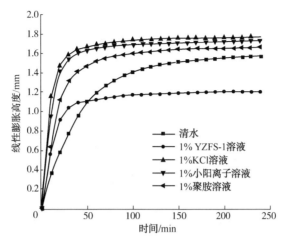

图 7-14　页岩在不同抑制剂溶液中的线性膨胀曲线[15]

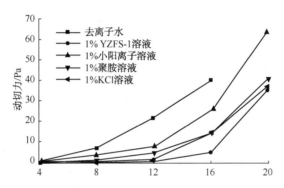

图 7-15　含不同抑制剂膨润土浆的动切力随膨润土加量的变化[15]

　　最近几年深井和超深井持续增加，页岩抑制剂的耐热性变得越来越重要。为了评估温度对 YZFS-1 抑制性能的影响，测量了含有 YZFS-1 和其他抑制剂在不同温度下的泥浆（膨润土含量固定为 12%）的动切力，如图 7-16 所示。显然，EPTAC 和 KCl 对制浆的抑制作用随温度的升高而改善，而聚胺的抑制作用则明显降低。随着温度的升高，在 YZFS-1 存在的情况下，抑制作用只有轻微的降低。因此，热稳定的 YZFS-1 具有优异的制泥抑制能力，因此可以防止钻井液因制泥而引起的流变破坏。

　　通过线性溶胀试验和滚动回收试验评价了仿生钻井液的抑制性能，并与普通钻井液进行了比较。这里使用的页岩碎片与评估 YZFS-1 的碎片来源相同。两种钻井液的线性溶胀曲线如图 7-17 所示。在 16h 的实验时间内，尽管两个系统中的页岩碎片从未停止溶胀，但仿生钻井液的抑制作用仍然明显超过了普通钻井液。

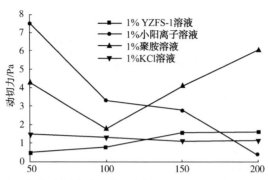

图 7-16 含不同抑制剂膨润土浆(浓度 12%)的动切力随温度的变化[15]

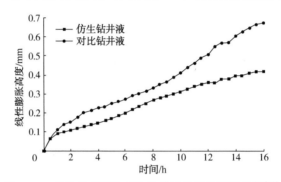

图 7-17 仿生钻井液和对比钻井液的线性膨胀曲线[15]

另外,用于比较的仿生钻井液和普通钻井液中的页岩屑(粒度为 1.70 ~ 3.35mm)的回收率分别为 94.24% 和 92.47%。因此,可以得出结论,尽管仿生钻井液的添加剂较少,YZFS-1 和 GBFS-1 的用量较低,但在抑制页岩分散和脱落方面表现突出。

在刘伟等研究的仿生钻井液体系中[16],抑制剂 CQ-YZF 通过离子交换嵌入黏土的中间层中,相邻的黏土晶体层通过强氢键结合在一起,从而极大地抑制了黏土的水合膨胀并可以"微观"固壁;固壁剂 CQ-GBF 自发吸附在泥页岩的近表面,并通过"仿生基团"与泥岩表面的 Ca^{2+}、Mg^{2+} 和其他金属离子发生螯合和交联反应,并固化形成有很强附着力和内聚力的仿生硬壳。仿生硬壳可以提高页岩的胶结强度,实现页岩的加固。封堵剂 CQ-NWD 可以在钻井液的压力下均匀地扩散在页岩表面并相互连接,形成极薄的几乎无缝的滤饼,可有效密封纳米微米级的孔隙和微裂纹。

在室内实验中,仿生钻井液在 90℃、120℃时的配方都能保持良好的流变性和滤失造壁性。页岩碎片在净水和仿生钻井液体系中的回收率实验表明,净水的回收率仅为 26%。仿生钻井液在 90℃ 和 120℃时回收率分别为 90.4% 和 99.3%,表明仿生钻井液可以有效抑制页岩水化和分散。

在 90℃和 120℃下配制的仿生钻井液中，热滚后岩心的抗压强度比 KCl/聚磺钻井液中的抗压强度高 24.3%和 27.5%，反映了仿生钻井液的出色页岩加固性能。人造致密砂岩芯在注入仿生钻井液后微孔封堵率高达 90%以上。

在磨溪 119 井实施现场应用，磨溪 119 井的位置位于四川盆地中四川古隆磨溪 21 井区的西部，设计井深为 5280m。资料表明，该区沙二-须家河井段地层主要表现为区域性塌陷，主要表现在第二次和第三次开采时使用的无土聚合物钻井液体系在施工时受到了泥页岩造浆污染，导致黏性剪切力增加，并且常存在钻阻卡和泥包钻头等复杂的井下情况。针对上述技术问题，在井上地层（沙溪庙-徐家河）采用了抑制性能强、抗塌陷效果好的仿生钻井液体系。

仿生钻井液在实验井 493~2100m（沙溪庙-徐家河）现场测试。仿生钻井液具有良好的流变性能，该系统可以有效抑制泥浆的形成，并保证在三开泥岩段进行大规模钻井的需要。

图 7-18 显示了测试井和相邻井的井径膨胀率的比较。可以看出，使用仿生钻井液系统后，与相同结构的相邻井相比井眼膨胀率显著降低，表明仿生钻井液可以有效地稳定井壁并防止其塌陷。

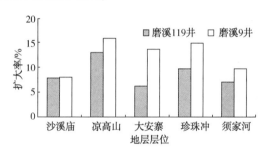

图 7-18　磨溪 119 井与邻井井径扩大率对比

在磨溪 119 井的钻探过程中，共划眼 4 次，主要是在包含了较大软泥岩段的沙 1 段，划眼的累积时间是 5.8h，但是，没有如泥浆包钻头、卡钻地层坍塌等任何复杂的井下事故。

综合考虑独特的作用机理和优异的抑制性能，可以期望仿生钻井液可以在钻井过程中有效地加固靠近井眼的岩石，从而保持井眼的稳定性。因此，仿生钻井液在实际应用中具有突出的应用价值。

第四节　仿生支撑剂

一、支撑剂

支撑剂是指具有一定粒度和级配的天然砂或人造高强陶瓷颗粒。石油压裂支撑剂是水力压裂技术的关键材料，其性能的优劣直接影响油气的开采率；并且其成本占据开采较大部分。随着风能、核能等非常规储层的加速开发以及受原油价格下降的影响，开发研制功能型、智能型和经济型支撑剂成为一项不容忽视的任务。

（一）支撑剂的分类

水力压裂（HF）被认为是最主要和有效提高油气产量的方法。在水力压裂过程中，为了防止裂缝在地层封闭压力下重新闭合，需要支撑裂缝的支撑剂。支撑剂由压裂液携带并堆积在裂缝中，从而形成具有一定导流能力的人工裂缝。水力压裂过程使用过多种支撑剂，例如金属铝球、胡桃壳、玻璃珠、塑料球等。由于强度、硬度和成本的问题，这些种类的支撑剂已经不再使用。目前，常用的支撑剂种类（见图7-19）是石英砂、陶粒和覆膜支撑剂，其分层比较见图7-20及表7-2。尽管陶粒和覆膜支撑剂的支撑性能明显好于石英砂，但油田经营者考虑到成本较高，石英砂仍是压裂作业中的首选支撑剂。

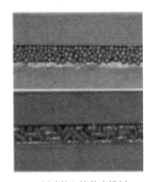

(a)圆球状和棒状支撑剂　　　　　　　　　　　　(b)自悬浮支撑剂

图7-19　几种支撑剂图[17,18]

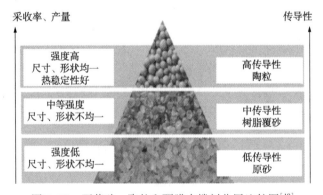

图7-20　石英砂、陶粒和覆膜支撑剂分层比较图[19]

216

表 7-2　常见支撑剂的分类及其相应特征[17]

	石英砂	陶粒	覆膜支撑剂
成分	主要成分为 SiO$_2$，含少量 AlO$_3$、Fe$_2$O$_3$ 等氧化物	主要成分为铝矾土，加有高岭土、硅酸镁等添加剂	骨架：石英砂、陶粒、纤维等 树脂：酚醛树脂、环氧树脂、呋喃树脂等
相对密度	约 2.65	2.55~3.9	2.55~2.6
工艺	沉淀；破碎；洗涤；烘干；筛分	破碎；粉磨；制球；煅烧；陶粒制备；冷却；筛分	加热；混合搅拌；冷却破碎；筛分
分类	国外：北白砂；棕砂 国内：兰州砂；承德砂；永修砂和岳阳砂	高、中、低密度	按密度：低密度；超低密度 按润湿性：中性润湿支撑剂；疏水支撑剂 按功能：自悬浮支撑剂；孔隙型支撑剂
优点	①适用于低闭合应力的各类储层；②相对密度较低，便于施工泵送；③价格低廉，易获取	①较高的抗压强度，高闭合应力下破碎率低；②粒径均匀、圆球度高；③具有热稳定性和化学稳定性；④支撑剂充填层孔隙度和渗透度高	①抗压强度较高；②树脂对微粒的包裹作用，降低了支撑剂破碎率，减缓了微粒运移带来的堵塞；③相对密度较低，便于施工泵送；④改善裂缝中的支撑剂分布，增加裂缝长度
缺点	①强度低，破碎压力约为 28MPa；②破碎后易发生微粒运移，堵塞孔喉，造成裂缝导流能力大幅度下降	①相对密度较高，对压裂设备和压裂液性能要求较高；②加工工艺复杂；③成本高	①成本较高；②化学稳定性；③高闭合应力下支撑剂粘接在一起，使导流能力大幅度下降
适用地层	低闭合应力的浅井	高闭合应力的深井或超深井	较高闭合应力的中、深井

　　根据分类方法的不同，支撑剂可分为不同类型，但压裂作业对支撑剂的需求却相同——产生高导流能力通道，增加油气产量，实现经济效益最大化。按密度或者强度，支撑剂可以分为超低密度、低密度、中密度和高密度支撑剂。密度与支撑剂性能存在以下关系：①密度越高，强度越高，故较高应力下的渗透率也越高；②密度越高，相同质量支撑剂的裂缝体积（宽度/长度/高度）越小；③密度越高，成本越高；④密度越高，支撑剂在压裂液中的沉降速度越快。

　　按形状，支撑剂可分为圆球状、棒状和多面体结构支撑剂。通常见到的支撑剂主要为圆球状，且圆球度越接近于 1，支撑剂充填层的孔隙度和渗透率越高。

　　按润湿性，支撑剂可以分为亲水型、中性和疏水型支撑剂。常规的石英砂和陶粒表面亲水，而油田压裂液通常为水基压裂液，这导致油井通常会出现过早水淹的现象。研究人员利用自然界的"荷叶效应"，进行表面改性，即在支撑剂表面包覆一层疏水亲油的高分子膜，增加水的流动阻力，相应地降低油气流动阻力。表面润湿性改性的方式包括物理改性和化学改性。

按功能，支撑剂可以分为自悬浮支撑剂和多孔支撑剂。自悬浮支撑剂是在支撑剂表面涂覆一层具有水溶胀性能的水凝胶（多为聚丙烯酰胺类高分子），在泵送过程中高分子水凝胶溶胀，增大基液黏度，降低沉降速度，故达到自悬浮。其优点在于简化了油田现场压裂液的配制，将支撑剂与压裂液一体化。但现场应用结果表明阴离子的聚丙烯酰胺与黏土稳定剂反应，生成絮状沉淀，堵塞孔道。多孔型支撑剂是指内部为多孔结构的支撑剂，类似于医药领域的胶囊。根据改性的方法不同，可分为两类，一类可用来根据功能的需要包覆化学药剂（抑垢剂、防蜡剂和示踪剂等），随携砂液进入裂缝起到相应功能。另一类是通过对支撑剂表面结构改性实现高强度低密度，如设计为蜂窝结构[17]。

（二）支撑剂评价及影响因素

支撑剂要求耐闭合压力，一般地层闭合压力范围为 $35 \sim 70 MPa$。评价的关键因素是压裂长度，即有效运移长度。其种类、形状、强度、硬度、耐磨性、耐酸碱性、抗腐蚀性、韧性、粒度、填充密度、分布状态、导流能力等均会对压裂效果产生直接影响。

密度是影响支撑剂悬浮性能的主要因素，密度越低，悬浮性能越好。当地层闭合时，具有一定抗压强度的支撑剂要保证水力压裂形成的人工裂缝开启，形成有效裂缝。根据地层闭合应力选择恰当的抗压强度支撑剂能够减少嵌入和破碎带来的导流能力损失。高温下的化学惰性，该性能主要针对携带一定剂量化学试剂的功能型覆膜支撑剂，通过支撑剂将特定功能的试剂携带入地层解决地层问题，类似医用胶囊。该类支撑剂需要有一定的化学惰性，避免药物提前释放而未达到针对性治疗的功能。通过优选包覆膜的化学性质可以有效提高该性能。

圆度是对支撑剂颗粒角隅锐利程度或颗粒曲度的度量。球度是对支撑剂颗粒近似球状程度的一个度量。粒度分布表征的是支撑剂群中各支撑剂的粒径大小及对应的数量比率。粒度分布越均匀，形成的孔隙空间越大。支撑剂粒径的大小用目数表示，通常目数越大，支撑剂粒径越小，粒径越小，悬浮性能越好，但形成的支撑剂充填层导流能力越低[17]。

实际运移过程中，支撑剂容易堆积在裂缝中，出现回流、成岩、压实、掩埋、溶解等现象，易堵塞或闭合裂缝，不利油气开采。因此，超高强度、超低密度、自悬浮性、新型棒状、功能性等新型支撑剂近来得到广泛关注。理想支撑剂的性质需求是：高强度、圆滑、具有化学惰性、低成本、低密度、方便实用、不易回流、不易掩埋。但目前而言，即使效果最好的新型支撑剂也无法具备所有的理想条件[19]。

（三）支撑剂运移规律

支撑剂运移是影响裂缝参数设计和支撑剂铺置的关键要素。在传统压裂液体系中，通过增加支撑剂的运移时间来增加裂缝长度，因此使支撑剂能保持悬浮状态最佳。根据 Strokes 定律可知，不同流动情况下，支撑剂的沉降速度 V_s 不同，悬浮性能往往取决于支撑剂的密度和粒径、压裂液的密度和黏度。

根据 Strokes 公式：

当雷诺数 $Re<2$ 时：

$$V_s = \frac{g(\rho_p - \rho_{\text{fluid}})d^2}{18\mu_{\text{fluid}}}$$

当雷诺数 $2<Re<500$ 时：

$$V_s = \left[\frac{0.072g(\rho_p - \rho_{\text{fluid}})d^{1.6}}{\rho_{\text{fluid}}^{0.4}\mu_{\text{fluid}}^{0.6}}\right]^{0.71}$$

当雷诺数 $Re>500$ 时：

$$V_s = 1.74\sqrt{\frac{g(\rho_p - \rho_{\text{fluid}})d}{\rho_{\text{fluid}}}}$$

传统的胍胶压裂液体系通过增加压裂液的黏度降低支撑剂的沉降速度，是真正意义上的携砂液，产生的裂缝形状也是对称的两翼缝。对于非常规储层，为形成复杂缝网体系，通常采用不具有高黏弹性的滑溜水压裂液体系，支撑剂在静态条件下的沉降速度很快，故运移主要由形成的砂堤本身运动主导。如果压裂液缓慢地流过砂堤顶部，则几乎很少有支撑剂运移发生；在较高流速下，支撑剂颗粒沿沉降的砂堤表面滚动或滑动；在更高的速度下，支撑剂颗粒从砂堤表面反弹回流动中，该现象称为跃移[17]。

二、仿生支撑剂

石英砂是一种固体、耐磨、化学稳定的硅酸盐矿物，其价格相对较低，在低闭压油藏中有良好增产效果。石英砂在 1500m 范围内广泛应用，但由于抗压强度低，在 20MPa 左右就会开始破碎。同时，其圆球度较低，会对压裂管柱、泵头造成较大的磨损。因此，深井中大多使用的是支撑剂。陶粒支撑剂一般以铝土矿为原料，用黄铁矿、白云石等添加剂烧结而成。其密度与 Al_2O_3 的含量密切相关，当 Al_2O_3 的含量增高时，陶粒支撑剂的密度也增大。陶粒支撑剂虽然强度较大，但具有密度高、成本大、施工风险大的缺点。树脂覆膜支撑剂结合了石英砂和陶粒支撑剂的优点，具有较高的圆球度和较低的密度，能够减少支撑剂回流。支撑物表面不均匀，有大量的开口孔和凹坑。当支撑剂覆膜以后，树脂会填充或者覆盖这些开口孔或者凹坑。并且由于树脂密度较低，减少了支撑剂回流，防止支撑剂嵌入地层中。树脂覆膜支撑剂的显著特点是密度低、抗破碎能力强以及减少嵌入。但是，树脂覆膜支撑剂在裂缝网络中的分布不能得到控制，特别是在深页岩油气储层中进行水力压裂时，岩石地层中的高地应力和磁性材料会影响支撑剂的分布。深入研究压裂支撑剂可以发现，高效的支撑剂需要具有适宜的黏附力，如果黏附力太弱，则支撑剂难以靶向黏附裂缝而随压裂液反排，如果黏附力太强，支撑剂易自身大量团聚而在压裂液中沉降，这两种情况都无法达到更好的支撑裂缝的效果。因此，需要设计一种强度高、自悬浮能力强的新型功能性支撑剂。

水力压裂是低渗透油藏重要增产措施，支撑剂通过均匀填充裂缝实现复杂缝网的长效导流。其在尖端缝网长效支撑与高效导流直接影响压裂增产。传统支撑剂包括陶粒、石英砂等，因自身重力作用，易在压裂裂缝端口形成沙堤，难以运移到裂缝尖端形成有效支撑，且支撑剂易随压裂液反排易堵塞桥塞，尚无法实现复杂缝网压裂裂缝缝壁的靶向黏附与有效支撑。因此根据现阶段压裂裂缝支撑剂易沉降、易回流、易破碎，井下可溶桥塞易堵漏的问题，设计制备具有高强度、高韧性、自悬浮与可控黏附性能的仿生覆膜支撑剂，实现其低温低黏附，高温高压高黏附特性，将在裂缝的长效维持与高效导流中发挥重要作用。

徐泉课题组首先从自然界壁虎刚毛取得灵感，壁虎刚毛具有强黏附、易脱附与自清洁性质，其核心在于刚毛根部的三角形梯度结构随速度的分布规律，据此提出了微颗粒随速度变化的操控机理，设计制备了仿生表面顺利实现了微颗粒的主观定向操控与运移，为压裂支撑剂的井下长距迁移设计提供了理论依据。随后进一步从海洋贻贝足丝取得灵感，贻贝足丝具有强韧水下原位黏附特征，附着在岩石表面的贻贝可抵御十级风暴，其作用机理在于连续基质与次微米大小颗粒夹杂的复合结构角质层[20]。足丝兼具高韧性、强自修复、高延展性与水下原位黏附等优良的性能，揭示了足丝左旋多巴胺与铁离子动态敖合新机理及其角质层中铁离子分布梯度分布规律。仿贻贝自悬浮可控黏附覆膜支撑剂设计应用见图7-21。这项研究为设计制备兼具高强高韧、水下原位黏附性能的支撑剂提供了全新解决方案。

支撑剂覆膜引入仿贻贝可控水下原位黏附因子，通过添加惰性表面提高支撑剂的化学惰性避免药剂表面流动发生反应，实现覆膜支撑剂自悬浮与裂缝间靶向黏附（立得住），提高裂缝高效导流（撑得久），惰性覆膜保障药剂协同修复（兼容强）。合脉冲压裂提高造缝规模及增渗效果，设计气液驱动支撑剂段塞注入和自控加药均匀连续混输模块，形成集"气液转换，连续加砂，馈控加药"于一体的

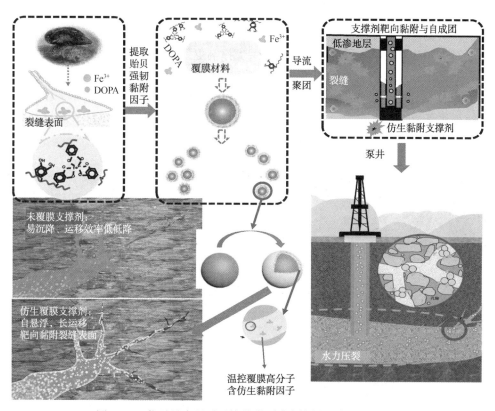

图 7-21　仿贻贝自悬浮可控黏附覆膜支撑剂设计思路及应用

原位压裂控制技术，研制出精准、智能、稳定的靶向控制气液驱动多介质连续混输的缝网压裂增渗设备体系，实现"压、注、运、修"一次性高效原位增渗修复功能。

　　裂缝网络中需要具有长迁移距离的优秀支撑剂，由于树脂涂层支撑剂在压裂液中的长时间迁移和自悬浮能力，已被确认为一种良好的选择。然而，树脂涂层支撑剂在裂缝网络中的分布是随机的，因此需要设计具有靶向吸附的支撑剂。徐泉课题组研究了可控定向覆膜支撑剂(见图 7-22)[21]，该支撑剂在陶瓷表面包覆一层掺杂 Fe_3O_4 纳米粒子的酚醛树脂壳，结果显示，涂覆的支撑剂被吸附在裂缝网络表面的磁性成分部分，这有助于增强支撑剂在岩石裂缝中的均匀分布。同时，涂覆支撑剂的自悬浮能力是未涂覆支撑剂的五倍，并且可以在裂缝网络中迁移更长的距离。定向吸附覆膜支撑剂与未覆膜支撑剂相比，表面粗糙度下降；与未覆膜支撑剂相比，定向吸附覆膜支撑剂表面黏附力增大。此外，在 6.9MPa 的闭合压力下，涂覆支撑剂的液体电导率比未涂覆支撑剂高 30%。该研究为功能性支撑剂的设计提供了新的见解，并为非常规石油和天然气的生产提供了进一步的指导。

徐泉课题组研究了可逆黏附覆膜支撑剂(见图7-23),树脂涂层支撑剂[22]结合了石英砂和陶瓷支撑剂的优势,具有较高的球形度和较低的密度,能够防止支撑剂回流。与未覆膜支撑剂相比,覆膜后支撑剂更加圆滑,覆膜支撑剂表面黏附力高达23.7%,这使得支撑剂更易于黏附在裂缝表面上以支撑页岩裂缝。此外,在13.6MPa压力下,支撑剂的液体电导率比未涂覆的陶瓷支撑剂高60%,自悬浮能力比普通陶瓷支撑剂高约11倍。该方法有望制造出各种支撑页岩裂缝的支撑剂,以改善非常规油气资源的勘探。

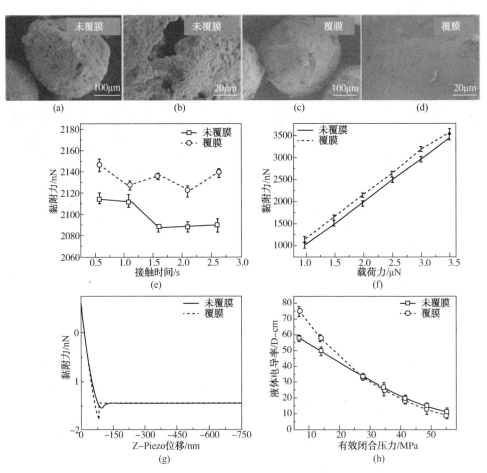

图7-22　(a,b)不同尺度下未覆膜支撑剂扫描电子显微镜图像;(c,d)不同尺度下覆膜支撑剂扫描电子显微镜图像;(e)不同接触时间下覆膜和未覆膜支撑剂黏附性能;(f)不同载荷力下覆膜和未覆膜支撑剂黏附性能;(g)不同Z-Piezo位移下覆膜和未覆膜支撑剂黏附性能;(h)不同有效闭合压力下覆膜和未覆膜支撑剂液体电导率[21]

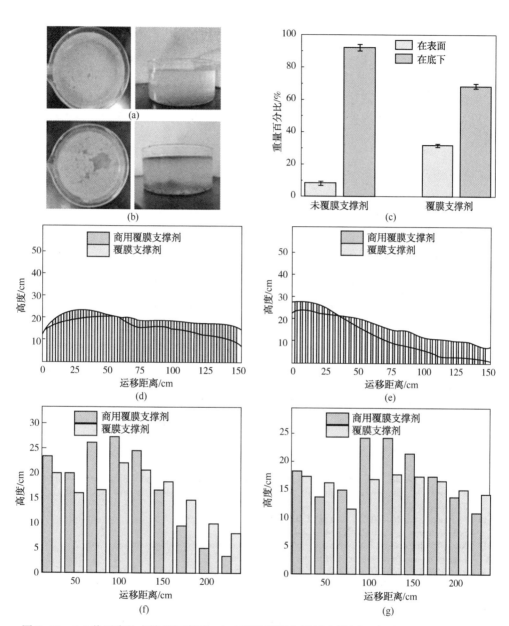

图 7-23 （a）普通陶粒支撑剂沉降图；（b）可控黏附自悬浮支撑剂沉降图；（c）未覆膜支撑剂和覆膜支撑剂沉降前后的重量百分比；（d、f）在 6m³/h 的条件下，商用覆膜支撑剂和覆膜支撑剂的运移距离分布图；（e、g）在 9m³/h 的条件下，商用覆膜支撑剂和覆膜支撑剂的运移距离分布图

　　本章首先介绍了贻贝湿黏附，探究了贻贝足丝黏附机理与黏附性能，对贻贝的湿黏合蛋白进行了仿生探究，介绍了贻贝黏附的最新研究成果干/湿纳米黏合剂和人造壁虎黏合剂等；其次通过对钻井液增黏剂和钻井液润滑剂的说明详细介绍了钻井液的使用原理，通过对仿生钻井液的使用原理和仿生钻井液的研究成果详细说明介绍了仿生钻井液的应用；最后探究了支撑剂及仿生支撑剂。通过对仿贻贝、仿生钻井液和仿生支撑剂的讲解，为后人研究仿生黏附及其应用等提供了借鉴。

参 考 文 献

[1] Waite J H, The formation of mussel byssus：anatomy of a natural manufacturing process［J］. Results and problems in cell differentiation 1992，19：27-54.

[2] Lee B P, Messersmith P B., Israelachvili J N, et al. Mussel-Inspired Adhesives and Coatings［J］. Annu Rev Mater Res，2011，41：99-132.

[3] Rodriguez N R. M, Das S, Kaufman Y, et al. Interfacial pH during mussel adhesive plaque formation［J］. Biofouling，2015，31（2）：221-227.

[4] Desmond K W, Zacchia N A, Waite J H, et al. Dynamics of mussel plaque detachment［J］. Soft Matter，2015，11（34）：6832-6839.

[5] Lee H, Lee B P, Messersmith P B, A reversible wet/dry adhesive inspired by mussels and geckos［J］. Nature，2007，448（7151）：338-341.

[6] 韩瑾. 钻井液增黏剂的反相乳液制备及性能评价［J］. 化学工程 2011，（9）：78-80，85.

[7] Patel H A, Santra A. Organically modified layered magnesium silicates to improve rheology of reservoir drilling fluids［J］. Scientific reports，2020，10（1）：13851-13851.

[8] Rayborn J. Water-based drilling fluid additive containing graphite and carrier［P］. US：7001871，2004.

[9] Rayborn J. Water-based drilling fluid additive containing talc and carrier［P］. US：6821931 2006.

[10] Espagne B, Lamrani-Kern S, éne Rodeschini H, Biodegradable lubricating composition and use thereof in a drilling fluid, in particular for very deep reservoirs［P］. US：8846583，2014.

[11] Knothe G, Steidley K R. Lubricity of components of biodiesel and petrodiesel［J］.. Energy & fuels，2005，19（3）：1192-1200.

[12] 刘娜娜、王菲、张宇、等，钻井液润滑剂 RH-B 的制备与性能评价［J］. 西安石油大学学报：自然科学版，2014，29（1）：89-93.

[13] Mueller H, Herold C-P, Von Tapavicza S. Use of selected fatty alcohols and their mixtures with carboxylic acid esters as lubricant components in water-based drilling fluid systems for soil exploration［P］. US：6716799，2004.

[14] Anderson R L, Ratcliffe I, Greenwell H C, et al. Clay swelling-A challenge in the oilfield［J］. Earth-Science Reviews，2010，98（3-4）：201-216.

[15] Xuan Y, Jiang G, Li Y, et al. A biomimetic drilling fluid for wellbore strengthening［J］. Petroleum Exploration and Development，2013，40（4）：531-536.

[16] 刘伟, 宣扬, 何劲. 仿生钻井液在磨溪 119 井的应用研究［J］. 钻采工艺，2016，39（5）：77-79.

[17] 程倩倩, 李娜, 张琳羚, 等. 新型覆膜支撑剂研究进展［J］. 热固性树脂，2020，35（6）：66-70.

[18] 贾旭楠. 支撑剂的研究现状及展望［J］. 石油化工应用，2017，36（9）：1-6.

[19] 牟绍艳, 姜勇. 压裂用支撑剂的现状与展望［J］. 工程科学学报，2016，38（12）：1659-1666.

[20] Dong X, Zhao H, Li J, et al. Progress in Bioinspired Dry and Wet Gradient Materials from Design Principles to Engineering Applications［J］. iScience，2020，23（11）：101749.

[21] Lan W, Niu Y, Sheng M, et al. Biomimicry Surface-Coated Proppant with Self-Suspending and Targeted Adsorption Ability［J］. ACS Omega，2020，5（40）：25824-25831.

第八章 仿生纳米通道与热电转换

生物体作为一个复杂的生物系统，一直在进行复杂的生化反应。有许多微妙的"功能成分"和反应可以研究和开发，以满足科学研究人员的专门需要。仿生纳米通道的设计是基于某些生物反应和"功能部件"的设计。例如，在仿生纳米通道技术中，可以根据 DNA 传递信息的方式进行药物传递，从而实现高效的药物释放功能。

近期，由于在生物、医疗、能源、化工等领域都有良好的应用前景，仿生纳米通道研究颇受关注。研究人员已研制出可实现多种智能响应的纳米通道体系，包括光响应、离子响应、电压响应等。离子通道有明显的非对称性，由于其形状、尺寸和表面化学成分的可调控性，使得纳米通道可以具有离子选择、门控、整流的特性，从而可以在能量转换、传感、分离的领域拥有良好表现。

同时，依据纳米通道的多孔结构，可以制造出固定尺寸的人工纳米通道，用于高灵敏性检测甲醛和去除甲醛。而借助纳米通道出色的光热性能，可以在肿瘤原位释放大量 CO 气体，使癌细胞降低抵抗力，可安全有效地治疗肿瘤。

本章将通过对仿生纳米通道在 DNA 药物递送、纳米机器人、模仿生物皮肤系统进行热电信号转换并收集热能、通过离子分子响应进行离子传导几个方向展开分析其特性，展望未来仿生纳米通道的发展，并简要说明计算机在其中的作用和意义。

第一节 仿生 DNA 纳米管的纳米级通道设计和应用

一、设计部分

DNA 纳米通道的制备设计可由核苷酸经不同方法自组装而成，分为单链 DNA 片段、多交叉 DNA 瓦片、DNA 折纸片段、堆垛片段。用各种实验和计算方法研究了 DNA 纳米管的性质，包括其在真实空间中的结构参数、持久长度、力学性能、稳定性和热力学性能。AFM 和 TEM 是最常用的测量并设计 DNA 纳米管长度和直径的方法。同步小角度 X 射线散射（SAXS）已成为 DNA 纳米结构，特别是 DNA 纳米管原位分析的有力工具。具有确定和不确定长度的 DNA 纳米管的设计方法如图 8-1 所示。

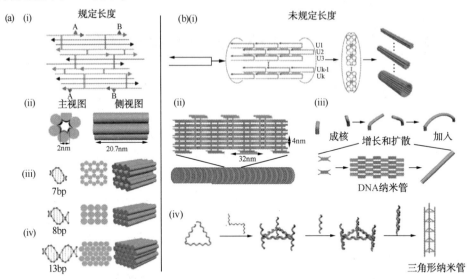

图 8-1　具有确定和不确定长度的 DNA 纳米管的设计策略

(a)(i)6HBDNA 设计成瓷砖图案[1]，(ii~iv)DNA 纳米管由蜂窝、方形和六角形的 DNA 折纸组装而成，螺旋线的排列，相邻交叉点之间的距离分别为 7bp、8bp 和 13bp[2-4]，(a)(iv)；(b)(i)由单链瓷砖组装而成的具有可编程周长的 DNA 纳米管，图像修改自参考文献[4]，(ii)用 DNA 连接器控制 DNA 纳米管的包裹，图像修改自参考文献，(iii)将 DNA 纳米管的分子标记和曲率连接起来并组装[5]，(iv)三角形 DNA 纳米管由垂直排列的横档构成[6]

二、应用部分

(一) 仿生 DNA 纳米管作为药物递送载体

开发能够将功能性药物导入细胞的人工载体对疾病的诊断和治疗至关重要。已经报道了一些人工载体，比如病毒衣壳、树枝状聚合物、碳纳米管、无机纳米粒子以及 DNA 纳米结构。其中，DNA 纳米结构具有生物相容性好、毒性低、可编程性好等优点。DNA 纳米结构的细胞摄取效率受细胞大小、形状和细胞系的影响。有趣的是，一些研究表明，与球形、环状或其他 DNA 纳米结构相比，DNA 纳米管具有更高的细胞吸收效率，特别是对于刚性较大的纳米管来说。

多功能试剂可以通过 DNA 纳米管在碱基配对的作用下，插入到 dsDNA 沟槽和其他细胞相互作用。胞嘧啶磷酸鸟嘌呤(CpG)序列可以被 Toll 样受体 9(TLR9)识别，TLR9 是天然免疫系统的一种特异性受体，从而诱导细胞产生免疫应答。Liedl 课题组用一个 30HB 的仿生 DNA 纳米管通过碱基配对将 62 个 CpG 序列导入脾细胞[见图 8-2(a)]。这种结合可以触发具有更高的免疫刺激比的标准载体产生免疫应答，如脂质体。

多柔比星（Dox）作为一种化疗药物，可插入 DNA 折纸细胞，诱导癌细胞产生较高的细胞毒性和较低的耐药率。霍格伯格和他的同事们没有使用直纳米管，而是设计了具有不同扭曲度的特殊 18HB 纳米管［见图 8-2（b）］。这些纳米管可以提高肿瘤细胞的细胞毒性，降低肿瘤细胞的药物清除率。有趣的是，扭曲的纳米管比直纳米管的承载能力高 33%，释放药物速率较慢。因此，扭曲的纳米管有希望作为生物体内的给药平台。

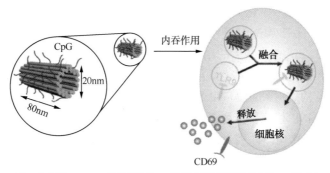

（a）62个载于30HBDNA纳米管上的CpG序列（图像根据参考文献[7]已修改）

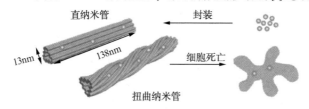

（b）将Dox负载到直的和扭曲的DNA纳米管上（图像根据参考文献[8]已修改）

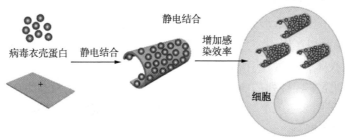

（c）病毒衣壳蛋白用矩形DNA折纸
包裹的DNA纳米管（图像根据参考文献[9]已修改）

图 8-2　仿生 DNA 纳米管作为药物载体

其他相互作用也可以促进药物和 DNA 纳米管的结合。Sleiman 课题组将疏水链与三角形纳米管杂交，实现了两种不同物质的正交相互作用。当疏水分子和链之间有 DNA 间隔时，纳米管中就会形成一个疏水口袋来封装和释放小分子。如果不存在隔膜，则疏水链将覆盖纳米管表面。这种特殊的设计可以有效地减少非特异性细胞对药物的摄取。Kostiainen课题组发现病毒衣壳蛋白(cp)可以通过静电作用与矩形DNA折纸结合。扭曲管外表面的cp病毒可使整个结构的输送效率提高10倍[见图8-2(c)]。

(二) DNA纳米管作为纳米模板

无机纳米粒子可以固定在纳米管上形成周期性阵列。Bui课题组计划在生物素标记的DNA折纸管上安置链霉亲和素修饰的量子点。纳米粒子可以在DNA纳米管上进行特殊排列，以达到光学、电学或磁性性能。2012年，Liedl课题组在24HB表面组装了手性AuNP(金纳米粒子)阵列，方法是在特定位置附加10nm的AuNP[见图8-3(a)]。组装后的结构具有良好的圆二色性和光学旋转色散效应。Ding B Q课题组也通过卷起线性的AuNP修饰的矩形DNA折纸来实现三维等离子体手性纳米结构。得到的AuNP检验器和晶格表现出粒子间耦合产生的电光特性，与离散的AuNP相比，产生了15.5nm的红移。为了精确控制纳米材料的表面功能化，Wang及其团队将AuNR封装成DNA纳米管钳。内部取向的链将与AuNR杂交，而外部取向的链可进一步与其他AuNP杂交。这种设计赋予整个结构以优越的性能。

蛋白质可以通过连接链和纳米管的杂交连接到DNA纳米管上。肌肉运动是以肌动蛋白-肌球蛋白相互作用为基础的，但由于缺乏精确控制的运动方向，这些相互作用的机械协调机制尚不清楚。为了解决这个问题，Hariadi课题组在DNA纳米管上添加了肌球蛋白来设计人工肌球蛋白长丝。肌球蛋白的类型、数目和间距可以控制[见图8-3(b)]。他们观察到肌球蛋白是肌动蛋白的能量库，从而可实现平稳和连续的运动。

基于DNA的在纳米形貌成像点积累的特点是简单和易于实现，荧光染料和样品之间的瞬时相互作用。为了提高特异性和信号对比度，尹及其团队开发了一种DNA涂料技术，通过在DNA纳米管上修饰瞬时结合的"成像仪"链。超分辨率图像显示出两条平行排列的30nm线与大约16nm的间隙平行排列，这与理论设计非常吻合[见图8-3(c)]。该技术的空间分辨率可达10nm以下，优于以往报道的25nm的尺寸限制。

DNA纳米管也可以作为DNA步行者的一条线性通路。法莫克及其团队设计了一种生物混合纳米引擎，它包括一个催化定子和一个由核苷酸三磷酸酯(Ntps)水解驱动的单向旋转DNA转子[见图8-3(d)]。当T7RNA聚合酶与一个T7启动子结合时，转子转录一个长而重复的RNA分子。RNA一直以T7RNA聚合酶-Zn的形式附着在纳米引擎上，将手指基元(T7RNP-ZIF)绑定到定子上。一种具有多个突出的ssDNA(单链DNA)的DNA-折纸纳米管为纳米发动机通过链置换反应和 RNA 与凸出的ssDNA 杂交提供了一条行走路径，通过 FRET（荧光共振能量转移）对信号的变化监测转录各个阶段。

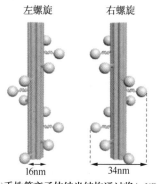

(a)手性等离子体纳米结构通过将AuNPs
连接到24螺旋DNA纳米管上而形成[10]

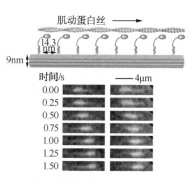

(b)上图：肌球蛋白锚定在DNA纳米管
上增强了肌动蛋白丝，底部：两个肌
动蛋白丝（绿色）运动的序列图像沿
着肌球蛋白纳米管（红色）[11]

(c)顶部：成像束与用于高分辨率成像
的DNA纳米管对接，下图：DNA纳米
管的超分辨率图像[12]

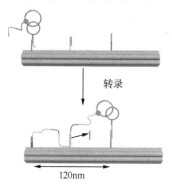

(d)DNA行走者在转录前后沿着六螺旋
束路径移动[13]

图 8-3　DNA 纳米管作为纳米模板

（三）基于 DNA 纳米管的跨膜通道

Howorka 课题组构建了 6HB 纳米结构，其中 6 条 DNA 串联在一起，内径约为 2nm。如单通道电流分析所示，管外表面的疏水改性使其能够跨越脂质双层［见图 8-4（a）］。在最近的一项研究中，他们探索了修饰 DNA 纳米管与脂质双层之间的相互作用。纳米管最初被绑在脂质表面，然后重新定向以穿透膜。他们还调查了对这一机制的相应影响。这项工作揭示了一个高曲率和有足够的疏水修饰的 DNA 纳米管是成功插入的必要条件。Langecker 课题组设计了一个仿生 DNA 通道，其中包含一个跨膜干细胞和胆固醇修饰的帽结构，它有助于将 DNA 通道锚定在脂质双层上［见图 8-4（b）］。这是一个典型的仿生结构，灵感来源于天然通

道蛋白 α-溶血素。该通道具有 1ns 量级的电导和单 DNA 分子识别能力。Keyser 课题组设计了一个内径为 0.8nm 的 4HB，其电导为 0.47ns。他们还报道了一种新的离子通道，只有一个 dsDNA［见图 8-4（c）］。然而，这个最简单的离子通道的电导仅为 0.06ns。

孔径较大的 DNA 跨膜通道可以转运大分子。Keyser 课题组构建了一个中心为 7.5nm×7.5nm 的三维 DNA 折纸纳米通道（或称多孔蛋白），并将其插入固体氮化硅（SIN）纳米孔中。DNA 的易位使这种杂化的 DNA 纳米孔成为一种电阻脉冲传感器。他们还建造了另一个横截面为 6nm 的孔［见图 8-4（d）］。这个大孔的电导达到 40ns，比上面提到的纳米管大 10 倍。Simmel 课题组设计了一个 T 孔，该结构有一个中心孔，直径约为 2nm，并有一个双层板，可紧密地附着在膜上。该纳米管具有约 3ns 的电导，并能转位更大的分析物，如 ssDNA 和 dsDNA 分子。

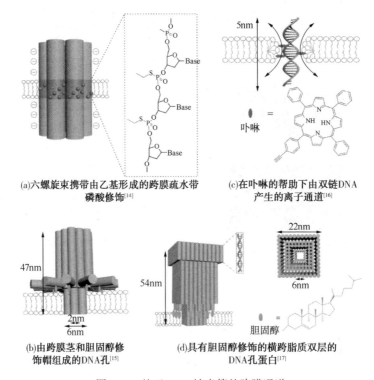

(a)六螺旋束携带由乙基形成的跨膜疏水带磷酸修饰[14]

(c)在卟啉的帮助下由双链DNA产生的离子通道[16]

(b)由跨膜茎和胆固醇修饰帽组成的DNA孔[15]

(d)具有胆固醇修饰的横跨脂质双层的DNA孔蛋白[17]

图 8-4 基于 DNA 纳米管的跨膜通道

（四）基于 DNA 纳米管的多酶生物反应

2014 年，严及其团队在大约 30nm 长的 DNA 瓷砖上组织了葡萄糖-6-磷酸脱氢酶/苹果酸脱氢酶（G6pDH/MDH）多酶复合物［见图 8-5（a）］。G6pDH 氧化葡萄糖-6-磷酸并减少 NAD^+（烟酰胺腺嘌呤二核苷酸，简称为辅酶Ⅰ），将乙酸草酯转化为苹果酸。NAD⁺在 G6pDH 和 MDH 中间的 DNA 瓷砖上。根据 DNA 纳米管的可编程性，对 DNA 纳米管的位置、化学计量比和酶间距进行了调整和优化，以提高反应活性。

　　纳米管的空腔除了控制酶的相对距离外，还能提高反应效率。Fu 课题组用矩形 DNA 折纸法组装了一维纳米管。这种短纳米管可以通过葡萄糖氧化酶（Gox）和辣根过氧化物酶（HRP）的耦合作为生物反应器[见图 8-5(b)]。这些研究人员发现，限制在纳米管内的酶比在溶液中自由分散或在平面矩形 DNA 折纸上半缩合的酶具有更高的效率。这是由于稳定和笼住酶的协同作用。同样，Linko 课题组将 Gox 和 HRP 分别锚定在两个管状 DNA 折纸单元中。这两个单元连接在一起形成一个生物反应器，可以进行酶级联反应[见图 8-5(c)]。

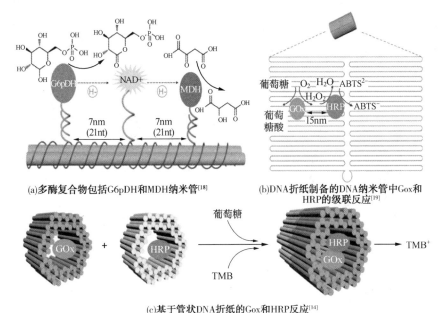

(a)多酶复合物包括G6pDH和MDH纳米管[18]

(b)DNA折纸制备的DNA纳米管中Gox和HRP的级联反应[19]

(c)基于管状DNA折纸的Gox和HRP反应[14]

图 8-5　DNA 纳米管多酶生物反应器

（五）DNA 纳米机器人

　　Howorka 课题组用 6HB 制造了一个跨膜的分子阀[见图 8-6(a)]。由于 6HB 的内径约为 2nm，因此 ssDNA 链可以通过与纳米管的部分结合来阻断入口。一旦关键链被添加，它就可以与锁链杂交，并移除它来打开阀门。这种 DNA 纳米机器人实现了小分子物质通过脂质双层的控制释放，并且对带电分子具有很高的选择性。类似地，由 Sleiman 课题组设计的纳米管可以可逆地在全双链和一、二或三种单链形式之间切换，这样纳米管就可以以弯曲和灵活的状态存在。使用这些类似的纳米管，他们还实现了药物的装载和释放[见图 8-6(b)]。刘及其团队用锁链和钥匙链来可逆地控制 DNA 折纸通道的打开和关闭。通过控制分子的转运，可以影响酶的反应效率。

基于适体的锁定系统由 DNA 适体组分双工和适体靶抗原组成。一旦遇到靶向抗原，DNA 适配体就会识别抗原，并与组成链分离。这种双面结构所包含的纳米结构可以切换到开放状态。道格拉斯及其团队用这个系统建造了一个带有两种不同适配体的门控纳米机器人。只有当纳米机器人同时遇到这两种"关键"抗原时，DNA 纳米管才能打开并释放负载的抗体来完成细胞靶向任务。最近，赵及其团队在哺乳动物中使用了一种 DNA 纳米机器人，用于靶向药物的传递和释放[见图 8-6(c)]。为了达到这个目的，他们在纳米机器人外面装饰了一种以核蛋白为靶标的适配体。由于核蛋白是在肿瘤相关内皮细胞上特异表达的，它既是靶区，也是激活纳米机器人的关键。在血管内注射 DNA 纳米机器人后，它们聚集在肿瘤相关血管中，随后由核酸适配体系统打开，释放负载的凝血酶。凝血酶促进肿瘤血管闭塞，使肿瘤失去营养和氧气供应，从而抑制肿瘤生长。

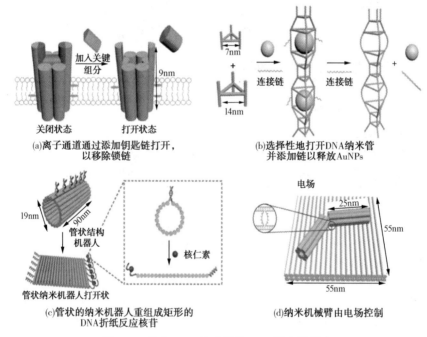

图 8-6　带有 DNA 纳米管的 DNA 纳米机器人

光电驱动等外力也可以操纵纳米机器人。DAI 课题组构建了一个双光子响应的 DNA 纳米管，其中双光子光解基(4-Nb)被加入其中。在近红外激发下，分子被裂解，纳米管的空穴膨胀，释放货物。后来，他们在 3D-DNA 纳米管中加入了光异构化偶氮苯(Azo)。偶氮可以在反式和顺式两种状态下变换导致纳米管在线性和弯曲状态之间发生变化。这种偶氮纳米管的一个典型应用被用来控制在管上共轭的AuNP的间距。Kopperger课题组用6HB作为机器人手臂,它可以由电场驱动[见图8-6(d)]。机器人手臂通过一个灵活的关节连接在基于DNA的平台表面。由于DNA携带较高的固有负电荷,机器人手臂可以在电场下任意位置之间切换。该开关过程快速(毫秒级),由计算机控制。纳米管的长度可以从25nm延长到400nm以上,可以在几十纳米以上的范围内传输纳米粒子。同样,Kroener课题组将6HB的一端拴在金电极上,在电场作用下,纳米管可以改变其方向,形成纳米分子,响应时间小于100μs,与上述核酸杂交反应和核酸适体蛋白相互作用驱动的纳米机器人相比,电子控制速度快,无接触。这种方法在构建更复杂的DNA纳米机器人方面具有很大的潜力。

第二节 仿生热电转换

人体皮肤作为一个感觉系统,可以将外部刺激作为信号以电位形式发送到大脑。比如外部给予皮肤一个热刺激时,通过皮肤的热感受器可以感受热量,再通过受体电位通道(或称thermo-TRPs)转化为电信号传递到高级神经系统[23]。只是,生物离子通道的种种不足限制了纳米通道在能量转换等领域中的应用。对于低品位热源(LGH)的能量转换,希望发明一种高性能的收集系统达到其低消耗高效能的需求[24]。

现在,仿生智能纳米通道(BSN)被发现可以进行清洁能源如低品位热源的收集。通过使离子流发生定向运动,BSN曾被用于收集盐梯度能[25]、太阳能[26]和自发过程诱导能量[27]。虽然疏水纳米多孔膜已被研究出可以用于LGH的能源的捕获,但是其使用的效率在通外部电压时并不能达到好的效果[28]。因此,模拟thermo-TRP转化方式,通过定向离子流来收集能量具有良好的研究意义。

通过使用仿生智能纳米通道(BSN)来模拟皮肤的热感应,在没有外电源的情况下,系统可以直接进行热电转换。而外界热刺激可以以人造的离子通道为媒介,通过离子流的定向运动,转换成电信号,即热量可以通过BSN的系统得到收集。该仿生智能纳米通道体系在膜温度梯度(ΔT)为40℃时,其功率密度理论上可以达到88.8W/m²[29]。由此,这种热电转换方式为低品位热能的收集提供了高效低耗能的新方向。

人造热电转换电池是由三个十分关键的部件组成的:①作为电流和电势收集器的电极,即正极和负极板;②KCl电解质,因为K⁺和Cl⁻有相近的离子迁移速率，阴阳离子迁移的电荷平衡是形成电池的必要条件；③具有智能纳米通道作为分离器和热电转换器的聚合物膜[见图8-7(a)]，它是能量转换的核心部分。在示例中，用于热电转换的仿生智能纳米通道(BSN)是通过在聚酰亚胺(PI)膜(厚度12μm)中的离子轨迹蚀刻来制造的。在固定温度下，大约4h不对称蚀刻之后，除去残留的盐，即可获得圆锥形的智能纳米通道。锥形纳米通道底部的直径通过平行蚀刻实验中的扫描电子显微镜来确定；尖端的直径是通过电化学测量填充有1mol氯化钾溶液作为电解质的纳米通道的离子电导来评估的，约为18nm。智能纳米通道表现出良好的离子流定向运动，类似于生物离子通道效应。即由于孔表面上羧酸盐负电荷的不对称分布，阳离子流动存在优先方向。正是通过净电流的扩散，BSN 将盐度梯度和压力梯度转化为电能，表现出压电特性[30]。因此，可以利用 BSN 的这一特性将热信号转换成电信号，即热电转换。

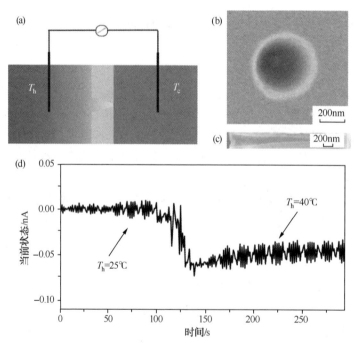

图8-7　皮肤激发的 LGH 采集系统的实验装置和热电行为，人工热电堆的示意图
(a)采用锥形仿生纳米通道的聚酰亚胺膜分离两种不同温度的溶液，纳米通道的基底面向高温溶液；(b，c)仿生纳米通道的扫描电子显微照片，包括俯视图和横截面图，比例尺为200nm；(d)对热电现象进行快速测试，观察到 T_h(40℃)大于 T_c(25℃)且有明显的动作电流

通过计算机软件，根据膜上存在温度梯度的情况，可以测量扫描电流-电压来研究热电转换的热电性能。电压坐标轴上的截距代表扩散电位或动作电位(开路电压)。同时，电流坐标轴上的截距代表由智能仿生纳米通道贡献的扩散电流

或作用电流(短路电流)。在一系列温度梯度或温度下，可以测量大量的电位和电流的数据进行分析。

使用单个圆锥形智能纳米通道来分离两种具有相同浓度和不同温度的 KCl 溶液用于热电转换：设定 25℃(T_c)溶液和较暖(T_h)溶液[见图 8-7(b)、(c)]面向圆锥形通道的底部一侧，将 40℃的 1molKCl 溶液加入较热(40℃)的室中，观察到出现了明显且恒定的离子电流(50pA)；当 KCl 溶液加入到温度为 25℃的室时则没有电流[见图 8-7(d)]；而反转两不同温度电解质的位置后，可以得到一个反向电流，其数值小于正向电流，约为 15pA。此外，还可以通过监测开路电压(V_{oc})和短路电流(I_{sc})来探测扩散电位和相应的跨膜电流，我们发现，通过实验测试具有梯度温度(例如 $\Delta T = 40$℃)的电解质，可以明显观察到扩散电位和跨膜电流，通过实验测试具有同等温度(例如 25℃)的溶液，可以获得典型的零轴电流-电压曲线。这些结果均表明，这种智能仿生纳米通道在电解质溶液中表现出优异的热电转换的行为，可以用来收集热能。

净离子电流则与电解质浓度和纳米通道尖端侧的孔径有关[31]。为了在最佳条件下研究热电转换系统，在不同浓度的电解质溶液和不同尖端直径的纳米通道的 V_{oc} 和 I_{sc} 下测量了相应的动作电位和相应的跨膜电流。根据数据可以判断，动作电位、跨膜电流和最大能量产生能力(P_{max}，由 $P_{max} = I_{sc} \times V_{oc}$ 计算)关于浓度的关系是相似的，它们的峰值位置在约 1mol 处(见图 8-8)。因为该系统中的热电转换依赖于通过纳米通道的净离子电流(定向传输)，离子的浓度依靠布朗运动使得热电转换波动[32]。孔径大小不同对应的电流-电压趋势不同，可以看到，孔径在 10~30nm 的范围适合于转换热信号。因此，除非另有说明，实验中使用的电解质浓度和孔径分别为 1mol 和 10~30nm。

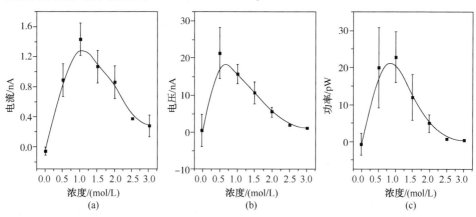

图 8-8　(a)电流；(b)电压；(c)输出功率与电解液浓度的关系，参数如下：$T_h = 65$℃，$T_c = 25$℃，$d_{tip} = 11.27$nm，它们的峰值位置在约 1mol/L 处

通过这种装置在不同温度梯度下的热电转换能力，测得扩散电位、跨膜电流和最大能量生产能力的大量数据（见图 8-9）。当较热的溶液面向基底侧向前时〔见图 8-9(a)〕，产生的动作电位、跨膜电流和最大能量生产能力与实验中使用的热梯度范围呈线性关系。

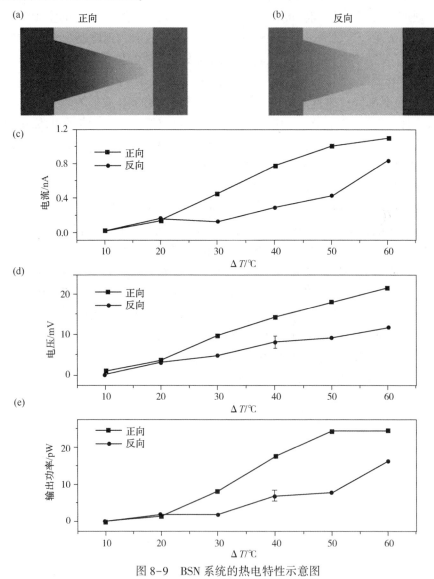

图 8-9　BSN 系统的热电特性示意图

这种热电信号转换现象类似地发生在热敏通道中，其动作电位随外界发出的热信号变化而变化[33]。交替改变两种电解质的位置以使基底面向冷溶液〔相反方向，如图 8-9(b)所示〕，ΔT 越大，电信号越强，但比对应的电解质小。

将正向定义为锥形纳米通道的尖端面向冷溶液的情况（$T_c = 25℃$），反向定义为尖端面向热溶液的情况。(c)电流(d)电压在正向和反向条件下，输出功率作为温度梯度的函数，参数如下：$T_c = 25℃$，$d_{tip} = 11.27nm$，$C = 1mol/L$。

智能系统的热电转换取决于纳米通道的离子选择性，这与尖端侧的双电层有关。通过了解得知，双电层的厚度与离子活性和温度有关[34]。即温度越高，双电层变得越薄。同时，离子选择性降低也会引起电流变小。如图8-9所示，尖端侧溶液正向系统具有更好的阳离子选择性，因为其正向的温度高于反向，形成的双电层更薄。这些表明，仿生装置拥有良好的热电性能，并且是由阳离子的定向流动和选择性引起的。对于这种锥形纳米通道模型，在一定温度梯度下电信号的产生是因为阳离子的选择性，阳离子选择性与膜的表面电荷密度呈线性关联。阳离子的选择性高，则电流密度高。由于其高表面电荷密度[35]，聚酰亚胺膜拥有高阳离子选择性有利于产生净扩散电流，并有利于热电转换。此外，与典型的基于膜的反向电渗析过程相比[36]，由于纳米通道的圆锥形状，为抑制溶液的浓差极化作出贡献。当扩大该模型的温度梯度时，观察到净扩散电流增加。

通过对这种仿生纳米通道的热电特性的实验和理论进行表征，下一步是将这种概念验证原理引入热能采集器的原型中。当热电转换器接触到热衬底时，展现出了一些耐人寻味的特性：①热量收集。如图8-10(c)所示，热电信号转换产生的功率（P_{max}）随温度梯度的增加而增加。虽然功率很小，但这种生物激发的纳米通道元件拥有收集热能的优良表现，特别是低品位热能（<100℃）[37]，并且该低品位热能的收集系统可以通过使用具有更薄厚度和更好阳离子选择性的改进的BSN材料来展示更高的性能。②自供电感应。由于电解质的热电特性，热信号可以通过仿生人工离子通道转换成电信号。这意味着自生电流可以代表外部温度梯度或温度，如图8-10(d)所示。当接触到$\Delta T = 35℃$的热源时，发电机可以相应地产生稳定的动作电流[见图8-10(e)]。在离开冷源（$\Delta T = 0℃$）后，它具有不同的电流值。

这种锥形纳米通道模仿皮肤的热电转换，通过BSN的定向离子流捕获LGH，用简单、高效的方式收集低品位热能，为废热能的采集提供了新思路。

第三节　离子分子响应

仿生纳米通道技术在离子选择性传输方面也有着极其广泛的应用，目前仿生材料基本是利用纳米金属材料或者碳纳米材料作为基体，再在基体不同位点上覆盖以与离子有响应的特殊材料以实现选择透过性的。例如，亚纳米级金属-有机骨架通道中氯离子选择性的快速传导。氟离子存在广泛，在土壤、空气、水资源

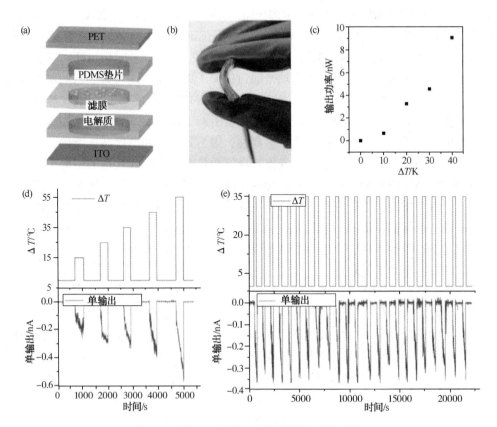

图 8-10　位于 BSN 的 LGH 能量采集器的原型

（a，b）柔性能量采集器的组成示意图和照片；（c）作为温度梯度的函数的柔性能量采集器的发电量；
（d）温度梯度和动作电流之间的相关性，自身产生的动作电流紧密跟随外部温度刺激而变化；（e）废热
收集系统的回收试验，经过几十次循环后，仍然显示出稳定的性能

中均有分布，而且氟离子对人类具有潜在的危害，属于毒性元素，因此在饮用水处理中常常需要专门的途径消除过量的氟离子。自然界中的单细胞生物进化出一种氟离子通道，可选择性地对氟离子进行传输，从而控制细胞内氟离子浓度，缓解细胞毒性。利用这种亚纳米尺度的通道结构和通道上的氟离子特异性结合位点的选择透过性设计出金属基体的选择透过膜，并将其运用于水处理。

已知的有王焕庭教授和张华成博士团队基于锆的金属有机框架材料｛Zr-MOFs，UiO-66-X[X＝H，NH$_2$ 和 N$^+$(CH$_3$)$_3$]｝制备的人工氟离子通道[38]。

这些 MOF 通道是通过亚纳米级的窗口连接纳米级的笼穴而形成的，和生物离子通道结构相类似。MOF 框架上的官能团和 Zr 位点都具有特异性的氟离子结合功能。金属有机框架（MOFs）是金属离子和有机配体通过配位作用形成的亚纳米级多孔材料，已经广泛应用于气体吸附分离、分子分离、异相催化和智能传

感。例如，UiO-66 系列的 MOF 衍生物，具有亚纳米孔道结构和多样的离子结合位点，而且稳定性高，可作为开发新型亚纳米离子通道的材料。

将 UiO-66-X 晶体原位生长成 12μm 厚的单纳米通道 PET 膜，制备出亚纳米 MOF 通道。采用表面活性剂保护离子径迹刻蚀法制备嵌在 PET 膜内的单个子弹装纳米通道，然后将 UiO-66-X 在此通道壁上作为支撑材料进行填充，如图 8-11 所示。纳米孔道形状的不对称性以及 PET-纳米通道壁上的苯-1，4-二羧酸（BDC）连接物有助于 UiO-66-X 的原位生长。

无论是 Cl⁻ 还是 F⁻ 在通过 MOF-UiO-66-X 通道时都要经历由水合离子到脱水离子的过程，否则就会因分子尺寸过大无法通过。除脱水效应之外，亚纳米 MOF 通道对 F 有特殊的亲和力，MOF 纳米通道的超高选择性也正是归因于亚纳米 UiO-66-X 通道独特的结构和化学性质，具体是指锆节上的锆位、带正电荷的氨基以及季铵盐基团。由于氨基以及季铵盐基团的存在，导致 MOF 的选择透过性对酸碱性较为敏感，实验数据表明，F⁻/Cl⁻ 随着 pH 值从 5.7 增加到 10，PET-UiO-66-X 纳米通道选择性值比原始 PET 纳米通道的选择性高得多。在对电导率的测试中，PET-UiO-66-X 通道的离子导电性随脱水阴离子直径的增大而减小。而且该通道的循环性能和稳定性良好，在长达三天的连续透过实验条件下仍能具有较高的选择透过性。

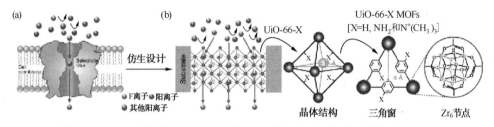

图 8-11　（a）生物分子选择透过膜；（b）仿生人工氟离子通道构造示意图

纳米通道的选择透过性机制还包括纳米通道门控机制。即利用 DNA 纳米技术，通过核酸在外界刺激下的可逆转变响应实现纳米通道门控机制。纳米通道门控机制可以通过各种触发物质来实现离子分布的调控，诸如 pH、电压、温度以及光等的刺激都能实现控制离子或分子在人工纳米通道中的传输及分布。

中国科学院物理化学研究所、化学研究所江雷院士课题组及 Tian Ye，I. Willner 课题组首次开发了基于智能 DNA 水凝胶刺激响应的离子通道[39]。DNA 水凝胶是具有空间负电荷的三维网络结构，在这种三维网络结构中离子电流和整流比都得到了显著的提高。所谓纳米通道门控机制，就是利用纳米水凝胶在 K⁺ 和冠醚的循环处理下发生的柔性到坚硬的可逆转变，基于 DNA 水凝胶的结构和 pH 刺激，对阳离子或者阴离子的传输方向可以得到精确控制，除此之外还可通过对纳米通道结构设计实现多门控机制。通过这种思路，不仅仅可以实现对阴阳离子透过的控制，DNA 水凝胶中的 G-4DNA（G-quadruplex 四联体，是一种由富含鸟嘌呤的核酸序列所构成的四股形态）可以被替换为其他刺激响应的 DNA 分子、蛋白、多肽等，使水凝胶的选择透过实现了智能可控。

　　如图 8-12(a)所示为离子通道制备过程示意图。制备过程中利用 PET 纳米通道，先使用金溅射到圆锥纳米通道的尖端，形成 PET/Au。DNA 水凝胶通过杂交链式反应组装在金覆盖的尖端，形成了 PET/Au/DNA 水凝胶，此种状态为"开"；当 K⁺存在时，水凝胶中的 DNA 转变为四聚体结构，形成坚硬网状结构（PET/Au/K⁺-稳定性 DNA 水凝胶），这种状态即为"关"；当冠醚存在时，它作为钾离子的螯合剂，导致 G4-DNA 结构解离，使其回到原始状态。

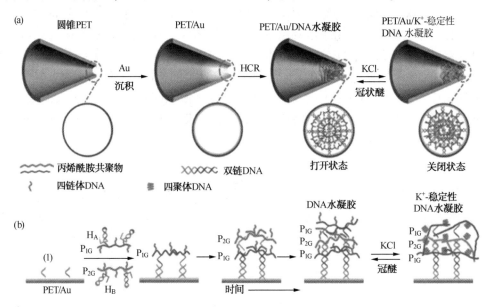

图 8-12 　(a)水凝胶离子通道制备流程；(b)水凝胶在不同环境下的可逆转变

　　观察分析曲线图 8-13(a)I-V 曲线不难看出，在仅有 K⁺存在时，水凝胶纳米通道呈现"关"的状态，其阻值相对加入冠醚时较大，实现了控制离子通过的功能。但当电流过大时两曲线重合，说明此通道对离子的选择透过性有一定的限制，当电流超过 DNA 水凝胶通道的限度时水凝胶将会失去其选择透过的功能。同样，从图 8-13(b)整流比图中分析可得，在形成 DNA 水凝胶通道后，即便通道处于"关闭状态"，其整流作用依然大于普通 PET 纳米管。对比 PET/Au/水凝胶空白对照组和 PET/Au/水凝胶+KCl，Crown Ether 发现此通道的整流作用是可逆的。在图 8-13(c)电荷分布示意图中，可以发现 PET/Au 纳米通道的负电荷仅在表面分布(表面电荷)，而 PET/Au/DNA 水凝胶的负电荷在整个尖端都有分布(空间电荷)，空间电荷可以增加纳米通道中对应的阳离子浓度和阳/阴离子比例，从而改善纳米通道中离子电流和整流比。而对 PET/Au/K^+-稳定性 DNA 水凝胶纳米通道，由于部分负电荷的中和，分布在尖端的负电荷会有所减少。

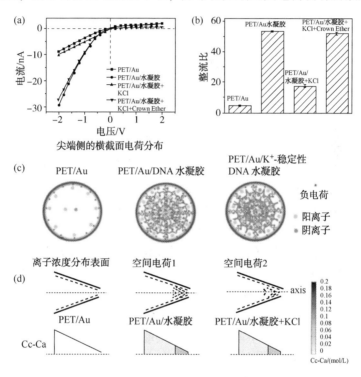

图 8-13　(a)离子通道 I-V 曲线；(b)通道不同状态下的整流比；
(c)顶端离子分布；(d)离子聚集分布

　　对 DNA 水凝胶离子通道可逆性和选择性进行分析，在 KCl 和冠醚的循环处理下，纳米通道的整流比可立即实现可逆转变。DNA 纳米通道的离子传输性能可由 pH 值进行调节，实验表明，在 pH 值 3~7 的环境下，由于纳米通道尖端带正电荷，离子流的方向转变，离子电流主要来源为阴离子传导，纳米通道实现了有选择的离子门控机制。考虑到杂交链反应时间的影响，分析图表可知，随着杂交链式反应时间的延长，组装在纳米通道上的 DNA 水凝胶数量增加，$-2V$ 电压下的离子电流和整流比相应增加。影响杂交链反应的影响因素还有加入 K^+ 的量，试验研究发现，随着加入 K^+ 浓度越来越高，通道关闭的效果也越来越好，离子电流和整流比随之下降。

利用离子通道的选择透过性和 pH 刺激敏感性，该团队又开发出了雪茄型双门控通道。为了实现双门控，雪茄状通道的两端都被 DNA 水凝胶功能化，主要有四种状态：开放/开放；开放/关闭；关闭/开放；关闭/关闭。该创新点揭示了DNA 水凝胶具有多门控的潜质。

DNA 水凝胶应用于纳米通道显示了显著的优势：高整流率、高离子通量、可控阳离子或阴离子传输方向和多门控特征。此研究为在微流体系统、传感器和海水淡化装置中应用水凝胶网络进行实际应用提供了思路。

第四节 纳米管仿生热电效应

制备具有流通型纳米通道(称为 SIM/PET 混合纳米通道)的膜，它是一种高度阳离子选择性杂化纳米通道膜，其具有不对称性的超小二氧化硅等孔纳米通道组成的结构(指定为 SIM，直径 2.3nm，长度 100nm)和大型径迹蚀刻聚对苯二甲酸乙二醇酯(PET)锥形纳米通道。在工程设计中用于分离两种电解质溶液，以研究热电响应温度变化。现存在两种仿生模式，无浓度梯度存在情况下研究以模仿 TRP 离子通道的自然热感和在浓度梯度的存在情况下研究鲨鱼皮表面的热感。由于它们的超小尺寸影响带电表面，使杂化纳米通道具有高度选择渗透性，筛选出有利于阴离子迁移的阳离子物质，从而可检测到跨膜通道的扩散电位差，在开路条件下记录为热电响应。跨混合纳米通道的微小温度梯度，相比自然热敏系统会有非常敏感的热电响应，灵敏度为 0.71mV/K。此外，混合纳米通道可以相对快速地产生温度变化响应速度(响应时间与温度变化时间)高于自然热敏系统 98%。另外，混合纳米通道热电响应也稳定地可重现和可逆。对热电响应的起源杂化纳米通道基于准稳态离子输运模型和有限元泊松-能斯特耦合的有限元模拟进行了Planck(PNP)和 Einstein-Stokes 方程合理化分析，显示出高阳离子选择性是较大的热电响应的关键因素。

一、SIM/PET 混合纳米通道的制造

SIM 层主要生长在用 Stober 法制备的氧化铟锡(ITO)溶液形成的玻璃表面上[40]，SIM 的厚度约为 96.8nm，从横截面扫描电子显微镜看(SEM)图像如图 8-14(a)所示。从顶视传输电子显微镜(TEM)看图像如图 8-14(b)所示，微孔密度(约 16.7%)以亮点的形式出现，可以确定出均匀的孔径(直径约 2.3nm)。

插图中的高分辨率横截面 TEM 图像[见图 8-14(b)]显示了对齐的纳米通道，也显示了厚度约 100nm 的[见图 8-14(c)及其插图 SEM 轨迹]蚀刻 PET 膜两个表面的图像，显示出直径为 750~900nm 的大孔一侧和直径为 10~15nm 的小孔侧面

242

对面放置。这两边被指定为基础和尖端面。后者用来附着 SIM 制备 SIM/PET 混合纳米通道膜[41]，自使用先前报告的方法首次在锥形玻璃纳米移液器[42]中观察到以来，离子电流整流（ICR）[43]因其潜在应用而得到了广泛的研究。ICR 通常是观察到的具有不对称因素的纳米通道，包括结构、电荷或浓度不对称。而且，ICR 的大小取决于不对称程度，纳米通道表面的表面电荷密度，以及双电层（EDL）的厚度与通道相对大小。图 8-14 比较了在 10mmolKCl 中 PET 锥形纳米通道的电流-电压（I-V）和 SIM/PET 的特性混合纳米通道。显然，通过观察到离子电流整流随着整流比率（$|I+1.0V/I-1.0V|$）从 3.6 增至 9.1，证实了成功制备了层状纳米通道结构。硅纳米管的高孔密度、超小厚度和高表面电荷，二氧化硅纳米通道的密度（由于 Si-OH 去质子化）有助于更好地形成离子选择性结构体。

　　SIM 黏附在 PET 纳米通道上后急剧变化（在+1.0V 时从 24.5nA 到 16.5nA），表明由于它们的高孔密度，二氧化硅纳米通道对离子渗透性的影响可忽略不计。

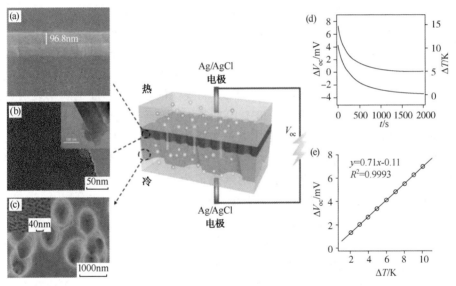

图 8-14（a）SEM 图像的剖视图，显示了在 ITO 上生长的 SIM 的厚度；（b）SIM 的 TEM 俯视图显示纳米通道的密度；插图是 SIM 横截面的高分辨率 TEM 图像；（c）PET 膜底面的锥形纳米通道 SEM 图像插图是叶尖面的（d）两种溶液之间挤压的混合纳米通道的热电响应含有 10mmolKCl（pH 值=5.9），显示 ΔV_{oc} 和 ΔT 的同步时间演变；（e）通过调节 ΔT 得到混合纳米通道的 ΔV_{oc} 热电响应，实线表示线性拟合曲线；中间的图示意性地说明了 SIM/PET 混合纳米通道的结构和用于测量 V_{oc} 的实验配置

二、无浓度梯度的仿生热电响应

　　所有生物，从细菌到植物和动物，都有感知环境温度变化和激发体温调节作

用的能力。这个基本过程被称为对周围的热感应，有利于生物的生存。近年来，已经确定哺乳动物使用离子通道，例如 thermoTRP 的类型阳离子通道，作为高度敏感的分子温度计将温度变化转换成电信号，最终作为动作电位被神经末梢感知。SIM/PET 混合纳米通道显示出阳离子高选择性。高选择性渗透膜有望模仿 thermoTRP 离子通道的热感应功能。

　　研究 SIM/PET 混合材料的热电响应纳米通道，研究者设计了自制的实验装置用于同步测量 T 和 V_{oc}。纳米通道机械固定在一个小室中以分离出两种水性溶液。与 SIM 联系的一边加载数控陶瓷微型加热器，而另一边不加。两者的瞬时温度被两边记录在被称为 T_{b-SIM} 和 T_{b-PET} 的溶液浸没式微型温度计上，而 V_{oc} 由两个 Ag/AgCl 电极测量。在这里分析两种溶液温度之间的差异（即 $\Delta T = T_{b-SIM} - T_{b-PET}$）和 V_{oc} 相对于初始值的变化（即 ΔV_{oc}）。图 8-14（d）中显示的是 SIM/PET 混合纳米通道记录的 ΔT 和 ΔV_{oc} 同步时间演化曲线。为了模仿生物系统，ΔT 限制在小于 10K 的范围内。很明显，一旦停止加热，同时 ΔV_{oc} 和 ΔT 随着时间的推移缓慢下降。ΔV_{oc} 与初始温度无关，但与 ΔT 有关。图 8-14（e）进一步绘制了 ΔV_{oc} 与 ΔT 的变化关系，线性依赖关系表示热敏灵敏度的大小，对于 SIM/PET 混合纳米通道为 0.71mV/K。对 PET 锥形纳米通道的热电响应也进行了测量和比较，如图 8-15（a）所示。尽管也观察到 ΔV_{oc} 对 ΔT 的线性依赖性，较小的斜率表明热敏灵敏度降低为 0.44mV/K。显然，SIM/PET 杂化纳米通道比 PET 高 1.6 倍且为圆锥形的纳米通道，因为前者更高的阳离子选择性是由较小的通道大小和较大的通道引起的二氧化硅纳米通道的表面电荷密度增加。从图 8-14（e）和 8-15（b）中直线的斜率可知，对于 SIM/PET 混合纳米通道为 0.90nm，PET 锥形纳米通道为 0.55nm。需要强调的是 SIM/PET 混合纳米通道的灵敏度，即当 $\Delta T = 1K$ 时，高达 0.71mV 的 ΔV_{oc} 的最大值足以充当热电信号转换器或灵敏的温度计。为了进一步证明灵敏度来自阳离子选择性渗透，类似用 pH 值=3.0 的 KCl 溶液进行测量。如图 8-15 所示，热电的灵敏度响应和 t^{+}（斜率）分别为 0.52mV/K 和 0.66。减少是由于表面电荷密度降低引起的 PET 和 PC 上表面羧基的质子化二氧化硅上硅烷醇基的质子化。除了灵敏度高，对温度的快速响应变化也很重要，因为温度变化可能会对生物产生重要甚至有害的影响。因此，研究了 SIM/PET 混合响应速度纳米通道随温度变化的情况。如图 8-15（a）所示，急剧的温度变化导致 V_{oc} 的瞬时变化。定量地定义相对响应速度 S：

$$S = \frac{t_{T}}{t_{V_{oc}}} \times 100\%$$

　　式中，$t_{V_{oc}}$ 为从初始值最大增加到最大值所花费的时间，t_{T} 为相应的温度变化花费的时间。从图中显示的数据中来看 S 的值为 98.66% ± 0.02%，表明混合纳米通道对温度的响应非常快。可以在图 8-15(a)中找到的另一个特征是稳定性的热电响应的可重复性温度变化。循环利用温度变化，即反复加热和冷却，V_{oc} 保持迅速变化。图 8-15(b)比较了在固定 ΔT(10K) 下记录的七个循环的 ΔV_{oc} 值，也即七个周期的。显然，随着温度的变化，ΔV_{oc} 没有明显的损失或增加，ΔV_{oc} 平均值为 (6.10 ± 0.14) mV。在生物体中，温度变化转化为跨纳米通道扩散势的变化，即 $\Delta\phi_{diff}$，不同于测量的 ΔV_{oc} 实验。ΔV_{oc} 包括氧化还原电位差的两个 Ag/AgCl 电极贡献。$\Delta\phi_{diff}$ 可以通过从实验测量的 ΔV_{oc} 中减去 ΔE_{redox}，根据图 8-15(b)所示的等效电路。根据实验确定不同温度变化下的 ΔE_{redox}，实际上接近理论值。图 8-15(c)显示了 $\Delta\phi_{diff}$ 对 ΔT 的依赖性，并线性拟合了方程。根据斜率，t^+ 估计为 0.93，再次证明了 SIM/PET 杂化纳米通道的阳离子选择性。

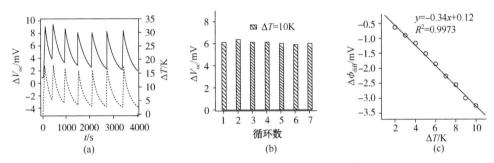

图 8-15　(a)用 SIM/PET 混合纳米通道记录的 ΔV_{oc} 和 ΔT 在 10mmol/L KCl 进行的七个温度变化循环连续和同步时间演化曲线；(b)在七个周期中，响应于 $\Delta T=10$K 的 ΔV_{oc} 的稳定性和可重复性；(c)$\Delta\phi_{diff}$ 对 ΔT 的依赖性，通过从 ΔV_{oc} 中减去 E_{redox} 来估算 $\Delta\phi_{diff}$ 值，实线对应于方程 4 的线性拟合

　　如上所述，杂化的阳离子选择性纳米通道对实现高灵敏度热感应至关重要。原则上，当溶液温度(例如 $T_{b\text{-}SIM}$)增加，吉布斯自由能的变化遵循以下公式：

$$dG = -SdT + Vdp + \sum_{i=1} \mu_i dn_i$$

　　式中，G，S，T，V 和 p 为吉布斯自由能、熵、溶液、μ_i 和 n_i 的温度，体积和压力是分子的化学势和物质的量。因此，温度变化将驱动离子在温度梯度的相反方向移动。同时，根据爱因斯坦-斯托克斯方程温度升高会导致离子扩散系数增加。为了更深入地了解热激发离子运输，基于耦合的有限元模拟 Poisson-Nernst-Planck 和 Einstein-Stokes 方程，首先，从计算出的 K⁺ 的二维浓度分布图 [见图 8-16(a)]，可以清楚地看到 K⁺ 在 SIM 纳米通道内及纳米通道的表面的累积。因此证实了纳米通道的高度阳离子选择性是由于二氧化硅纳米通道表面带负电和纳米通道中高度重叠双电层(EDL)所引起的。

　　为了探索温度响应电信号的起源，绘制了电场温度变化10K前后沿着纳米通道轴向的离子浓度分布图(C_z 对于 K$^+$ 和 Cl$^-$)和电场(E_z)的。两种溶液的初始温度设置为283.15K($T_{b-SIM} = T_{b-PET} = 283.15$K)。然后将 T_{b-SIM} 增加10~293.15K，而 T_{b-PET} 则保持在283.15K。为简单起见，假定存在一个尖锐的温度边界 SIM/储层解决方案界面（即硅胶纳米通道孔）。仿真结果显示在图8-16和图8-18中。因为很难直接识别 C_z 和 E_z 的变化，在这里分析净变化，即 ΔC_z 和 ΔE_z。如图8-16(b)所示，纳米通道的孔口处，K$^+$ 显著耗尽，Cl$^-$ 略有积累。这种情况可归因于温度变化和纳米通道选择性。离子方向传输与温度梯度相反，当 T_{b-SIM} 增加时，溶液中的 K$^+$ 和 Cl$^-$ 都被传输使 PET 与 SIM 纳米通道接触。K$^+$ 和 Cl$^-$ 最初分别在 SIM 纳米通道中，是累积和耗尽的，即存在显著的 K$^+$ 和 Cl$^-$ 浓度梯度。对于 K$^+$，

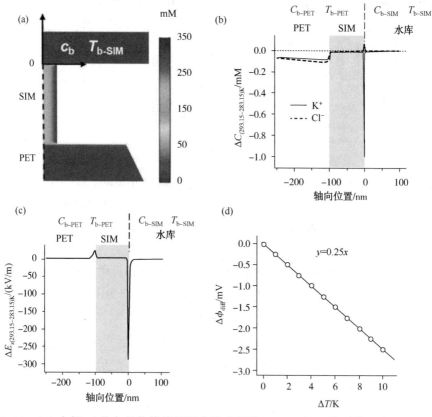

图8-16　（a）内部 K$^+$ 分布的数值模拟混合纳米通道，T_{b-SIM} 和 C_b 分别设置为283.15K 和 10mmol；浓度的净变化(b)（ΔC_z，K$^+$，实线；Cl$^-$，虚线）和电场(c)（ΔE_z，$E_z = -\partial\phi/\partial z$）沿 $\Delta T = 10$K（$\Delta T_{b-SIM} = 10$K，T_{b-SIM} 的范围从283.15~293.15K；$T_{b-PET} = 283.15$K，剩余不变）；灰色区域（-100nm ≤ z ≤ 0nm）是指 SIM 纳米通道，-250nm ≤ z ≤ -100nm 区域表示 PET 通道，区域 0nm ≤ z ≤ 100nm 表示储层溶液；（d）根据 ΔT 计算出的 $\Delta\phi_{diff}$ 的实线表示对方程式4的拟合

温度和浓度梯度均可驱动 K^+ 的流出。但是，对于 Cl^-，其流出受温度驱动梯度影响被流动所促进的流入抵消。浓度梯度，导致 K^+ 和 Cl^- 在电极上的不对称分布，因此，孔口会导致 ΔE_z 非常急剧的负过冲，因为如图 8-16（c）所示，这主要有助于测得的 ΔV_{oc}。在 PET/SIM 的边界和纳米通道内部，K^+ 和 Cl^- 都被略微耗尽。这证明了整体离子传输的方向与温度梯度相反。为简单起见，在模拟中认为在 SIM 纳米通道中，不考虑热量传导。SIM 也被认为是热绝缘的。此外，使用了单孔模型，孔隙相互作用被忽略。还计算了 $\Delta \phi_{diff}$ 对 ΔT 的依赖性，如图 8-16（d）所示，获得了线性关系，其中与实验趋势相吻合，较大的 ΔT 会产生更大的 $\Delta \phi_{diff}$。根据线性拟合的斜率，t^+ 估计是 0.85。尽管该值略小于实验性的值，可能是由于上述原因过于简单化，但足以证明混合纳米通道的渗透选择性。

三、浓度梯度的仿生热电响应

鲨鱼皮下凝胶功能出色，使其能够找到富含热锋的猎物。这种高盐凝胶集中可以将热信息转化为电信息[44]。进一步模拟了电解质浓度梯度（0.5/0.01mol/L NaCl）存在下，使用 SIM/PET 杂化纳米通道的热感应过程，实验中，将 SIM 的一面与浓溶液（即 $C_{b-SIM}=0.5mol/L$ NaCl）接触，而 PET 侧接触稀释液（即 $C_{b-PET}=0.01mol/L$ NaCl），与之相比，二氧化硅纳米通道比 PET 锥形通道具有更好的渗透选择性。将任一温度溶液进行更改，以比较热感应灵敏度。注意，在这种情况下，阳离子选择性由于初始 V_{oc}，SIM/PET 纳米通道的性能仍然非常出色，在没有任何温度的情况下测量为 158.5mV。更好的热感当 T_{b-PET} 变化时，灵敏度有望达到 6.6 倍大于相反的情况（即 T_{b-SIM} 是变化的）。图 8-17（a）显示了前一种情况的热电响应。显然，ΔV_{oc} 和 ΔT 都随时间同步变化。此外，ΔV_{oc} 和 $\Delta \phi_{diff}$ 都显示出与 ΔT[见图 8-17（b）]的线性关系。线性拟合得出 $t^+=0.93$，证明杂化纳米通道的高度阳离子渗透选择性。与生物温度计相比，温度变化 1K 导致 $\Delta V_{oc}=0.71mV$ 和 $\Delta \phi_{diff}=0.34mV$。另外，响应速度也如图 8-17（c）所示。图 8-17（c）还证实了热电响应的稳定性和该系统中的混合纳米通道可重复性。具有电解质浓度梯度的仿生模型也通过有限元模拟来计算。最初的两种溶液的温度设置为 283.15K（$T_{b-SIM}=T_{b-PET}=283.15K$）。然后将 T_{b-SIM} 或 T_{b-PET} 增加到 293.15K，另一个保持不变，为 283.15K。为简单起见，假定急剧的温度边界为在两种情况下都位于纳米通道的孔口（$z=0$，见图 8-18）。先分析 ΔC_z[对于 Na^+ 和 Cl^-，见图 8-18（a），（b）]和 ΔE_z[见图 8-18（c）]沿着纳米通道的轴向对 $\Delta T=10K$ 的响应。如图 8-18（a）所示，增加到 293.15K 时，Na^+ 和 Cl^- 出现纳米通道孔（$z=0$）。耗竭主要是由于离子从 SIM 流入 PET 端由温差驱动所引起的。而对于 Na^+，它的流入由于纳米通道的渗透选择性被轻微地抵消，在孔口形成浓度梯度，对于 Cl^-，通过浓度梯度流入。这就是为什么 Cl^- 的耗竭比 Na^+ 的耗竭更大（$z=0$），从而导致较小的负过冲 ΔE_z［如图 8-18（c）所示］。在纳米通道内部，由于阳离子选择性，温度变化纳米通道有 Na^+ 的明显积累和 Cl^- 的耗尽，渗透选择性更好，所以逐渐向低浓度溶液一侧转移。

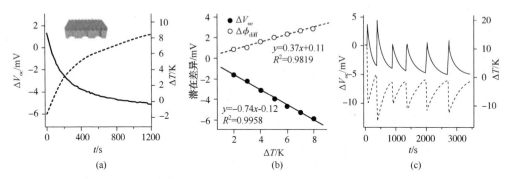

图 8-17　（a）混合纳米通道中 ΔT（$\Delta T=|T_{b\text{-SIM}}-T_{b\text{-PET}}|$，虚线）和 ΔV_{oc}（实线）的同步时间演化曲线，SIM 和 PET 面分别与 0.5molNaCl 和 0.01molNaCl 接触，温度稀溶液（$T_{b\text{-PET}}$）有所不同，（b）ΔV_{oc}（虚线）和 $\Delta\phi_{diff}$（实线）作为 ΔT 的函数，实线对应于线性配件分别到等式 6 和 7，（c）在多个温度变化周期中响应于 ΔT 的 ΔV_{oc}

从图 8-18（a）、（b）中可以看到，在 SIM/PET 附近边界 Na^+ 的浓度远高于 Cl^-。因此，Na^+ 存在更高的浓度梯度，导致浓度变化更大边界。Na^+ 和 Cl^- 的不对称浓度导致 ΔE_z 的正尖峰非常尖锐。如图 8-18（c）所示，这主要有助于观察到 ΔV_{oc}。

在相反的情况下，将 $T_{b\text{-SIM}}$ 增加 10K 到 293.15K，温度梯度驱动下 Na^+ 和 Cl^- 从纳米通道向金属的迁移储层溶液流出。但是，作为邻近的溶液中含有高浓度的离子，浓度梯度阻止流出，导致离子同时在孔口积累，因此有很小 ΔE_z 的负过冲，如图 8-18（b）所示。较小的 ΔE_z 表示较小的 $\Delta\phi_{diff}$，即与前者相比有较低的热敏敏感性系统。图 8-18（d）比较了计算出的 $\Delta\phi_{diff}$ 作为函数两种情况下的 ΔT。的确，热敏的敏感性低，温度较高时溶液浓度各不相同。而灵敏度是由电解质决定的，温度随着溶液浓度改变了。

综上所述，采用具有很高的阳离子选择性的杂化的纳米多孔膜作为仿生产品热感平台，通过杂化纳米通道的渗透选择性离子输运作为将热刺激的响应转化为跨纳米通道电位差，可以在开路情况下记录量度间接作为温度变化。研究了两种仿生模型，即在没有浓度梯度的存在与存在浓度梯度的情况下，分别通过 ThermoTRP 离子通道和鲨鱼表皮来模拟生物热固性过程。两种模型的热灵敏度均为 0.71mV/K，与生物感官系统热灵敏度相当。另外，在这两种情况下，杂化纳米通道均显示出对于热刺激的快速热电响应，响应速度高于 98%，并具有出色的

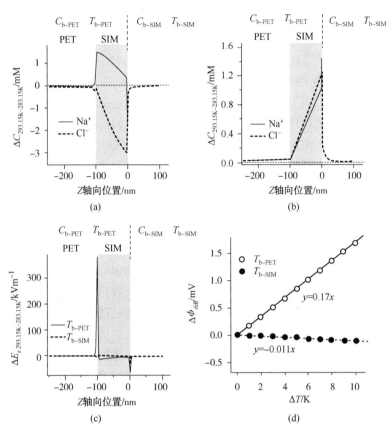

图 8-18　在稀溶液中[（a），T_{b-PET} = 293.15K，T_{b-SIM} = 283.15K]和在浓溶液[（b），T_{b-PET} = 293.15K，T_{b-SIM} = 283.15K]中沿着纳米通道轴向 Na$^+$（虚线）和 Cl$^-$（实线）对 ΔT = 10K 的温度响应的净浓度变化；（c）在浓溶液中（虚线，T_{b-PET} = 293.15K，T_{b-SIM} = 283.15K）和在稀溶液中（实线，T_{b-SIM} = 293.15K，T_{b-PET} = 283.15K）沿纳米通道轴向对 ΔT = 10K 的温度响应的 ΔE_z（$E = -\partial \phi / \partial z$）的变化情况。灰色区域（$-100\text{nm} \leqslant z \leqslant 0\text{nm}$）是指 SIM 纳米通道，区域 $-250\text{nm} \leqslant z \leqslant -100\text{nm}$ 代表 PET 通道，区域 $0\text{nm} \leqslant z \leqslant 100\text{nm}$ 表示储层溶液；（d）根据 ΔT（$\Delta T = |T_{b-SIM} - T_{b-PET}|$；$T_{b-PET}$ = 293.15K，实线；T_{b-SIM} = 293.15K，虚线）计算的 $\Delta \phi_{diff}$ 为：C_{b-SIM} = 0.5mol/L，C_{b-PET} = 0.01mol/L

稳定性和可逆性。而且，实验结果与用准稳态离子输运模型导出的电信号与热刺激之间的理论关系能很好地吻合。通过使用耦合泊松-能斯特-普朗克和爱因斯坦-斯托克斯方程的有限元模拟，热电响应也被合理化为源自温度和浓度梯度的变化。热刺激驱动离子沿温度梯度相反方向传输，而浓度梯度驱动离子沿同一方向传输。总的浓度梯度由离子的体积浓度决定，但由于杂化纳米通道具有高度的阳离子选择性，因此杂化纳米通道的边界处常常存在局部浓度梯度。选择透过性是产生高灵敏热电响应的关键参数。相信这种热敏系统可以进一步扩展到模拟基于离子通道的生物反应过程，探测光热过程的局部温度变化以及热能转换。

本章简要地总结了仿生纳米通道 DNA 纳米管的制备和应用，使用 DNA 折纸和等基因序列的 DNA 纳米管"瓷砖"，以及利用其结构的应用特征。DNA 纳米管的通道提供了精确的用于药物、生物反应器和跨膜通道的纳米级缓释腔。外表面具有刚性脚手架和多顺序连接点，可作为药物运送载体和模板。由于仿生 DNA 纳米管具有很高的生物相容性和寻址能力，它们在医学中显示出了巨大的潜力。但是，对于未来应用到实际中还有很大的挑战，需要在临床测试、毒理学等方面做出努力。

依照仿生学建立纳米通道进行热电转化，收集热能，以及通过离子分子响应实现控制离子或分子在人工纳米通道中的传输及分布。在此基础上，还利用它们的结构特征进行应用。在这个过程里，计算机应用十分广泛，热电响应需要耦合泊松有限元模拟 Nernst-Planck 和 Einstein-Stokes 方程从温度和浓度进行合理化梯度分析。计算机在未来纳米通道的应用中具有光明的前景，计算机模拟可以与实验相结合，作为互相验证的手段，同时也会带来更多机遇，如植物学中的纤维导管运输，可以进一步研究相容性好的纳米通道，给人们医学临床应用提供更多选择空间。计算机在分子动力学模拟分子动力中也发挥了巨大作用，为研究者设计分子验证合成分子提供了良好的支持，实验的仪器使用都离不开计算机，拥有强大功能的计算机为纳米通道的设计表征和应用提供了更加广泛的技术支持。

参 考 文 献

[1] Mathieu F, Liao S, et al. Six-helix bundles designed from DNA[J]. Nano Letters, 2005, 5(4)：661-665.

[2] Douglas S, Dietz H, et al. Self-assembly of DNA into nanoscale three-dimensional shapes[J]. Nature, 2009, 459(7245)：414-418.

[3] Ke Y, Douglas S. M, et al. Multilayer DNA Origami Packed on a Square Lattice[J]. Journal of the American Chemical Society, 2009, 131(43)：15903-15908.

[4] Ke Y, Voigt N V, et al. Multilayer DNA origami packed on hexagonal and hybrid lattices[J]. J Am Chem Soc2012, 134(3)：1770-1774.

[5] Endo M, Seeman NC, Majima T. DNA Tube Structures Controlled by a Four-Way-Branched DNA Connector [J]. Angewandte Chemie, 2005, 44(37)：6074-6077.

[6] Mohammed A M, Šulc P, et al. Self-assembling DNA nanotubes to connect molecular landmarks[J]. Nature Nanotechnology, 2017, 12(4)：312-316.

[7] Aldaye F A, Lo PK, et al. Modular construction of DNA nanotubes of tunable geometry and single-or double-stranded character[J]. Nature Nanotechnology, 2009, 4(6)：349-352.

[8] Schüller V J, Heidegger S, et al. Cellular Immunostimulation by CpG-Sequence-Coated DNA Origami Structures[J]. ACS Nano, 2011, 5(12)：9696-9702.

[9] Zhao Y, Shaw A, et al. DNA Origami Delivery System for Cancer Therapy with Tunable Release Properties [J]. ACS Nano, 2012, 6(10)：8684-8691.

[10] Mikkilä J, Eskelinen A-P, et al. Virus-Encapsulated DNA Origami Nanostructures for Cellular Delivery[J]. Nano Letters, 2014, 14(4)：2196-2200.

[11] Kuzyk A, Schreiber R, et al. DNA-based self-assembly of chiral plasmonic nanostructures with tailored optical response[J]. Nature, 2012, 483(7389)：311-314.

[12] Hariadi R F, Sommese R F, et al. Mechanical coordination in motor ensembles revealed using engineered artificial myosin filaments[J]. Nature Nanotechnology, 2015, 10(8): 696-700.

[13] Valero J, Pal N, et al. A bio-hybrid DNA rotor-stator nanoengine that moves along predefined tracks[J]. Nature Nanotechnology, 2018, 13(6): 496-503.

[14] Fu Y, Zeng D, et al. Single-step rapid assembly of DNA origami nanostructures for addressable nanoscale bioreactors[J]. Journal of the American Chemical Society, 2013, 135(2): 696-702.

[15] Burns JR, Stulz E, Howorka S. Self-Assembled DNA Nanopores That Span Lipid Bilayers[J]. Nano Letters, 2013, 13(6): 2351-2356.

[16] Langecker M, Arnaut V, et al. Synthetic Lipid Membrane Channels Formed by Designed DNA Nanostructures [J]. Science, 2012, 338(6109): 932-936.

[17] Gopfrich K, et al. Ion channels made from a single membrane-spanning DNA duplex[J]. Nano Letters, 2016, 16(7): 4665-4669.

[18] Gopfrich K, et al. Large-Conductance Transmembrane Porin Made from DNA Origami[J]. ACS Nano, 2016, 10(9): 8207-8214.

[19] Fu J, Yang Y. R, et al. Multi-enzyme complexes on DNA scaffolds capable of substrate channelling with an artificial swinging arm[J]. Nature Nanotechnology, 2014, 9(7): 531-536.

[20] Burns J R, Seifert A, et al. A biomimetic DNA-based channel for the ligand-controlled transport of charged molecular cargo across a biological membrane[J]. Nature Nanotechnology, 2016, 11(2): 152-156.

[21] Lo P K, Karam P, et al. Loading and selective release of cargo in DNA nanotubes with longitudinal variation [J]. Nature Chemistry, 2010, 2(4): 319-328.

[22] Li S, Jiang Q, et al. A DNA nanorobot functions as a cancer therapeutic in response to a molecular trigger in vivo[J]. Nature Biotechnology, 2018, 36(3): 258-264.

[23] Lima W C, et al. Role of PKD2 in Rheotaxis in Dictyostelium[J]. PLOS ONE, 2014, 9(2): e91457.

[24] Chu S, Majumdar A. Opportunities and challenges for a sustainable energy future[J]. Nature, 2012, 488 (7411): 294-303.

[25] Feng J, et al. Single-layer MoS_2 nanopores as nanopower generators[J]. Nature, 2016, 536(7615): 197 -200.

[26] Rao S, Lu S, et al. A Light-Powered Bio-Capacitor with Nanochannel Modulation[J]. Advanced Materials, 2014, 26(33): 5846-5850.

[27] Zhang Q, Liu Z, Zhai J. Photocurrent generation in a light-harvesting system with multifunctional artificial nanochannels[J]. Chemical Communications, 2015, 51(61): 12286-12289.

[28] Zhao F, Cheng H, et al. L. Direct Power Generation from a Graphene Oxide Film under Moisture[J]. Advanced Materials, 2015, 27(29): 4351-4357.

[29] Straub A P, Yip N Y, et al. Harvesting low-grade heat energy using thermo-osmotic vapour transport through nanoporous membranes[J]. Nature Energy, 2016, 1(7): 16090.

[30] Guo W, Cao L, et al. Energy Harvesting with Single-Ion-Selective Nanopores: A Concentration-Gradient-Driven Nanofluidic Power Source[J]. Advanced Functional Materials, 2010, 20(8): 1339-1344.

[31] Der Heyden F H J V, Bonthuis D J, et al. Power Generation by Pressure-Driven Transport of Ions in Nanofluidic Channels[J]. Nano Letters, 2007, 7(4): 1022-1025.

[32] Siwy Z, Kosińska ID, et al. Asymmetric Diffusion through Synthetic Nanopores[J]. Physical Review Letters, 2005, 94(4): 048102.

[33] Voets T, Droogmans G, et al. The principle of temperature-dependent gating in cold-and heat-sensitive TRP channels[J]. Nature, 2004, 430(7001): 748-754.

[34] Li R, Fan X, et al. Smart Bioinspired Nanochannels and their Applications in Energy-Conversion Systems [J]. Advanced Materials, 2017, 29(45): 1702983.

[35] Siwy Z. S. Ion-Current Rectification in Nanopores and Nanotubes with Broken Symmetry[J]. Advanced Functional Materials, 2006, 16(6): 735-746.

[36] Siwy Z, et al. Electro-responsive asymmetric nanopores in polyimide with stable ion-current signal[J]. Applied Physics, 2003, 76(5): 781-785.

[37] Tao P, Shang W, et al. Bioinspired Engineering of Thermal Materials[J]. Advanced Materials, 2015, 27 (3): 428-463.

[38] Li X, Zhang H, et al. Fast and selective fluoride ion conduction in sub-1-nanometer metal-organic framework channels[J]. Nature Communications, 2019, 10(1): 2490.

[39] Wu Y, Wang D, et al. Smart DNA Hydrogel Integrated Nanochannels with High Ion Flux and Adjustable Selective Ionic Transport[J]. Angewandte Chemie International Edition, 2018, 57(26): 7790-7794.

［40］ Hwang J，et al. Thermal dependence of nanofluidic energy conversion by reverse electrodialysis［J］. Nanoscale，2017，9(33)：12068-12076.

［41］ Taghipoor M，Bertsch A，Renaud P. Temperature sensitivity of nanochannel electrical conductance［J］. ACS Nano，2015，9(4)：4563-4571.

［42］ Lin X，Yang Q，Ding L. Ultrathin Silica Membranes with Highly Ordered and Perpendicular Nanochannels for Precise and Fast Molecular Separation［J］. ACS Nano，2015，9(11)：11266-11277.

［43］ Wu W，Yang Q，Su B. Centimeter-Scale Continuous Silica Isoporous Membranes for Molecular Sieving［J］. Journal of Membrane Science，2018，558：86-93.

［44］ Zhao M，Wu W，Su B. pH-Controlled Drug Release by Diffusion through Silica Nanochannel Membranes ［J］. ACS Applied Materials & Interfaces，2018，10(40)：33986-33992.

看配套视频，划课件重点
掌握能源仿生学知识

第九章 仿生机器人与机械能量回收

第一节 智能机器人概述

一、智能机器人的发展现状

机器人技术自从 20 世纪中叶问世以来，已经在这几十年中取得了飞速发展。在科学技术日新月异的 21 世纪，已成为提高产业竞争力极为重要的技术战略。到了今天，机器人核心技术日益成熟，应用的范围也迅速扩大。作为计算机、传感器、自动控制、先进制造等一系列领域技术集成的典型代表，机器人行业面临巨大的产业发展机会。机器人专业人士预测，智能机器人将是 21 世纪高新技术产业的增长方向。

二、智能机器人的发展趋势

在现代化社会中，机器人发展一步步规范并且智能化，关键部件和科研核心技术的进步，促进了机器人的标准化和网络化发展，便于进一步深入研究其仿真功能、电子皮肤、感知方向、情感管理、神经系统理论。机器人可以获取并处理和识别多种信息，独立地完成复合型操作任务。但是，创建完整的机器人发展理论体系，仍需依靠大量基础知识的学习，所以，在未来，机器人的发展依然要投入更多的人力物力财力，且需要使智能机器人产业逐步形成规模。

第二节 软体机器人

小型机器人发展前景广阔，具有能够进入微小区域作业、操作灵活等特点，同时需要更高的自由度，从这个角度来看，软体机器人具有更高的效率，有更大的潜力实现高机动性。

一、磁性软体机器人的基本运动机理

以磁弹性的毫米级软体机器人为例，机器人由柔软的活性材料构成，可以通

过磁场驱动，产生各种各样的形变[1]，通过一个随时间变化的磁场来控制，从而产生不同的运动方式。例如，在空间上均匀的磁场 B 中，以机器人的身体框架[见图9-1(a)]表示受到的影响，磁场在机器人所在平面的分量与磁化曲线之间的相互作用，会产生磁转矩，从而使机器人变形，通过控制该平面磁场的大小来控制机器人生成所需要的形状[见图9-1(b)]。

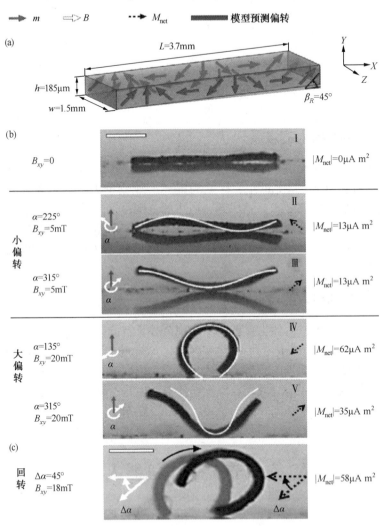

图 9-1　磁性软体机器人运动示意图[2]

设 B_{xy} 代表磁场 B 的 x-y 平面分量，当 B_{xy} 较小时，B_{xy} 沿图9-1(b)两个主要方向对齐，机器人变形小，呈正弦或余弦形状（Ⅱ和Ⅲ），当 B_{xy} 具有高幅度时，机器人发生大形变，呈"C"或"V"状（Ⅱ和Ⅴ）。但是如果 B_{xy} 的方向不沿着主轴，这个机器人会产生一个大幅度的运动，绕其轴旋转，形成如图 9-1(c) 的形状，利用这种机制，可以控制机器人的角度，使其绕轴旋转，实现运动模式的滚动行走和跳跃[2]。

二、软体机器人的仿生起源

在软体机器人上的应用了许多人们从大自然中获得的灵感，一开始人们从蠕虫到鱿鱼等无脊椎动物身上想象出软体机器人的形貌特征，这些动物都缺少骨骼，具有难以复制的复杂移动方式。例如，海星为机械抓手提供了第一个模型和灵感(见图 9-2)，章鱼和鱿鱼它们的动作与陆地动物完全不同，它们用交错的神经系统来控制复杂的动作，昆虫没有内骨骼，这使它们能够在没有水漂浮支撑的情况下有效地移动。

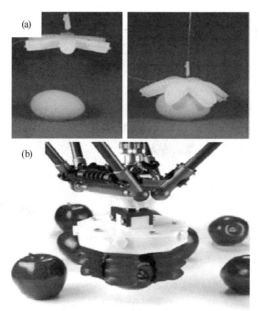

图 9-2　利用"海星抓手"拾取鸡蛋和水果[3]

灵感源自海星的仿生抓手的工业化改造，"手指"柔软且抓握着细腻
的物体而没有损坏，抓手的"手掌"很硬，并固定在硬臂上[4]

三、软体机器人的应用

软体机器人的特性，使其在不同的领域中均有应用，此处以软体机器人的相容性和仿生学在医学中的应用为例，包括但不限于用于外科手术、诊断病情、取药、假体、人工器官等。

软体机器人使用的材料需要与人体或组织具有一定的相容性，以保证操作时系统的完整性和人体的可接受性，外用时需考虑过敏反应，内用时需考虑人体的免疫反应。软体机器人的材料还需要在一定程度上匹配人体组织的机械性能,例如,如果想要使用软体机器人作为假体或器官模拟器植入人体时,必须要求其模拟人体组织的机械特性和功能[5]。

在外科手术和内窥镜检查中,软体机器人在人体内操作,在康复和辅助时,人体机器人与病人进行身体接触,在康复阶段时,软体机器人可作为假肢代替人的四肢,或者作为人体器官和模拟部分。

从材料的角度看,生物医学里软体机器人可以用作材料模拟器、人造器官、假体、可穿戴式机器人、辅助设备、外科手术设备、药物运输设备(见图9-3)。

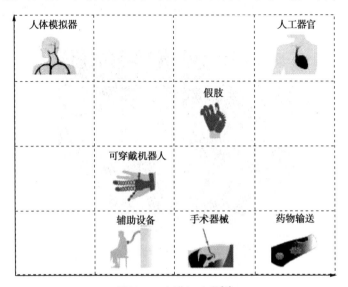

图9-3 生物相容性[5]

外科手术中,微创手术具有安全性高、创伤小、恢复快、疤痕少等优点,以腹部手术为例,由于刚性和半刚性工具的灵活性与机动性有限,通常需要在腹部切开多达五个切口,而且在手术过程中,仪器的碰撞也增加了整个手术的复杂性[6],手术的成功率受到影响。相比之下,柔性设备具有较高的内在活性,它们通常长且灵活,尖端可旋转,可以与相应的手术技术一起协同使用。

软体机器人还可以用于药物的传递,如果治疗的靶区非常遥远,或者是基于植入式设备的慢性药物,此时内窥镜或者是通常有线的手术工具是不能使用的,软体机器人技术中用于药物传递的材料是基于水凝胶和生物相容性的生物可降解材料,这些材料随着时间的推移会慢慢释放它们的货物,用软体机器人引导它们到特定的位置,药物被释放。例如,胶束纳米颗粒、微载体和薄膜可作为药物传递系统的材料[7],可以将具有不同功能的无束缚、自折叠、柔软的微机器人平台用于有针对性的按需递送生物制剂。

辅助机器人代表了应对老年化社会需求的可行解决方案。刚性机器人可以帮助老年人们进行日常活动[8]，但是软体机器人的技术将扩大安全互交与合作的可能性，软体机器人的主动适应性系统在辅助或替代下肢方面有重要应用，在提供必要的力量来引导肢体的移动之外，与用户紧密接触的软体系统必须安全且有效，必须施加力，而不会造成伤害[2]。

第三节　四足机器人

有腿机器人是机器人领域最大的挑战之一。动物的动态和敏捷的动作是无法用现有的方法模仿的，而现有的方法是人工的。一个引人注目的替代方案是进行强化学习，它需要最少的工艺，并使控制策略自然进化。然而，到目前为止，对有腿机器人的强化学习研究主要局限于仿真，在实际系统中部署的例子很少，而且比较简单。主要原因是，使用真正的机器人训练，尤其是进行动态平衡系统训练，是复杂和昂贵的。

一、ANYmal 简介

ANYmal 机器人，是一个成熟的中型狗大小的四足系统(见图9-4)。通过使用模拟训练的策略，四足机器人可以获得比以往方法更好的运动技能：ANYmal能够精确且高效地执行高水平的身体速度指令，比以前跑得更快，即使在复杂的配置下也能从坠落变形中恢复过来。

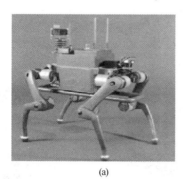 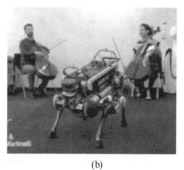

(a)　　　　(b)

图9-4　四足机器人 ANYmal[8]

在崎岖地形和复杂环境下，腿式机器人系统是履带/轮式机器人的有吸引力的替代品。自由选择与环境的接触点，使它们能够克服与它们的腿长度相当的障碍。有了这样的能力，有腿的机器人有一天可能会在森林和山区救援人类，爬楼梯在建筑工地搬运有效的货物，检查未构造的地下隧道，以及探索其他星球。一个有腿的系统有潜力进行任何人类和动物能够进行的体力活动。

二、ANYmal 控制策略

我们使用混合模拟器通过 RL 对控制器进行训练(见图 9-5，步骤 3)，控制器由一个多层感知器(MLP)表示，以机器人 s 状态的历史作为输入，生成关节位置目标作为输出。为 RL 指定不同的奖励功能，产生了对不同任务感兴趣的控制器。然后，训练好的控制器被直接部署到物理系统上(见图 9-5，步骤 4)。与现有的基于模型的控制方法不同，我们提出的方法在运行时计算效率很高。在这个工作中使用的简单网络的推论在一个 CPU 线程上花费了 25ms，这相当于在实验中使用的机器人上可用的机上计算资源的 0.1%。这与基于模型的控制方法相反，它通常需要一台外部计算机以足够的频率运行[9,10]。此外，通过简单地交换网络参数集，学习控制器表现出截然不同的行为。虽然这些行为是分开训练的，但它们共享相同的代码基；只有高级任务描述会根据行为而改变。相比之下，现有的大多数控制器都是针对特定任务的，几乎要为每一个新的操作从头开始开发。我们将所提出的方法应用于学习几种复杂的四足动物运动技能。首先，与之前在同一硬件上运行的最佳控制器相比，该控制器使 ANYmal 机器人能够更准确、更节能地执行基本速度命令。其次，控制器使机器人跑得更快，打破了 ANYmal 之前的速度纪录，快 25%。该控制器可以在硬件的限制下操作，并将性能推到最大。第三，有一种从跌倒中动态恢复的控制器，这种操作对于现有的方法是非常具有

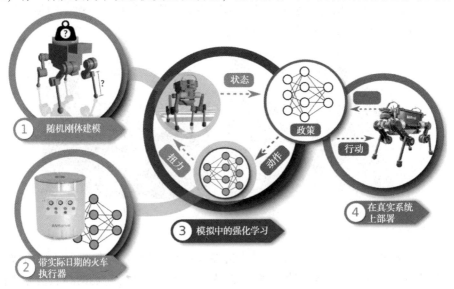

图 9-5 创建控制策略：①对机器人的物理参数进行识别，并对识别过程中的不确定性进行估计；②训练一个执行器网模型复杂的执行器/软件动力学；③我们使用前两步产生的模型训练控制策略；④直接在物理系统上部署经过训练的策略[11]

挑战性的，因为它涉及多个未指定的内部和外部联系人。它需要所有四肢动作的良好协调，并且必须使用动量来动态翻转机器人。在具有同等复杂性的四足动物身上还没有这样的恢复技能[11]。

三、ANYmal 强化学习过程

强化学习是先为机器人的系统设定一个或多个目标，然后再提供一种测试来完成这些目标的相对较新的方法，在达到要求基准前不断改进完善直到正确为止。在重复不断的训练之下，ANYmal 自身平衡能力更加稳定。而且由于真实实验太过浪费时间，研究人员还开发了一种仿真模式。他们在电脑里仿真出ANYmal 的虚拟版本，由于虚拟版本可以同时训练多只 ANYmal，这种虚拟的学习速度是现实学习速度的 1000 倍。他们先让虚拟狗自己训练，再将结果下载到机器人身上，效果非常显著(见图 9-6)。

图 9-6　强化学习[11]

数据驱动的方法，如强化学习(RL)，有望克服以往基于模型的方法的局限性，直接从经验中学习有效的控制器。RL 的理念是通过反复试验收集数据，并自动调整控制器以优化代表任务的给定成本(或奖励)函数。这个过程是完全自动化的，可以优化控制器的末端，从传感器读数到低电平控制信号，从而允许高度敏捷和高效的控制器。在缺点方面，RL 通常需要与系统进行长时间的交互，以学习复杂的技能，通常需要几周或几个月的实时执行[12]。此外，在训练过程中，管制员可能会突然出现混乱行为，导致后勤问题和安全问题。因此，将学习方法直接应用到物理腿系统是复杂的，而且仅在相对简单和稳定的平台上[13]或在有限的环境下[14]进行了演示。由于物理系统训练的困难，大多数高级的腿动训练被限制在模拟。最近在 RL 上的创新使得训练复杂腿模型的运动策略成为可能。Levine 和 Koltun[15]结合学习和轨迹优化来训练一个模拟二维步行者的运动控制器。Schulman 等[16]使用演员评论家方法训练了类似 2D 步行者的运动策略。最近的研究获得了全 3D 运动策略[17]。在这些研究中，动画人物在模拟中获得了显著的运动技能。

鉴于 RL 在模拟环境中的成就，一个自然的问题是，这些学习到的策略是否可以部署到物理系统上。不幸的是，这种模拟到现实的传递受到现实差距的阻碍，现实差距是模拟和真实系统在动力学和感知方面的差异。弥合现实差距的一般方法有两种。第一个是通过分析或数据驱动的方式来提高模拟的保真度，后者也称为系统标识。第二种方法是接受仿真的不完善，目标是使控制器对系统特性的变化具有鲁棒性，从而允许更好的传输。这种鲁棒性可以通过随机化仿真的各个方面来实现：使用随机政策，随机化动力学，向观测数据添加噪声，以及用随机扰动扰动系统。这两种方法都有助于改善转移，然而，前者很麻烦，而且往往不可能实现，而后者可能会影响政策的执行。因此，在实践中，两者通常是连用的。例如，Tan 等[18]最近的工作证明，通过使用精确的解析致动器模型和动态随机化，在名为 Minitaur 的四足系统上成功地实现了从简单到真实的运动策略转移。虽然取得了令人印象深刻的结果，最重要的是取决于准确的分析建模的致动器，它是可能的直接传动执行机构（如用于 Minitaur）而不是更复杂的传动装置，伺服电机等系列弹性致动器(海洋)和液压缸常用在较大的腿系统。

四、ANYmal 优势

　　一方面，在瑞士苏黎世联邦理工学院发布的视频中可以看出，ANYmal 摔倒并爬起的过程，应该算得上是超越波士顿 SpotMini 了。当时波士顿的 SpotMini 完全是依靠身上的机械臂站立起来的。而 ANYmal 摔倒之后爬起来依赖的是四肢的协调，已经和真正的狗狗没有什么差别了，越来越灵活(见图 9-7)。

(a)　　　　　　　　　　(b)

图 9-7　(a)机器人摔倒；(b) ANYmal 对压力表进行检查[11]

　　另一方面，ANYmal 开辟了无限的应用程序可能性。该机器人具有专用的有效载荷硬件接口和集成的应用程序计算单元。允许和现有的新设备和系统紧密集成。比如，通过增加高端的 RGB 变焦相机，ANYmal 可以远距离地收集丰富的图像信息，对压力表、液压计等进行检查。

五、ANYmal 应用

　　首先，它可以用于对海上石油钻井平台进行目视检查。机器人能够 24h 连续监测钻井平台，并在需要时提醒维护团队。与业界测试的一些先前的机器人不同，Anymal 能够克服小障碍并且防水。ANYmal 有一个可持续两个小时且能够自行充电的电池。英国牛津大学动态机器人系统组负责人莫里斯·法伦表示，该团队正在英国格洛斯特郡的消防服务学院测试机器人，该机构已经建立了复制钻机，用于研究解决复杂的石油火灾问题（见图 9-8）。

图 9-8　对石油钻井平台进行目视检查

近些年来，电商和外卖的飞速发展使快递配送业务得到飞速增长。但是，因为科技的相对落后，使得快递物流甚至有了"低端产业"的称号。

其中末端配送由于要面对复杂的配送环境，消费者关于速度、服务质量等个性化需求不尽相同，人口红利的逐渐消失等问题，被认为是最难解决的"最后一公里"的问题。而四足机器人可真正打通无人配送"最后一公里"。利用四足机器人完成的无人配送，最大的优势在于其具备了在部分场景的配送下能够做到真正的无人化。而且，这种完全无人配送的场景，可以 24h 工作。在延长工作时间的前提下，就可以适当降低无人驾驶车辆的速度，从而很大程度上避免无人车撞死行人的事情发生，更大程度地保证了安全。

第四节　智能收割机器人

一、图像识别

（1）技术原理和技术特征

此技术是在应用中充分使用计算机来处理图片，从图像中获得有用资源的。该技术原理实际其实非常简单，主要就是录制信息并且将这种信息存储到系统当中，再利用数据算法的一致性特征确认数据匹配与否。

智能化与便捷化是图像识别技术的优势所在，该技术可以利用科技技术完成图像的识别，还有着很好地识别质量。比起传统的处理技术，人工智能图像识别能对作物的生长情况进行有效识别，并通过不断的样本累计进行强化深度学习，在提升效率的同时也使识别率的准确性提高。

（2）技术运用

通常来说，模式识别这种技术一般需要搭配计算机技术和传统图像进行操作。数学原理就是其中的切入点，以此作为基础充分考虑数据的多元特征，完成对各种特征的评价与识别。这种模式大多会在学习阶段与实现阶段使用。其中学习阶段是指存储过程，能够很好保存与收集各种图像的信息，在计算机帮助下实现分类、构建系统化、识别数据、识别程序、规范化图像。实现阶段强调人脑与图像统一发展，能够生成识别程序，包括计算机识别、人脑识别、应用情况和分析。

（3）应用现状

水果收割前的全自动产量估算可以给农民带来各种好处。到目前为止，已经有一些研究使用图像处理技术来估计水果产量进而获得收益。但是，这些技术大多数都需要颜色、形状和大小等特征的阈值。另外，它们的表现取决于使用的阈值，但是最佳阈值往往随图像而变化。而且，大多数技术都试图仅检测成熟和不成熟的作物。因此需要在图像识别方法中，开发一种来准确检测单个完整果实的方法，包括在植物上使用的成熟、未成熟和幼小果实的传统 RGB 数码相机结合机器学习方法[19,20]。该方法不需要调整用于检测水果阈值的每个图像，因为图像的分类是基于分类模型进行的，根据不同的颜色、形状、纹理和大小生成图像。

由于基于像素的分割并不完美，因此在结果中发现了许多错误分类。所以该方法进行了基于斑点的分割，以此来消除错误分类[21]（见图9-9）。

(a)   (b)   (c)

图9-9 (a)多果斑点；(b)单果斑点；(c)非水果斑点[21]

首先，通过基于像素的分割来提取归类水果类的像素。接下来计算出一个最小的矩形，将提取像素的每个连接区域包围起来，然后将图像用计算的矩形裁剪。在此研究方法中，这些裁剪区域被称为"斑点"。由于基于像素的分割过程中错误的分类导致斑点同时包括非水果区域，所以使用随机分类器对斑点进行分类来获得需要的斑点[22]。如图 9-9 所示，将图像分为三类：多果、单果和非水果斑点。从测试图像中识别出包含一种或多种水果的斑点。但是实验过程中将包括水果在内的斑点分为两类：单果实和多果实斑点。这是因为番茄植株会产生水果簇，所以有些水果由于像素的细分，它们会与其他的水果相连。对于多水果斑点，位置斑点中单个水果的数量必须通过其他程序进行估算。对于单果实斑点，由于斑点的存在，不需要额外的程序构造将水果定位在斑点的重心附近。此外，应用不必要的程序会降低该方法的整体准确性。

图 9-10 显示测试图像基于像素分割的结果。虽然有些像素，尤其是茎部分被错误地归类为果实类，在植物成熟的不同阶段拍摄的测试图像大致分为正确的类别[23]。图 9-11 提供了错误分类的示例。

图 9-10　(a)显示原始图像；(b)显示了基于像素的分割结果[23]

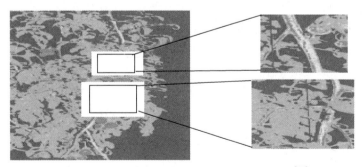

图 9-11　基于像素的分割错误分类的像素示例[23]

当前我国已经步入信息时代，只有充分融合与发展图像处理和人工智能这两项技术，不断完善数据处理系统，结合硬件系统的不断更新，才能够在工程检测上发挥更大作用。

二、智能收割系统

（1）技术原理

智能收割系统是控制收割机按照设定参数工作的一种控制系统。通过预先设定好发动机的转速、行走的速度、割刀的转速、通道的转速和除杂风机的转速，只需要按下智能收割按键，收割机就会按设定参数进行收割。该系统采用了参数化的收割模式，有着操作简便和智能化作业的特点，除此之外还采用通道堵塞保护的方式可以保护割刀和提高收割效率。

显示器上有智能收割参数设置界面，可以设置发动机转速、割刀电磁阀电流、通道电磁阀电流、行走电磁阀电流、除杂风机电磁阀电流等一系列参数，控制器输出设定好参数来控制发动机、割刀电磁阀、通道电磁阀、行走电磁阀、除杂风机电磁阀，按下智能收割按键后，就可以控制收割机按参数进行智能收割；就算遇到通道堵塞时，也会根据压力传感器以及发动机转速的反馈信号，自动降低行走速度，并依据割台显示装置反馈的信号值。

该系统的控制器内置了通道防堵塞程序（见图9-12），通道一旦堵塞，控制器依据发动机以及压力传感器反馈的信号，智能地降低行走速度和调整割台高度。通道防堵塞的过程：①满足割刀压力高、发动机转速掉速、通道压力高中任意一个条件，就会降低行走速度；②行走的速度降低后，只要满足割刀转速低、通道压力高、割刀压力高中任一条件，就会升高割刀；③当同时满足割刀压力、转速正常时，则割刀高度恢复设定值；④当同时满足割刀压力、通道压力、割刀转速、发动机转速全部正常时，行走速度就会恢复设定值；⑤当满足割刀压力高报警、割刀转速低报警、通道压力高报警中任意一个条件时，收割机就会停止前进；⑥当同时满足割刀压力正常、割刀转速正常、发动机转速正常、通道压力正常、行驶手柄回中位时，收割机就会恢复行驶功能。

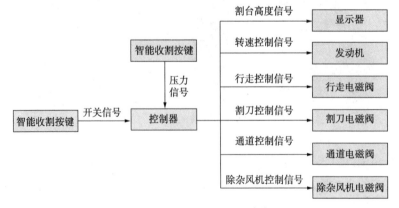

图9-12　系统工作原理[17]

（2）应用现状

此智能收割系统（见图9-13）已在小型甘蔗收割机上成功运用，达成了一键智能收割的操作，还验证了防止通道堵塞功能。

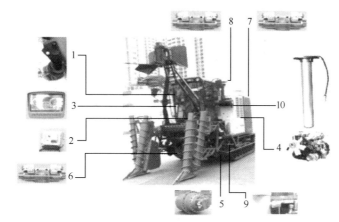

图9-13　控制系统布置图[18]

1—智能收割按键；2—控制器；3—显示器；4—发动机；5—行走电磁阀；6—割刀电磁阀；

7—通道电磁阀；8—除杂风机电磁阀；9—压力传感器；10—割台高度显示装置

目前的智能收割控制系统在实际应用中，一般会出现设定发动机转速过高，造成油耗量大；设定的行驶速度过快，导致通道堵塞；设定除杂风机转速过低，收割含渣率高等问题。为了弥补这个缺陷，通过反复试验，进而实现发动机油耗降低、收割通道通畅的效果。至于通道堵塞保护控制方式，目前为止是通过降低行走速度以及提高割台高度的方式实现的；还存在的问题是对于通道堵塞故障的判断是否准确，在后续工作中将对出现的问题继续进行研究。

三、害虫检测

（1）技术原理

一种基于视觉的自动化、智能化的标识系统，可以快速准确地检测和监控亚洲柑橘木虱（以及潜在的其他害虫和有益昆虫）。数据可以通过互联网实时连接到远程地图绘制程序。这个系统可以安装在移动车辆或者平台上便捷使用。拟议的技术包括软件（见图9-14）和硬件（见图9-15、图9-16）组合要素。硬件包括：①一根棍子或者PVC管，用于击打树枝，使亚洲柑橘木虱掉落；②观察板，位于机器下方以收集下落的亚洲柑橘木虱；③高分辨率相机网格；④相机的处理器单元可以分别控制每个摄像机的图像采集；⑤实时运动学全球定位系统（RTK-GPS）对每棵树进行地理定位和亚洲柑橘木虱检测[24]。

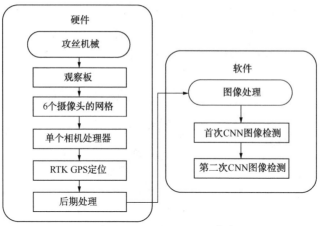

图 9-14　系统的工作流程[24]

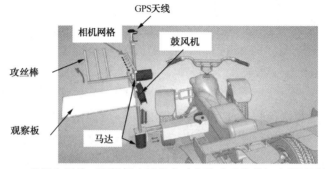

图 9-15　监测和测绘亚洲柑橘木虱的自动化移动系统的初步设计示例[24]

图 9-16　自动化样机[24]

（2）应用前景

未来的研究将比较模拟的技术方法与其他常规亚洲柑橘木虱监视方法，到目前为止，有关这方面的数据很少。使用该原理整理出树状图可以更好地可视化收集到的亚洲柑橘木虱检测数据。这项技术可以使种植者更快、更有利地监测亚洲柑橘木虱种群，因此可以更有效地控制这种害虫。未来的研究将在技术上进行扩展其他农作物和昆虫。此外，将开发一个软件来整合收集到的亚洲柑橘木虱检测数据。这项技术的应用，可以减少农药的使用和费用，并减少对环境的影响。

第五节　逻辑门控纳米机器人

描述了一种自主的 DNA 纳米机器人，它能够将分子有效载荷输送到细胞，感知细胞表面输入，触发激活，并重新配置其结构以进行有效载荷传递。该设备可以以高度组织的方式装载各种材料，并由适配体编码的逻辑门控制，使它能够响应各种各样的因素。

一、纳米机器人设计原理

利用计算 DN 折纸设计工具，制作了一个纳米机器人（见图 9-17），其尺寸为 35nm×35nm×45nm。该机器人结构由两个区域组成：在后方通过单链支架铰链以共价方式连接，在前方通过 DNA 适配体锁修饰的订书钉结构以非共价方式连接。为了验证该设备对蛋白质的反应，设计了一个基于 DNA 适配体的锁定机制，在结合抗原钥匙时能够被打开。使用负染色透射电子显微镜（TEM）来进一步分析该设备的关闭和打开、有和没有货物的状态。

为了检验纳米机器人的功能，选择了一个有效载荷，使机器人的激活与激活细胞的标记相结合（见图 9-18）。将载有荧光标记的抗人类白细胞抗原（HLA）A/B/C 抗体片段的机器人与表达人类 HLA-A/B/C 的不同细胞类型和各种关键组合混合，通过流式细胞术进行分析。在缺少正确钥匙的情况下，机器人保持不活动状态。在失活状态下，分离的抗体片段不能结合细胞表面，产生基线荧光信号。然而，当机器人遇到合适的抗原钥匙组合时，它被打开并通过其抗体载荷与细胞表面结合，导致荧光增加。通过在两个锁位点使用相同的适配体序列，该机器人可以被编程激活，以响应单一类型的密钥。另外，可以在锁中编码不同的适配体序列来识别两个输入，需要同时打开两个锁才能激活机器人。因此，锁机制相当于一个逻辑和门，可能的输入是细胞表面抗原钥匙未结合到适配体锁，可能的输出是保持关闭或构象重排以暴露负载(分别为 0 或 1)。针对不同细胞表面抗原钥匙的差异,该纳米机器人可以对不同细胞实现选择性构象变化,使其能够高精度地识别出特定细胞[25]。

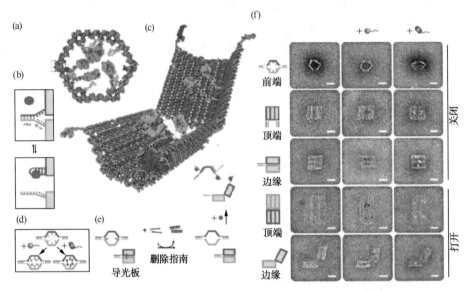

图 9-17　适配体门控 DNA 纳米机器人的设计与 TEM 分析[25]

(a)装有蛋白质有效载荷的封闭纳米机器人的原理图正面正射视图,两个 DNA 适配器锁将设备的前部固定在左边(盒装)和右边;(b)Aptamer 锁机制,由 DNA 适体和部分互补链组成,锁可以通过其抗原键稳定在解离状态,除非另有说明,锁工长度一般为 24bp,在非适配体链中有一个18 至 24 基甲胺间隔物;(c)由适配体锁的蛋白质位移打开的纳米机器人的透视图;(d)有效载荷,如金纳米粒子(金)和抗体 Fab'片段,可以加载在纳米机器人内;(e)正面和侧面视图显示导向钉,承载 8 基脚支撑,帮助组装纳米机器人,以 97.5% 的产量在关闭状态,通过手动计数评估,折叠后,通过添加完全互补的寡糖来去除引导钉,纳米机器人随后可以通过与抗原键的相互作用而激活;(f)封闭和开放构象中机器人的 TEM 图像,左柱,卸载;中心柱,机器人装载5nm 金纳米粒子;右柱,机器人装载 Fab 碎片。比例尺,20nm

最后,研究了一个被激活的机器人在单独的抑制和激活任务中与细胞接触并刺激它们的信号的能力(见图 9-19)。首先选择含有 41nt 长度锁的 NKL 细胞作为目标,并在机器人身上植入了针对人类 CD33 的抗体和针对人类 CDw328Fab 片段的抗体,这两种抗体已被证明会导致白血病细胞的生长停滞。实验结果表明机器人以剂量依赖的方式诱导 NKL 细胞的生长停滞。然后使用 T 细胞来测试各种信号通路激活的方法。将带有人类 CD3Fab 抗体和鞭毛蛋白 Fab 抗体组合的机器人与 T 细胞混合,发现可以诱导激活。除此之外,该纳米机器人能够从 100pg/mL的溶液中收集鞭毛蛋白,并诱导增强的 T 细胞激活。

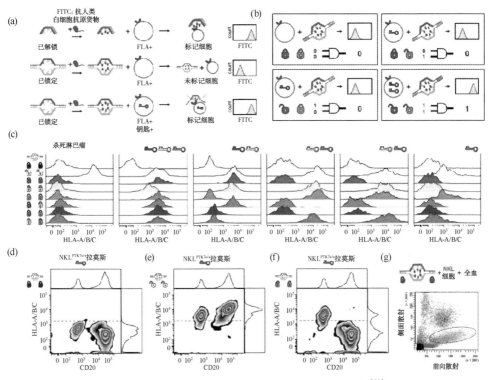

图 9-18　不同细胞类型的逻辑门控纳米棒激活分析[25]

（a）实验方案：纳米机器人用荧光标记的抗体 Fab′片段负载人 HLA-A/B/C，在未锁定状态下，纳米机器人将与表达 HLA-A/B/C 抗原的任何细胞结合（顶部），它们在钥匙的存在下仍然不活动-细胞（中间），但在接合键时激活细胞（底部）；（b）纳米机器人激活的真值表，适体编码的锁充当与门响应细胞表达的分子输入（键），颜色匹配表示锁和键匹配，适体-抗原激活状态作为输入，输出表现为纳米机器人构象；（c）对 8 种不同的纳米机器人（在摩尔过量 20 的情况下负载抗-HLAA/B/C 抗体片段）进行了 6 种不同的细胞类型的测试，通过孵育 5h 来表达不同的抗原键组合，每个直方图显示细胞计数与荧光由于抗 HLAA/B/C 标记；（d）NKL 细胞（每个样本 50000 个），瞬时诱导 PTK7、NKL，将 Ramos 细胞（每个样品 100000 个）、异硫氰酸荧光素（FITC）标记的人 CD20 抗体（0.1mg/mL）和负载异氰菊酯标记的人 HLAA/B/C 法布抗体的永久锁定机器人在室温下孵育 5h，没有观察到标记，因为锁定的机器人仍然不活动；（e）无锁机器人与两个细胞群发生反应；（f）sgc8c 门控机器人只与表达 PTK7 键的细胞群反应；（g）4：1 健康人全血白细胞和 NKL 细胞的前向与侧散点图，纳米机器人装载抗 CD33 有效载荷，并与 41t 锁门控选择性标记 NKL 细胞，在 0.6%的取样细胞中发生非目标结合

通过几种不同的逻辑与门，证明了它们在纳米机器人功能选择性调控中的有效性。作为原理证明，装载抗体片段的纳米机器人被用于两种不同类型组织培养的细胞信号刺激。该原型可以在细胞定位任务方面启发具有不同选择性和生物活性有效载荷的新设计。

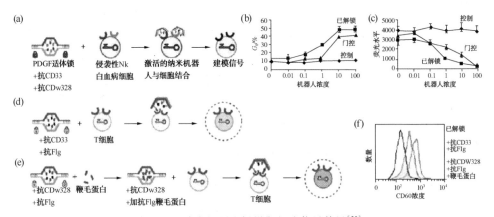

图 9-19　纳米机器人操纵靶细胞信号传导[25]

(a)实验方案：用单剂量纳米机器人，分别装有人 CD33 抗体和人 CDw328/Siglec-7Fab 抗体的片段(每个在摩尔超过 10 纳米机器人)，并通过 41t 锁锁定，以识别血小板衍生生长因子(PDGF)，在不同浓度(0~100nm)处理 NKL 细胞，用细胞内流式细胞仪测定 72h 后 JNK 的磷酸化；(b)72h 后，对经纳米机器人处理的 NKL 细胞(每个样品 10000 个)进行了分析，分析了丙锭对细胞周期的分布分析碘化物(5mg/mL)；(c)72h 后，JNK 的磷酸化水平随机器人浓度(最低 0，最高 100nm)的变化而变化；(b)和(c)的误差条表示两个生物复制的 SEM；(d)和(e)负载抗体的纳米机器人对人 CD3E 和鞭毛蛋白 Fab'抗体的 T 细胞的增量激活，纳米机器人(50nM)与(e)无(d)预孵育的鞭毛蛋白(100pg/mL)在 37℃下与 JurkatT 细胞反应 1h；(f)用 FITC 标记的 CD69 抗体标记 T 细胞活化的直方图

二、机器人中纳米发电机

将摩擦纳米发电机和仿生结构结合起来，制备了能自供电的仿生电子皮肤，并展示了其在机器人触觉传感方面的应用。通过对天然植物表面微型纳米形貌的复制，在摩擦层上形成互锁的微观结构，以增强摩擦电效应；制备聚合物材料的微毛结构提高电负性，使得压力测量的灵敏度提高了约 14 倍；通过对机械手与人握手时的握手压力和手指弯曲角度的表征，验证了仿生电子皮肤传感器的触觉感知能力。此传感器还可用于触觉对象识别，以测量表面粗糙度和识别硬度，设计原理如图 9-20 所示。

该传感器由四层组成，包括屏蔽层，具有银纳米线的摩擦电层微结构的 PDMS 表面，由聚四氟乙烯微小毛刺组成的另一摩擦电层在微结构的 PDMS 表面，以及背面电极层。

将银纳米线喷涂到 PDMS 衬底上，形成顶部屏蔽层和背面电极，以及微结构 PDMS 表面的摩擦电层。如图 9-20(d)所示，在微锥结构上可以清楚地观察到银纳米线导电网络。同时，由于聚四氟乙烯被认为是一种有效的摩擦负材料，通过蒸发和反应离子刻蚀(RIE)在微结构 PDMS 表面产生微米或亚微米尺寸的 PTFE 微小毛刺，以增强摩擦电效应，如图 9-20(e)所示。需要指出的是聚四氟乙烯微小毛刺在 PDMS 衬底上的形成是有利的，因为它们不影响衬底的拉伸性。因此，采用硅酮基板、银纳米线和 PTFE 微小毛刺使整个 TENG 电子皮肤传感器具有延展性[26]。整个设备的照片如图 9-20(f) 所示。

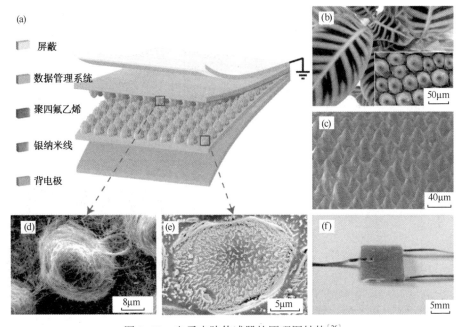

图 9-20　电子皮肤传感器的原理图结构[26]

图 9-21(a) 的水平轴表示最大值 ΔV_{oc} 在施加压力下的传感器输出，这五种不同传感器的压力测量灵敏度分别为 9.08mV/kPa、20.59mV/kPa、59.65mV/kPa、17.5mV/kPa 和 127.22mV/kPa 分别在 5~50kPa 的压力范围内。银纳米线和 PDMS 摩擦层的联锁结构导致比平坦表面更大的有效接触面积，从而导致更高的测量灵敏度。然而，具有联锁结构和聚四氟乙烯薄膜的传感器表现出相对较低的灵敏度。这可能是由于相对厚的薄膜大约比 PDMS 大四个数量级(1~3MPa)，导致微结构的刚度显著增加，从而禁止外部载荷下的联锁接触。因此，通过 RIE 形成聚四氟乙烯微小毛刺是提高聚四氟乙烯薄膜沉积后测量灵敏度的关键，因为微小的毛刺分布在锥形上。

在不增加整体结构刚度的情况下，PDMS 结构可以增强摩擦电效应，因此，具有联锁微结构和 PTFE 毛刺的电子皮肤传感器比其他传感器具有更高的灵敏度。短路电流 I 也证实了摩擦电效应的增强。SC 以及转移的电荷密度(t_r)在循环加载压力为 25kPa 的传感器中，分别如图 9-21(b)、(c)所示。很明显图 9-21(b)、(c)SC 和 TR 被显著提升，即与其他设计相比，当采用联锁结构和聚四氟乙烯毛刺时，与传感器相比，达到了大约一个数量级的增加。

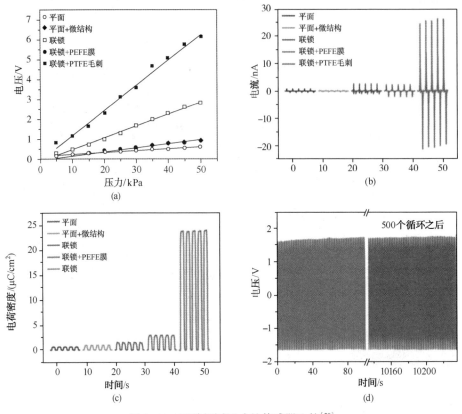

图 9-21　五种相同尺寸的传感器比较[20]

图 9-21 系统地研究了其影响摩擦层表面条件对灵敏度的影响，包括平板银纳米线摩擦层和平板 PDMS 摩擦层（平板）传感器、平板银纳米线摩擦层和具有锥状微结构的 PDMS 摩擦层（平板）传感器微结构，联锁银纳米线和 PDMS 摩擦层与锥状微结构联锁，联锁银纳米线和 PTFE 摩擦层与聚四氟乙烯薄膜在锥状表面联锁，以及联锁银纳米线和 PDMS/PTFE 摩擦层与聚四氟乙烯微小毛刺在锥状表面联锁[20]。

电子皮肤传感器集成到仿生手上，演示了它们在机器人触觉传感方面的应用。机器人灵巧机械手与人之间的握手被认为是人机界面的代表场景，如图 9-22（a）所示。由于 TENG 电子皮肤传感器的厚度低，并且具有灵活的特性，它可以很容易地连接到仿生手的弯曲表面，以测量人手中的握手压力，以及每个手指的弯曲角度。

为了实现这些测量，两个 3×3 个电子皮肤传感器阵列连接到仿生手的前部和后部，5 个传感器连接到手掌的手指关节，在握手过程中，根据这 3 个输出的插值计算 3 个电子皮肤传感器阵列，如图 9-22(b)、(c)所示。正如预期的那样，接触压力只发生在仿生手背面的人拇指位置上。虽然仿生手手掌上的压力图表明手掌下部发生了较高的接触压力。如图 9-22(d)所示，仿生手食指弯曲角度的增加导致 ΔV_{oc} 最大值的增加以及弯曲角与最大值 ΔV_{oc} 之间的相关性增强。对于所有五个手指，基于 ΔV_{oc} 最大值，从图 9-22(e)所示的每个手指测量，这五个手指在握手过程中的弯曲角可以估计为 56°、2°、17°、45° 和 58° 分别对应于拇指、食指、中指、无名指和小指[26]。

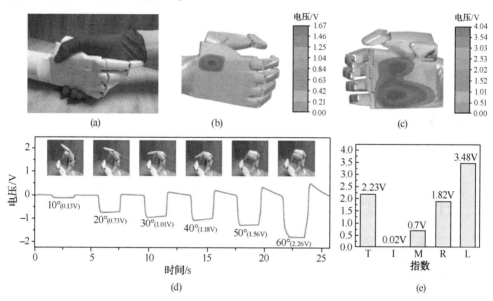

图 9-22　通过仿生手上的集成，对摩擦电传感器进行触觉传感[26]

(a)人与机器人握手的照片，握手过程中仿生手背部和手掌的电压轮廓；(b)仿生手背的接触电压变化；(c)仿生手掌的接触电压变化；(d)针对不同弯曲角度的食指手势的实时电压信号，在人-机器人握手过程中，对每个手指手势的电压信号作出响应

第六节　总结和展望

一、未来机器人发展需要克服的难点

（1）机器人安全

机器人的安全性问题在科技飞速发展的今天，也依然没有从根本上得到完美的解决，尤其是对于工业生产中高速大功率机器人的来说，想要完全保证人与机器人共处下人们的人身安全是根本不可能的。困难主要在于以下三个方面：①安全性评价。目前根本不能确定现有的安全性指标计算出来的结果是否能真正反映

出实际的危险程度。因为这些只是一种经验性算法，还有进一步完善的空间。②安全性计算的实时性。比如说对人产生撞击，撞击都是瞬时性的，在此过程中需实时计算安全性指标，并立即作出判断，对机器人实时性计算提出了极高的要求。③撞击能量的主动控制。具有一定惯性和速度的刚体要在瞬时停止，需要实时对机器人能量作出有力准确的调控，也是对机器人系统巨大的考验。

（2）精确度问题

随着技术的进步，机器人已经从执行简单的重复任务到成为具有智能的精密机械。一部分机器人旨在执行超出人类能力的任务，例如那些需要高速、高强度、高精度、高耐用性和高精度的任务，大规模部署这种精密机械的最大动机是准确性和精确性。汽车行业要求 1mm 的精度，而航空航天行业实际要求 0.2mm 的精度，因此，需要对这些不确定性有充分的了解和完全控制，需要追求更高的精确度[27]。

（3）机器人的合作

智能机器人将在越来越多的应用领域中发挥关键作用，但是，随着工作的多样化和细分，周围的这些机器人将不得不互相交谈，并作为一个团队进行协作，这是一种趋势。需要建造出能够执行超出单个机器人功能的任务的多机器人系统，使其团队的力量不只是其部分的总和[28]。

二、未来智能化机器人发展展望

（1）语言互动的功能越来越完美

有特殊含义的"人"决定了机器人也要有近似人的完善语言功能，才能确保机器人在作业时能与人类进行相当程度的，以致于是完美的语言交流，因此机器人语言功能的完善发展是一个未来必须要经历的步骤，也是一个必然趋势。在程序员编写的完美程序下，它们的数据库里有多个国家的语言，这一点上轻轻松松超越人类。在这个基础上，智能机器人还要有进行自我语言的再次组织能力，当它们与人类交流时，或者遇到程序中没有包含的语句或词汇时，可以用相关的或相近意思的字句，重组成一句新句子来回答，这也是它们类似人类的学习与逻辑能力，是一种智能化的体现。

（2）各种动作的流畅化

我们都知道人类可以做到的动作是十分多样化的，走路、跑步、跳、握手、招手等各种姿势都是在生活中的常用动作。机器人动作的来源虽然是人类或者动物动作，但都不可避免地存在不同程度的僵化，或者动作延迟严重。在未来的科技发展中，为了使其更接近人的动作，机器人会匹配上更灵活的关节和仿真肌肉，使其动作做得更流畅，可以轻松模仿人类的所有肢体动作，比如说做出一般很难做出的技术难度动作。

（3）逻辑分析能力越来越强

在未来，科学家们会不断赋予机器人更多的分析逻辑程序功能，这也是智能化的体现。如上文提到的自行重组词汇形成新句子，这就是逻辑能力的一种表现形式。当它自身电量不够时，而不是只会发出警报声，还需要借助人类的帮助。总之，逻辑分析有利于智能机器人自身完成更多的工作，有时候甚至不需要帮助就可以完成较为复杂的任务。在某个方面上来说，赋予机器人一定的逻辑分析能力，从总体上来说，是利大于弊的。在全球新的科技革命、产业革命和中国制造业转型升级的历史交汇中，这将会帮助中国成为并且能持续成为全世界最大的工业机器人市场；大数据、云计算、物联网等将渗透到我们生活中的各个领域，引领世界进入机器人服务的时代。

参 考 文 献

［1］Hu W, Lum G Z, Mastrangeli M, et al. Small-scale soft-bodied robot with multimodal locomotion［J］. Nature, 2018, 554(7690): 81-85.

［2］Lum G Z, Ye Z. Shape-programmable magnetic soft matter［J］. Proceedings of the National Academy of Sciences, 2016, 113(41): 6007-6015.

［3］Ilievski F, Mazzeo A D, et al. Soft Robotics for Chemists［J］. Angewandte Chemie, 2011, 50(8): 1890-1895.

［4］Albuschaffer A, Eiberger O, et al. Soft robotics［J］. IEEE Robotics & Automation Magazine, 2008, 15(3): 20-30.

［5］Cianchetti M, Laschi C, et al. Biomedical applications of softrobotics［J］. Nature Reviews Materials, 2018, 3(6): 143-153.

［6］Vyas L, Aquino D, et al. FLEXIBLEROBOTICS［J］. BJU International, 2011, 107(2): 187-189.

［7］Karki S, Kim H, et al. Thin films as an emerging platform for drugdelivery［J］. Asian Journal of Pharmaceutical Sciences, 2016, 11(5): 559-574.

［8］Tefertiller C, Pharo B, et al. Efficacy of rehabilitation robotics for walking training in neurological disorders: Areview［J］. Journal of Rehabilitation Research and Development, 2011, 48(4): 387.

［9］Neunert M, Farshidian F, et al. In Trajectory Optimization Through Contacts and Automatic Gait Discovery for Quadrupeds, international conference on robotics and automation, 2017, 2(3): 1502-1509.

［10］Farshidian F, Neunert M, et al. An Efficient Optimal Planning and Control Framework For Quadrupedal Locomotion［C］// 2017 IEEE International Conference on Robotics and Automation (ICRA), 2017, 2(3): 1502-1509.

［11］Hwangbo J, Lee J, et al. Learning agile and dynamic motor skills for leggedrobots［J］. Science Robotics, 2019, 4(26): 5872.

［12］Levine S, Pastor P, et al. Learning Hand-Eye Coordination for Robotic Grasping with Deep Learning and Large-Scale DataCollection［J］. The International Journal of Robotics Research, 2018, 1: 173-184.

［13］Tedrake R, Zhang T W, et al. Stochastic policy gradient reinforcement learning on a simple 3D biped［J］. Intelligent robots and systems, 2004: 2849-2854.

［14］Yosinski J, Clune J, et al. Evolving robot gaits in hardware: the HyperNEAT generative encoding vs. parameter optimization［C］//European conference on artificial life, 2011: 890-897.

［15］Levine S, Koltun V. Learning Complex Neural Network Policies with Trajectory Optimization［C］// International conference on machine learning, 2014: 829-837.

［16］Schulman J, Levine S, et al. Trust Region Policy Optimization［C］//International conference on machine learning, 2015: 1889-1897.

［17］Schulman J, Wolski F, et al. Proximal Policy Optimization Algorithms［J］. arXiv: Learning, 2017.

［18］Tan J, Zhang T, et al. Sim-to-Real: Learning Agile Locomotion For Quadruped Robots［R］. Pittsburgh:

Google Brain，2018.

[19] Linker R，Cohen O，Naor A. Determination of the number of green apples in RGB images recorded inorchards [J]. Computers and Electronics in Agriculture，2012，81：45-57.

[20] Hannan MW，Burks T F，Bulanon D M. A Machine Vision Algorithm Combining Adaptive Segmentation and Shape Analysis for Orange FruitDetection[J]. Agricultural Engineering International：The CIGR Journal，2009，11：1-17.

[21] Breiman L. RandomForests[J]. Machine Learning，2001，45(1)：5-32.

[22] Guo W，Rage U K，Ninomiya S. Illumination invariant segmentation of vegetation for time series wheat images based on decision tree model[J]. Computers and Electronics in Agriculture，2013，96：58-66.

[23] Dey D，Mummert L，Sukthankar R. Classification of plant structures from uncalibrated image sequences [C]//. workshop on applications of computer vision，2012：329-336.

[24] Partel V，Nunes L，et al. Automated vision-based system for monitoring Asian citrus psyllid in orchards utilizing artificial intelligence[J]. Computers and Electronics in Agriculture，2019，162：328-336.

[25] Douglas S M，Bachelet I，Church G M. A Logic-Gated Nanorobot for Targeted Transport of Molecular Payloads [J]. Science，2012，335(6070)：831-834.

[26] Yao G，Xu L，et al. Bioinspired Triboelectric Nanogenerators as Self-Powered Electronic Skin for Robotic Tactile Sensing[J]. Advanced Functional Materials，2020，30(6)：1907312.

[27] Li K-L，Tsai Y-K，Chan K-Y. Identifying joint clearance via robot manipulation[J]. Proceedings of the Institution of Mechanical Engineers，Part C：Journal of Mechanical Engineering Science，2018，232(15)：2549-2574.

[28] Geihs K. Engineering Challenges Ahead for Robot Teamwork in DynamicEnvironments[J]. Applied Sciences，2020，10(4)：1368.

第十章 仿生能源展望

第一节 仿生学在各类新能源中的应用

过去，我国能源供给主要以煤炭、石油、天然气和电力集中供应。由于我国大部分资源储存在西部，但需求主要集中在东部，能源分布极不均衡，要通过能源集中开发和跨区域的远程传输来解决能源供应的问题。同时，近几年来，随着传统能源如煤炭石油等的不断消耗，人类正面临着资源短缺以及生态损害的双重压力。在这一严峻的形势下，单纯依赖石油和煤炭的传统供给方式，也逐渐暴露出了资源极易紧缺、区域性供电紧张等问题。因此，人们必须重新考虑能源的供给结构以及单一供给类型带来的问题。但可以确定的是，分布式新能源的兴起是大势所趋，向风能、氢能、地热能、海洋能以及太阳能等多元化方向的发展，是未来能源开发的必经之路，这些领域日后将会成为能源行业的中流砥柱。低碳、经济、多元、智能、高效是未来能源的重要特征。降低成本、提高技术成熟度和建立合适的商业供给模式是可再生能源今后发展的方向。

国内许多专家团队紧跟发展的潮流，如由王中林院士团队制造的摩擦发电机[1]，它依靠在内部摩擦发电过程中的电势变化以及两侧金属板的感应效应来发电。此外王钻开等研究的水滴发电机[2]则是使用一种永电体材料——聚四氟乙烯（PTFE）来制造的。通过水滴持续不断地撞击，聚四氟乙烯可长期带有电荷，而其表面的静电荷会持续产生并累积到饱和状态，从而达到存储高密度表面电荷的效果。当水滴滴落后，两个电极会通过水滴扩散而连接起来，此时聚四氟乙烯中积累的所有电荷都会释放出来，并产生电流。因此，瞬时功率密度、电能转换效率均大大提高。随着对科学技术的不断创新和探索，这些研究成果也将会与实际中的应用紧密结合在一起。而随着5G时代的到来，人工智能也将成为一个新兴的热门行业。在这个背景下，寻求人工智能与能源发展高效结合，构建智能管道和智慧管网，研究智能氢气运输技术等，都是未来智能发展的重点关注对象。在此基础上，仿生和能源的联系也日益密切，下文将对仿生学在几类新能源中的具体应用及未来发展进行阐述。

一、风能、太阳能与仿生学

风能和太阳能为目前最经济的电力形式，因其自身具有污染少、储量大、分布广等特点，发展十分迅速，已经成为重要的能源供应方式。作为未来可再生能源的主要组成部分之一，风能和太阳能可以成为重要的电网资产，这些间断性的可再生能源已经在平衡电网方面发挥了巨大作用。而为使风能和太阳能得到更加高效的利用，人们将人工智能仿生学引入该领域。例如，在 2017 年，我国中北部地区的独立系统运营商通过使用风力发电技术降低了他们在日常电力需求量最大的三小时中负荷的严峻程度。而其中智能逆变器使风能和太阳能能够提供与其他发电来源同样或更好的服务。当结合智能逆变器时，风能和太阳能可以比传统发电厂提供更多能量，也有助于稳定电网。另外，风能和太阳能发电系统还能与城市智慧电网建设相结合，采用电子式互感器、集合式电容器、站域保护等先进的智能设备和技术，将风能、太阳能等清洁能源通过与电网相连，使得智能变电站与清洁能源建设有效结合。

风能和太阳能发电是新能源增长最快的行业之一。资料显示，2016 年丹麦、乌拉圭、葡萄牙、爱尔兰等国家风电在电力需求中所占的比例都超过了 20%，而"仿生兽"正在为风能利用提供更为强大的动力。

其中，西门子科学家们从灭绝了很久的恐龙身上获得了灵感，他们探索到了提高风力电机叶片效率的一种新方法。研究者们制作了一种能减轻气流干扰的模型，可以提高风电效率 1.5%。中国沈阳航空航天大学研究小组，通过仿生的鸟扑翼飞行过程，设计了一种风电装置，很好地解决了由于尖速较大而产生的许多问题，使空间利用率上升到 21.5%，并提高了风能的利用率。

不过，由于发电具有不稳定、不持续的特点，在风能或太阳能的系统单独使用进行供电时需要安装大量的能量存储设备，导致资源和成本的浪费。为此，可以采用风光互补发电技术，通过对太阳能电池、风力发电机和蓄电池做出有效结合，极大克服单一发电不连续的问题，保证基本稳定的供电。中国地域辽阔，在夏季，通常是日照时间长、辐射强度大、风力弱，而在冬季则日照时间短、辐射强度小、风力强，风能与太阳能的发展更易受到地区差异和季节更替的限制。作为一种理想的独立电源系统，风光互补发电系统开创了一条综合开发风能和太阳能资源的新途径。

然而，虽然目前已经出现了一批风力-太阳能复合发电互补设备，但在技术上仍然存在着一定的缺陷。例如，太阳能电池板占地面积大，导致单位面积土地上发电效率较低；风力发电机的叶片构造不完善，使得通过绕组设计方法和接法控制设计制备出的叶片捕风性能较差，并且风机发电效率较低。这些问题制约了风力-光伏复合发电技术的进一步推广应用。为了打破这一困局，国内外各科研团队正致力于研究如何提高风力-光伏复合发电机系统设备的性能。其中，基于仿生学概念的仿生技术应用研究成为这一领域一个新的研究热点和前沿技术。如厦门大学周海峰博士进行了风力机仿生叶片结构研究[3]，这种叶片是通过模拟自然界植物光合作用机理，并结合自然叶片和竹子竹节的力学特性，应用到风能-太阳能发电仿生结构研究中。这项工作对提高风力-光伏复合发电性价比具有重要现实意义与应用参考价值。

此外，美国麻省理工学院科学家进行了太阳能电场集中式重新排列，通过模仿朝日葵的自然生存方式，得出一种排列面积较小的光反射设备，利用这种仿生技术，太阳能的发电效率得到了明显的提高。

人工模拟光合作用，将太阳能从亿万年的时间里转化成燃料，是太阳能最有望发展的方向。如果该技术的研制取得成功，人类将获得一种新的能源，永不会衰竭。世界上仿生领域的科学家们正在探索中，2014年，美国亚利桑那州立大学的科学家与阿尔贡国家实验室联合开发了一种名为"继电器"的仿生电子设备，该设备加快了人造叶片的反应速度，并在将太阳能电解水生成氢气和氧气方面迈出了重要的一步。2016年，美国哈佛大学研究人员发明了一种人造仿生叶，通过吸收二氧化碳来产出生物乙醇。该反应的效率可达到自然光合作用的10倍。

风能与太阳能发电的技术作为未来能源发展的新方向，在我国有着广阔的应用前景。在道路照明、林区、山区、农业、种植、牧业、养殖业、旅游业、广告业、服务业、港口等领域均有涉及，这也意味着开发利用可再生能源发电进入了新的阶段。

二、氢能与仿生学

近几年来，随着各国对清洁能源的重视和研究逐渐深入、对能源结构的不断调整，氢能因其绿色、高效、应用范围广的优势，已成为全球最具发展潜力的清洁能源。除了可以从传统的化石能源中提取之外，氢能还可以从可再生能源中进行提取。与其他能源相比，氢能在提取和应用等方面具有更明显的优势。而氢气作为一种清洁、高能量的分子不仅可以应用于燃料电池，还可以储存太阳能、风能等可变能源产生的能量。氢能技术在能源领域发展的关键在于低成本、高性能的氢燃料电池技术以及低成本、高效率的工业制氢技术。世界各国都已经认识到，氢能作为二次能源在能源转型中的重要性，因此，更多国家开始对氢能工业的发展给予高度关注，将氢能工业提升到国家能源战略高度，制定氢能开发规划，并出台了配套的政策来促进氢能工业的发展。一旦利用石墨烯、纳米材料等新材料在电解氢生产技术中取得重大突破，氢燃料就有可能大规模生产甚至完全替代化石燃料。随着新材料聚合物电解质燃料电池技术的成熟以及相关基础设施的改善，氢动力汽车、火车和轮船将取代燃料动力汽车成为运输的主要手段。欧洲已经启动了多项混合氢气的天然气管道试点项目，为大规模发展氢气产业做好了准备。

　　为了有效应对未来科技发展所面临的重大机遇与严峻挑战，各领域都将氢能技术作为研究的重点方向。最常使用的氢能生产方法是在水汽中裂解氢并生成大量氧气和其他氢气，这一反应过程通常需要多种催化剂作用来加快反应速度，提高反应效率。传统的催化剂是贵金属铱基材料，价格昂贵。然而，一些先前的研究结果表明其在整体催化效率上较低并且不稳定。因此，寻找到可替代贵金属的廉价、高效且稳定的电解水催化剂，对于大规模低成本电解氢生产技术的开发尤为关键。目前，国内外众多研究团队都在进行新型氢气催化剂的研究，而其中通过运用仿生学原理来制备是一种普遍受到欢迎的选择。随着新型仿生学氢气催化剂的相继诞生，制氢成本有望出现大幅下降。例如在 2017 年 12 月，美国加州大学和桑迪亚国家实验室的研究团队开发出了高效的仿生氢气催化聚合物。而侯阳的研究团队在这方面做出突破：通过运用仿生学，开发出了一种新型具有特殊结构的催化剂。这种催化剂基于模拟叶绿体的原子结构，将氢气制备成本降低 80% 以上，并将驱动反应的能量降低 5%，具有从工业级电解水中生产氢气的潜力。此外，德国马普所研究院 C9lfen 课题组在其研究过程中还发现了一种新型纳米 CeO_2[4]氧化物材料。这种仿生纳米材料不仅具有独特的仿生形式微观特征，而且其快速储氧、释放脱氧等功能大大提高了光催化反应的效率。而石墨烯是一种具有由碳原子组成的单层片状结构的新材料，它具有独特的载流子特性和出色的催化剂光生电子传输特性。通过使用层次丰富并具有多孔结构的芽苗作为诱导剂，利用水热法，制备出 CeO_2/石墨烯[5]复合可见光催化剂，并将其应用于光解水制氢实验，结果表明所制得的 CeO_2/石墨烯仿生纳米催化剂具有更好的光催化性[6]，且制备方法简单易操作。

　　氢能的应用涉及从材料到运输，加氢，乃至最终操作的整个生命周期，这个过程中包含着一系列综合性技术，需要一条清晰的运营路径将其串联。这对氢能的设计利用尤其重要。我国已经通过参考国际有效的氢能项目管理机制，对国内氢能领域进行了标准化以及系统的顶层设计和体系化。除此之外，一些企业代表表示，他们可以通过某些补贴、税收和其他政策措施，适当促进氢燃料及相关企业的发展。企业在开发关键技术时，还应充分利用各自的优势，实现更快发展。如今，中国船舶工业总公司、中材科技、神华集团等公司在制氢技术、制氢能力、船上制氢供应、氢能储运等方面均取得了成就。国内相关企业应该及时响应号召加大对氢能行业的研发力度和技术投入，把握时机，看清发展局势，才能在未来氢能领域中处于领先地位。北汽集团总经理张希勇表示，通过组建产业联盟，可以将国内汽车企业、能源企业、技术企业、研发机构和大学聚集在一个平台上，通过技术可以建立专项资金。同时通过外资引进，技术合作，产业孵化等方法支持基础技术研究和核心关键技术研究，为氢能领域技术突破提供有力支撑。

随着不同类型的信息技术在能源方面的应用，智能数字仿生技术逐步打破不同类型的能源壁垒，成为当前主要的发展方向。在能源工业领域中，"没有任何一个国家可以在能源问题上独善其身"和"技术的问题没有国界"已经成为一致共识。全球能源网络概念的诞生以及全球能源网络发展合作组织成立，是能源国际化的重要标志之一。美国学者 Jeremy Rifkin 在其著作《第三次工业革命》中首次提出能源网络概念，这一概念在提出后立即引起国内外广泛的关注。而在 2015 年 9 月 26 日联合国发展峰会上，习近平主席在一次重要演讲中，提出建设依托全球能量互联网，实现清洁、绿色满足全球能量需求的长期发展目标。能源技术在业内国际上的交流合作日益广泛，低碳化、多样性、分散、数字和能源全球化都将逐渐成为清洁能源的未来持续发展的大方向。

第二节 仿生学在能源储存以及能源转化领域的应用

长期以来，我国风能和太阳能等清洁能源都在迅速发展，研究人员也对此寄予厚望。风能和太阳能可以提供无污染的能源，但是只有在有风和阳光的情况下才能发电。风能和太阳能产业发展势头很强，因此各国都在不断地开发和试验储能技术，这些技术能够储存大量的清洁能源，并在阳光和风电不充足的情况下代替风能太阳能按需要提供能源。储能技术被称为"能源革命的支撑技术"，将在许多领域发挥重要作用。我国的储能方式中，抽水蓄能占九成以上，但近几年来，电化学蓄能占比不断增加。

储能技术密切驱动着新能源的未来走向。在经历了快速发展时期之后，新能源现在进入了瓶颈时期。风能和光能因无法及时储存而被浪费的现象十分突出。因此，如何使这些浪费的能量可以在需要时进行存储和释放，是亟待解决的问题。目前，能量存储技术是光伏、风电等新能源开发中所遇瓶颈的解决方案。

随着当代世界经济深入发展，能源危机形势日益加剧，新一代能源技术的持续发展和综合利用，已逐渐成为影响人类政治社会经济发展中的关键因素。作为一种重要的电池储能转换装置，介质储能电容器虽然在设备功率密度、充放电速度和设备使用寿命等各个方面占有很大的优势，但由于存在储存功率较低等诸多因素的严重限制，其进一步的研究推广应用受到了很大的影响。而击穿场强与极化强度是影响电容器内存储能量密度的主要因素，而且这两种影响因素之间会出现此高彼低的现象。因此，如何破解各种电化学介质磁性材料离子极化场的强度和离子击穿场的应力之间的倒置场力关系，已成为利用高性能材料储存离子电容的重要研究课题。

汪宏课题组以仿生工程为视角，开发了一种多层核壳结构[7]进行能量的储存，该结构具有类树莓形状的多层核壳结构。这种树莓复合陶瓷的界面结构、表面分布形态以及宏观特征和性能之间存在着紧密联系。而研究人员通过探究这种内在关系并结合有限元仿真技术进行深入直观分析，最终揭露了这种微观结构对能量储存功能的增强作用机制。

目前，储能技术还没有进入到大规模应用阶段。专家们认为，储能技术的研发相较于风能和太阳能通常需要更高的成本，并且参与研发过程的每个人都可以对储能技术的使用有深刻的了解和一定的话语权。在这方面，美国斯坦福大学的一组研究人员对储能电池和其他存储技术的成本进行了研究。需要指出的是，风能和太阳能的供应是否能够产生足够的利益，从而促进自身的增长和储能相关产业的发展，如何选择出更加合适的储能技术，如何更合理高效地将它应用在电力系统中，以及如何建立行业机制是目前亟待解决的核心问题。如今，为帮助新能源领域突破技术壁垒，储能技术研究依然面临着巨大挑战，需要我们抓住发展时机、把握发展方向、进行发展革新。

除了风能、太阳能这类新能源之外，储能技术还运用在了其他领域。例如本书第二章所介绍的模仿蜘蛛丝方向性集水特性来制造人造纤维在水分的储存中起到了作用。通过对蜘蛛丝方向性集水机理进行深入分析，详细地阐明了蜘蛛丝的结构及其集水性能，并对蜘蛛丝集水机理、数学模型、仿生设计和计算机应用进行了探讨，开拓了液滴定向驱动方向的新思路。通过对蜘蛛丝进行仿生研究，可以为大型人造纤维网的制备技术发展提供依据[8]。而纤维网对空气及雾气中的水分有更强的收集作用，这对于今后干旱地区供水困难等问题的解决很有帮助。总的来说，仿生集水材料为解决偏远地区干旱、缺水问题开辟了新的有效途径，未来将会更好地发展。利用这种机理生产的纤维材料也可以用于工业加工及其他生产过程中的气溶胶过滤。但是，需要注意的是，这些材料在制备和实验过程中仍处于初步阶段。事实上，大多数材料都是在湿度大于60%的条件下进行的集水能力测试实验，而实际干旱地区的湿度为20%以下，远低于实验时的模拟条件。而且目前，现有的集水材料主要集中在一维和二维表面上，未来应对三维材料进行更多更细致的研究。因此，在未来的仿生集水材料发展过程中，应考虑如何使材料在低湿度环境下实现集水。并且，除了需要解决湿度低的问题外，如何从理论上证明风速、风向、温度以及磁场与集水效率之间的关系等也是值得我们重点关注的课题。此外，仿生材料还具有表面结构易被破坏、长期不稳定、成本高的问题。总体而言，仿生集水材料为解决偏远地区的干旱、缺水问题开辟了新的有效途径，未来将有更好的发展前景。

此外，作为智能电网、高可再生能源系统、"Internet+"智能能源（以下简称能源互联网）的重要组成部分和核心支撑技术之一，储能还可以为人们提供更多服务，例如调峰、调频、备用、响应国家对电网运行的需求，从而提供更多支持。能量存储技术可以显著改善风能和太阳能的利用效率，这是提高传统电力系统的灵活性、经济性和安全性的重要手段。为了代替以化石能源作为主要能源的利用形式，如何提高分布式能源和微电网的可再生能源消费水平是可再生能源发展的关键技术之一；储能技术的生产与消费可以促进能源的开放共享与灵活交易，从而实现多能源合作，同时也为建立能源互联网、推动电力系统的改革、促进新能源形式格式的发展奠定基础。在未来几十年里，新能源的全球布局将会为能源存储带来巨大的发展空间，如果用数据和指标衡量的话，那么每年可能都会出现一个上万亿的市场。

储能比较典型基础的应用技术有智能电网、智能社区、功能性城市和智能家居等。其中，作为仿生能源技术的重要成果之一，智能电网的开发和应用充分体现了储能的价值。对于电能的管理，无论是传统能源还是新能源，储能都在其中占据着重要的地位，而智能化是储能行业未来发展的一条必经之路。如今，年轻人对构建能源互联网应用场景领域兴趣浓厚，对于一个行业来说，拥有更多年轻人的关注就代表着未来行业的方向和前景。此外，通过虚拟发电厂对能源互联网的技术支持，智能化必将在能源优化和商业价值方面发挥非常重要的作用，同时，它将对改善电能（包括能源效率）产生巨大帮助。未来，为了应对储能需求，智能仿生科技将会得到更加长足发展。

除了储存技术在新能源的发展过程中起到重要作用外，能源的转换也是一个需要着重研究的领域。经过四十多亿年的发展，自然世界生命系统的能量高效地转换，存储和使用已进化得相当完善。而生物膜上的各种不同形式的孔结构则起着举足轻重的作用。人们通过生物离子通道（如鳗鱼的放电，ATP合成，视网膜和紫色膜等）得到了与能量变换有关的启示，以仿生智能纳米通道先进的能量变换系统为依据，模仿生物能量变换的某些方面功能，并模拟生命系统的原理和结构，从而完成对材料进行仿生和转换的设备组装。机械能转化为电力能，光力转化为电力能，光能转化为化学能，以及其他不同形式的能量转化。目前，人工合成纳米级孔结构的应用主要集中于几个热门领域：纳米流体动能转换、纳米流体反向电渗析系统、基于仿生智能的纳米孔先进功率转换系统等。其中，基于智能纳米孔的能量转换法已摆脱了传统的发电装置所需要的机械转换设备。在可以预见的情况下，仿制产品装置的性能会超过现行人工系统，从而提供了新的想法、新理论和仿制产品的模拟生产。例如，本书概括了仿生纳米通道 DNA 纳米管的设计原理，并以仿生学的内容为基础，制备了纳米通道，用于热转换和收集能量。并通过离子分子响应，控制离子或分子在人工离子通道中的传输和分布。而受此启发的构筑仿生智能 DNA 纳米孔道，在设计上也存在着许多挑战，例如：如何提高孔道的稳定性等。仿生智能纳米管不仅可用于分子的化学性质和结构尺寸的研究，而且为在受限空间内实现分子的构型检测提供了潜在而便捷的方法。同时，它也为纳米电流器件的研究带来巨大的潜在应用价值。

另外，本书通过对仿生竹进行性能研究，并采用计算机辅助方法，针对仿生竹功能梯度的特点，其结构对性能各方面的影响进行测试和分析。通过数值模拟，构建竹子仿生模型，对仿生壳相较于传统壳体更加优秀的承载能力有了进一步的了解。仿生材料的出现，将成为材料开发史上又一个里程碑。如何低成本、高效率地生产新的仿生材料是其不断快速发展的一个关键。制备仿生材料的核心理念是：通过学习自然生物和生物材料的结构适应性，自清洁界面，界面的自我认识，能量的自给和转换原理，开发仿生的新结构材料，新型智能界面材料，以及新的材料能量转换技术，为材料的生产和革新提供新的技术支持。这对于推动材料科学发展，人类自然科学的进步，也有重要意义[9,10]。

未来，新型仿生材料的开发应符合国家发展战略，结合产学研，不断创新，满足高新技术产业发展的需要，将仿生学与微生物学、工程学紧密结合，精确地建立宏观/微观的多尺度结构，以实现结构与功能材料集成的目标。但目前，国内对仿生材料的许多研究仍仅限于实验室制备与应用，其在工业生产及工程中的实际影响还需要进一步研究与检验。因此，合理的设计、生产、优化筹备方式，实现大规模精确的材料生产和成型，是仿制材料行业解决瓶颈问题的一个难点。未来的新型仿生材料发展建议：应尽早突破生物材料结构、功能表征等重要技术，以揭示仿生材料内在规律；开发具有自我意识，自我适应能力，自修复性的新材料等。

第三节　国内外新能源局势分析

仿生学是 20 世纪生物科学和技术科学快速发展产生的一门新兴交叉学科，是沟通各个学科和行业的桥梁。从天空中飞翔的飞机，地面上的高铁，水中巡航的潜艇，到"万里眼"雷达，到"可再生的人体器官"，无一不涉及仿生学。科技技术变革是一场"创生与再生"的革命，包括仿生技术的创造、创生与再造技术的发展等。中国科学院院士路祥认为，随着人们对生态环境的日益关注，过程仿生、能源仿生等问题的不断发展，必将引发过程仿生、能源仿生等。当能源工业遇到了一场类似的仿生学，那就是一场无限前景的技术革命。

仿生学是一个前沿领域，研究成果多属探索性的类别，注重理论和超前性，而石油则是传统的能源应用产业，以现场需要为驱动力，更注重研究成果的实用和推广。在科学实践中，仿生学的基本起点是满足产业技术的需求，以改进现有或创建崭新技术体系为目标，对单元仿生或多元耦合模式进行有层次的、分阶段地研究，从而衍生出具有特色的"能源仿生学"。

近几年来，地缘经济政治、意识形态等传统社会因素以及恐怖主义、大量小规模非法杀人病毒扩散和全球能源安全等非传统社会因素都在不断增强，影响着亚洲大国的国际关系。大国双边关系发展具有以下主要特征："总体稳定""逐利竞争激烈""因时谋势"多变、"新老互动"显而易见、"区域合作活跃""多边协调"日益加强。我们可以清楚地看到，目前整个国际政治环境中仍然存在着诸多具有不稳定的、不确定性的因素。

世界经济中低速发展的新常态，并非始终是静止的，而是动态的。危机是一种"创造性破坏"，它会消灭落后的产能，促进新产能的发展。因此，外国垄断技术的国产化应该成为主流，新一轮技术革命与产业转型都已做好准备，其中还包括信息技术的发展和以创新科技为主导的"互联网+"经济，以创新科技研发为主的新能源产业改革，以构筑国内与跨国互联网络的综合发展，以绿色思想推动新生活的方式，以绿色思想为基础，以及分享经济、3D 打印、智能制造，等等。

为了突破国外技术封锁，加快核心技术国产化进程，各领域人员都付出了极大的努力。2019 年，WZ 集团打破了国外对风电轴承组件技术的垄断，引领了中国风电轴承本地化的浪潮。作为风力涡轮机的核心组件，风力涡轮机轴承是包括叶片、主轴、偏航轴承以及变速箱和发电机中使用的高速轴承。复杂的构造和使用环境使风力涡轮机轴承成为最难定位的两个部分之一。在行业发展之初，风电轴承乃至整个风电产业链相关产品被外国公司垄断。WZ 集团被誉为"中国轴承的发源地"，承担着风电轴承本地化研发的责任。目前，公司已建成了品种最多、生产规模最大、配套单位最全的风电轴承生产基地。随着限制轴承的关键技术的突破，实现高度本地化已不是奢侈的话题。2017 年，巨化集团两项氟化学科技成果打破了外资垄断。通过两项申报科技成果"太阳能电池组件的绝缘背板及其原材料定位""低碳链全氟烷基碳及其功能单体和制剂的研发技术开发"，巨化集团氟化学技术已被公认为国际领域的先进技术。全氟烷基碳下游的功能生产，广泛应用于织品、皮革、纸张和石材等"三防"产品(水、油和污染)。过去作为一种环保用品，它们主要是由日本、美国和其他发达国生产的。自"太阳能电池组件绝缘背板及原材料本地化"工程启动后，巨化集团科技中心与格瑞新材料有限公司联手开发了氟合金薄膜、黏稠剂及背板，实现了太阳能薄膜和材料的本土化，突破了外国企业对底板市场的垄断，使背板价格下降，极大地减少了使用费用，这也对降低成本起到了积极作用。2018年，国内生产出了氢燃料电池的关键材料和零部件。从全球角度看，一些发达国家对氢燃料电池及其关键部分进行了控制并垄断。目前，我国大部分氢燃料自行车采用的是国外电池组技术。而中国的氢燃料电池成本高，也限制了氢燃料产业的发展。因此，武汉喜玛拉雅光电科技股份有限公司与清华大学就燃料电池技术成果的转化进行了深入合作，完成质子交换膜、碳纸、电极和双极性等重要材料的研制。该项目获得了17项专利，实现了关键的氢气燃料电池材料及组件本土化。该技术的成功开发，不仅彻底打破了一些国家长期的垄断，也为我们氢能工业加速发展打下了坚实基础。2018年，中国工程物理学研究院通用工程研究所的一名研究人员在核电站自主开发了一种耐高温辐射传感器。该设备与中国核动力研究所配套使用的泄漏监控系统，已在福清公司核电五号和六号机组正式投入运用。近几年，有很多类似例子出现，标志着国内技术成功突破了国外封锁和垄断将外国垄断技术的本土化已经成为主流。

目前，仿生学虽然已经在能源领域取得了不少研究成果，但仿生学与能源行业结合依然只是"星星之火"，大多数成果还是"形似"仿生(注重功能实现)。

此外，现有众多仿生学的研究成果，多局限于实验室的环境，工业应用转换仍处于不利的状态。由于生物物理系统复杂度很高，要彻底弄清一个新的生物科学系统的形成机制往往要求具有相当长的科学研究周期，而要达到解决一些现实中的问题时则需要各个学科之间的很长一段时间的紧密交流合作。从"形似"发展到"神似"，能源产业与生物仿生学相互的结合，还可能需要一个艰难的进化过程。

目前，由于近几年我国城市化、工业化的进程，能源消费以惊人速度迅速增长。然而，这一过程应该与三项相互联系的可持续能源开发方向齐头并进，即：能源安全，可持续性能源承受力，环境可持续。显然，能源效率提高将使得可持续能源安全和环保性能逐步提升。近40年来，我国经济快速发展，也带来了总能源、环保污染和能源需求矛盾的问题。这些矛盾持续积累，引发了能源安全问题，使政府和公众对此十分关注[11]。

自1996年中国成为原油净进口国以来，能源供应风险规避已被纳入国家能源安全战略部署。能源安全问题和能源结构调整是我国面临的紧迫任务。在这种情况下，能源安全将成为我国未来可持续发展面临的重要挑战，而可再生能源的发展可能对解决这一问题具有重要价值。强有力的、持续的可再生能源政策将有助于实现我国能源的可持续发展，未来可再生能源与能源安全将形成强大的协同效应[12]。

在应对气候变化的大背景下，促进绿色增长和实行绿色政策，是世界主要经济体的共同选择，同时，发展绿色经济是一项重要国家策略。发达国家采取了再工业化的战略，重塑了制造行业新的竞争优势。资源能源的利用效率成为我国制造业发展的一个重要标准。在建立创新的资源节约型国家时，人与自然的和谐相处这一理念，对于实现可持续发展的目标尤为重要[13]。

通过对水力、风力、生物质能和太阳能以及核电等低碳能源五种相互联系的能量安全维度进行测试，将这 5 个低碳源匹配到 10 个能量安全指标中，根据层次分析方法加权，并通过 topsis 多目标决策模式对其评价，然后进行敏感分析，得出结论：中国目前"最佳"的能源选择是水电，其次是风能、生物质量、核能和太阳能。因此，在未来可再生能源的发展计划中，应将重点放在水电、风电等行业。如果能够克服与基础设施缺少和生物质资源的分散相关联的限制，生物质将会被认为是一种适度提高中国能源安全的选择。因此，我国应考虑增加对生物质燃料的收集和分配系统投资，包括提高效率的运输和存储。在核能方面，中国应与铀资源较多的国家建立长期战略合作伙伴关系。而相关技术创新的发展潜力很大程度上取决于成本的进一步降低[14]。

相对于传统的能源产业，利用仿生学寻找自然世界的答案，是新能源开发的一个绝佳途径。新能源产业的前瞻和开放，使仿生学得到更多"包容"，仿生技术和新能源结合催生了无限的发展可能性。

自然界的生物，经过一亿万年的发展和优胜劣汰，已经形成了近乎完美的结构、形态和功能，当能源工业遇到仿生学时，各种技术思想和创造都有了更多的灵感来源，必然会产生更多让人眼花缭乱的"黑科技"。

未来，发展将包括企业链、价值链、需求链和空间连接四个维度的全产业链技术。它们形成了均衡相互对接的产业链，这种"对接机制"是产业链的内部模式，作为客观规则，它就像一只"无形的手"来控制产业链的形成一样。这些相关的全产业链技术可以实现高效的催化剂开发，进而推动化工过程的开发，科学技术的发展。

参 考 文 献

[1] 张弛，付贤鹏，王中林. 摩擦纳米发电机在自驱动微系统研究中的现状与展望[J]. 机械工程学报，2019，55(7)：89-101.
[2] Xu W, Zheng H, Liu Y, et al. A droplet-based electricity generator with high instantaneous power density [J]. Nature，2020，578(7795)：392.

［3］周海峰. 基于仿生学的风力-光伏复合发电关键技术研究［D］. 厦门：厦门大学，2012.

［4］魏强，孙慧，钱君超，等. CeO/石墨烯的合成及其在光催化制氢中的应用［J］. 复合材料学报，2018，35(3)：684-689.

［5］邓凌峰，余开明，严忠. Co^{2+} 掺杂石墨烯-$LiFePO_4$ 锂离子电池复合正极材料的制备与表征［J］. 复合材料学报，2015(5)：1390-1398.

［6］赵丹萍. 拉曼光谱在石墨烯结构表征中的应用研究［J］. 信息记录材料，2020，21(2)：16-18.

［7］向锋，汪宏，李可铖，等. 一种核壳结构填料/聚合物基复合材料及其制备方法：CN200910218645.1［R］. 2010-05-25.

［8］刘全勇，江雷. 仿生学与天然蜘蛛丝仿生材料［J］. 高等学校化学学报，2010，(6)：1065-1071.

［9］Rana D, Matsuura T. Surface Modifications for Antifouling Membranes［J］. Chemical Reviews, 2010, 110(4)：2448-2471.

［10］Dalsin J L, Messersmith P B. Bioinspired antifouling polymers［J］. Materials Today, 2005, 8(9)：38-46.

［11］Li M, Li L, Strielkowski W. The Impact of Urbanization and Industrialization on Energy Security：A Case Study of China［J］. Energies, 2019, 12(11)：2194.

［12］Wang B, Wang Q, Wei Y M, et al. Role of renewable energy in China's energy security and climate change mitigation：An index decomposition analysis［J］. Renewable and Sustainable Energy Reviews, 2018, 90：187-194.

［13］Sun Y, Bi K, Yin S. Measuring and Integrating Risk Management into Green Innovation Practices for Green Manufacturing under the Global Value Chain［J］. Sustainability, 2020, 12(2)：545.

［14］Ren J, Sovacool B K. Prioritizing low-carbon energy sources to enhance China's energy security［J］. Energy Conversion & Management, 2015, 92：129-136.

看配套视频，划课件重点
掌握能源仿生学知识

扫码添加智能阅读向导，提高本书阅读效率
为您提供本书专属服务

看配套视频，划课件重点
掌握能源仿生学知识

本书专配

知识点精讲视频： 专业人士深度讲解，牢牢掌握知识点

本书配套课件： 线上线下同步阅读，提高学习效率

能源概况音频： 中国能源现状随时听，拓宽知识范围

还可获取
能源仿生学相关文章

微信扫码，立即获取